Siegfried Szyminski

Toleranzen und Passungen

Aus dem Programm Konstruktion

Lehr- und Lernsystem
Roloff/Matek Maschinenelemente Lehrbuch
von W. Matek, D. Muhs, H. Wittel und M. Becker

Toleranzen und Passungen
von S. Szyminski

Maschinenelemente
Berechnen mit einer Tabellenkalkulation
von H. G. Harnisch, D. Muhs und M. Berdelsmann

Konstruieren und Gestalten
von H. Hintzen, H. Laufenberg, W. Matek, D. Muhs und H. Wittel

AutoCAD – Grundkurs
von H. G. Harnisch, I. Kretschmer und Th. Wesseloh

AutoCAD – Aufbaukurs
von H. G. Harnisch und J. Neuberger

Arbeitshilfen und Formeln für das technische Studium
Band 2: Konstruktion
von A. Böge (Hrsg.)

Studienprogramme Maschinenelemente
von A. Böge

Siegfried Szyminski

Toleranzen und Passungen

Grundlagen und Anwendungen

Mit 147 Bildern

Springer Fachmedien Wiesbaden GmbH

Die Deutsche Bibliothek – CIP-Einheitsaufnahme

Szyminski, Siegfried:
Toleranzen und Passungen: Grundlagen und
Anwendungen / Siegfried Szyminski. –
Braunschweig; Wiesbaden: Vieweg, 1993

ISBN 978-3-528-04919-5 ISBN 978-3-663-05801-4 (eBook)
DOI 10.1007/978-3-663-05801-4

Umschlaggestaltung: Hanswerner Klein, Leverkusen
Satz: Vieweg, Wiesbaden

Gedruckt auf säurefreiem Papier

Vorwort

Die Industriealisierung führte zur Systematisierung der Fertigungsprozesse. Die damit verbundenen Bestrebungen zur Vereinheitlichung und Austauschbarkeit von Bauteilen machten ein System notwendig, mit dem die Beschaffenheit, die Genauigkeit und die Form beschrieben werden konnte. Gerade heute gewinnt unter steigendem Kostendruck die wirtschaftliche Herstellung industrieller Güter mit festdefinierter Erzeugnisqualität zunehmend an Bedeutung. Kundenanforderungen an Qualität und Preis machte damit den sorgsamen Umgang mit Toleranzen erforderlich.
Internationale Vereinbarungen zur Erzeugnis-, Baugruppen- und Einzelteilaustauschbarkeit sowie zum Aufbau von Qualitätssicherungssystemen, einschließlich deren Dokumentation sowie Zertifizierung auch im Sinne einer Produkthaftung, verlangen detaillierte Aussagen zum Toleranzverhalten.
Um diesen genannten Bedingungen zu entsprechen, werden Grundkenntnisse zum Themenkomplex "Toleranzen und Passungen" benötigt. Dabei sind die Organisationsform, der Automatisierungsgrad und auch der Grad der Informationsverarbeitung im jeweiligen Unternehmen zunächst von untergeordneter Bedeutung. Spezielles Grundwissen wird insbesondere von den technischen Fachkräften in den Bereichen Konstruktion, Fertigungsplanung, Teilefertigung und Montage sowie Qualitätswesen verlangt. Aber auch in organisatorischen und wirtschaftlichen Bereichen, wie z.B. in der Markterkundung, bei der Vertragsanbahnung, der Servicetätigkeit sowie der Kundendienstarbeit wird die Bedeutung und Notwendigkeit von Grundkenntnissen zu diesem Themenkomplex erkannt. Dieses Buch stellt die erforderlichen Grundlagen für Facharbeiter, Techniker und Ingenieure zusammen.
Bei der Darstellung des Stoffes wird auf der Basis einer systematischen Gliederung in den Hauptabschnitten grundsätzlich von einer allgemeinverständlichen Darstellung des Inhalts ausgegangen, Möglichkeiten einer fertigungstechnischen Realisierung gezeigt sowie auf Varianten zur meßtechnischen Nachweisführung hingewiesen. Ergänzung finden die Ausführungen durch zugeordnete Regeln, ausgewählte Beispielbetrachtungen und Übungsaufgaben. Als thematische Schwerpunkte werden nach grundsätzlichen Bemerkungen zu den geometrischen Abweichungen die historisch bereits seit langer Zeit bekannten Toleranzen für Maße unter Berücksichtigung ihres aktuellen Standes betrachtet. Daran schließen sich Ausführungen zu ihrem Zusammenwirken in Passungen an. Dem Entwicklungstrend nach Erzeugnissen mit hoher Produktqualität gerecht werdend, sind die weiteren geometrischen Toleranzen zur Funktionsgewährleistung, wie Form- und Lagetoleranzen sowie Oberflächenrauheiten in die Betrachtungen einbezogen. Ergänzende Ausführungen zum Zusammenwirken von Toleranzen in Maßketten, Hinweise zur wirtschaftlich günstigen Toleranzauswahl und die Berücksichtigung von Toleranzen in Bereichen mit rechnerunterstützten Arbeitsweisen runden das Buch unter Einbeziehung eines Ausblickes ab.

Bei der Zusammenstellung des Stoffes nutzte der Autor u.a. die von Tschochner vor nunmehr ca. 40 Jahren in seinem Buch "Toleranzen - Passungen - Grenzlehren" veröffentlichten Grundlagen. Ergänzung finden diese Betrachtungen einerseits durch die Auswertung der im Literaturverzeichnis aufgeführten thematischen Arbeiten sowie ausführlicher Auswertungen von Normen des ost- und westeuropäischen Territoriums einschließlich der ISO-Normen. Wesentliche Ergänzung findet das Buch durch eigene theoretische und praktische Arbeiten des Autors auf diesem Gebiet. Dazu gehören u.a. Grundlagenforschungsarbeiten zur Maßkettentheorie, Mitarbeitsaktivitäten in nationalen Normenarbeitskreisen, Ausarbeitung von Betriebsnormen, Durchführung mehrjähriger Aus- und Weiterbildungszyklen für Facharbeiter und Ingenieure verschiedenartiger Fachdisziplinen insbesondere in Unternehmen des Maschinen-, Anlagen- und Gerätebaus.

Meinen Dank möchte ich dem Lehrstuhl von Herrn Prof. Dr.- Ing. B. Klein insbesondere Herrn Dipl.- Ing. F. Mannewitz von der Gesamthochschule Kassel sowie Herrn R. Uhlig für die Durchsicht des Manuskriptes aussprechen. Ebenfalls bedanken möchte ich mich bei den Mitarbeitern des Instituts für Fertigungstechnik und Qualitätssicherung der Technischen Universität Magdeburg sowie dem Vieweg Verlag für die mir erwiesene Unterstützung.

Anregungen und Hinweise zur Weiterentwicklung des Buches sind mir jederzeit willkommen.

Magdeburg, im März 1993 Siegfried Szyminski

Inhaltsverzeichnis

1 Einleitung ... 1

2 Grundlegende Betrachtungen ... 5

3 Geometrische Abweichungen ... 11

3.1 Übersicht und Begriffe ... 11
3.2 Anwendung geometrischer Abweichungen ... 14

4 Maßtoleranzen ... 18

4.1 Grundbegriffe ... 18
4.2 Toleranzsystem für Längenmaße ... 25
4.2.1 Allgemeine Begriffe ... 25
4.2.2 Grundlagen des ISO-Toleranzsystems ... 28
4.2.3 Grundaufbau des ISO-Toleranzsystems ... 30
4.2.4 ISO-Toleranzsystem für Nennmaße kleiner als 500 mm ... 31
4.2.5 ISO-Toleranzsystem für Nennmaße im Bereich von 500 mm bis 3150 mm ... 33
4.2.6 Toleranzsystem für Nennmaße im Bereich von 3150 mm bis 10 000 mm ... 33
4.3 Toleranzsystem für Winkelmaße ... 34
4.4 Funktionsgerechtheit ... 34
4.5 Fertigungsgerechtheit ... 37
4.6 Prüfgerechtheit ... 38
4.7 Austauschbaugerechtheit ... 40
4.8 Zeichnungseintragung ... 40
4.9 Regeln ... 41
4.10 Übungsaufgaben ... 43

5 Form- und Lagetoleranzen ... 45

5.1 Allgemeines ... 45
5.2 Arten und Auswerteprinzipe ... 49
5.2.1 Arten ... 49

5.2.2 Auswertestrategien von Istprofilen ... 52
5.3 Zeichnungseintragung ... 56
5.3.1 Allgemeine Hinweise ... 56
5.3.2 Zusatzbedingungen und vereinfachende Eintragung in Zeichnungen ... 58
5.3.3 Besonderheiten bei der Bezugsstellenfestlegung ... 60
5.3.4 Theoretisch genaue Maße ... 61
5.4 Funktions-, Fertigungs-, Prüf- und Austauschbaugerechtheit ... 61
5.5 Regeln ... 63

6 Formtoleranzen ... 65

6.1 Geradheitstoleranz ... 65
6.2 Ebenheitstoleranz ... 68
6.3 Rundheitstoleranz ... 69
6.4 Zylindrizitätstoleranz ... 70
6.5 Profil einer vorgegebenen Linie ... 71
6.6 Profil einer vorgegebenen Fläche ... 71
6.7 Regeln ... 72
6.8 Übungsaufgaben ... 73

7 Lagetoleranzen ... 74

7.1 Richtungstoleranzen ... 74
7.1.1 Parallelitätstoleranz ... 75
7.1.2 Rechtwinkligkeitstoleranz ... 78
7.1.3 Neigungstoleranz ... 78
7.2 Ortstoleranzen ... 80
7.2.1 Positionstoleranz ... 80
7.2.2 Koaxialitäts- und Konzentrizitätstoleranz ... 82
7.2.3 Symmetrietoleranz ... 83
7.3 Lauftoleranzen ... 84
7.3.1 Rundlauftoleranz ... 85
7.3.2 Planlauftoleranz ... 86
7.3.3 Lauftoleranz ... 87
7.3.4 Gesamtlauftoleranz ... 88
7.4 Regeln ... 89
7.5 Übungsaufgaben ... 90

8 Oberflächenrauheit ... 91

8.1 Grundlagen ... 91
8.2 Senkrechtkenngrößen ... 95
8.2.1 Maximale Rauheit ... 96
8.2.2 Gemittelte Rauheit ... 98
8.2.3 Arithmetischer Mittenrauhwert ... 101
8.3 Waagerechtkenngrößen und Profiltraganteile ... 103

8.4 Funktionsgerechtheit ... 104
8.5 Fertigungs- und Prüfgerechtheit ... 106
8.6 Zeichnungseintragung ... 107
8.7 Regeln ... 109

9 Allgemeintoleranzen ... 111

9.1 Grundlagenbetrachtungen ... 111
9.2 Allgemeintoleranzen für Längen- und Winkelmaße ... 113
9.3 Allgemeintoleranzen für Form und Lage ... 114
9.4 Allgemeine Toleranzangaben für Oberflächenrauheiten ... 115

10 Werkstückspezifische Toleranzen ... 117

10.1 In der Zerspanungstechnik ... 117
10.2 Außerhalb der Zerspanungstechnik ... 120

11 Passungen ... 122

11.1 Grundlagenbetrachtungen ... 122
11.2 Paßsysteme ... 127
11.2.1 Vorbemerkung ... 127
11.2.2 System Einheitswelle ... 129
11.2.3 System Einheitsbohrung ... 130
11.2.4 Verbundsystem ... 131
11.3 Funktions-, Fertigungs-, Prüf- und Austauschbaugerechtheit ... 131
11.4 Zeichnungseintragung ... 135
11.5 Regeln ... 135
11.6 Übungsaufgaben ... 136

12 Tolerierungsprinzipe ... 138

12.1 Vorbemerkungen ... 138
12.2 Hüllprinzip ... 141
12.3 Unabhängigkeitsprinzip ... 143
12.4 Maximum-Material-Prinzip ... 144
12.4.1 Inhaltliche Erläuterungen ... 144
12.4.2 Ausgewählte Beispielbetrachtungen ... 146
12.5 Regeln ... 148

13 Maßketten ... 150

13.1 Inhalt ... 150
13.2 Prinzipielle Vorgehensweise bei der Berechnung von Maßketten ... 154
13.3 Additive Methode ... 156
13.4 Statistische Methode ... 157

13.4.1 Grundlagen ... 157
13.4.2 Berechnungsgleichungen ... 160
13.5 Vergleichsbetrachtungen ... 161
13.6 Anpassungsmethode ... 165
13.7 Auslesepaarung ... 168
13.8 Wirtschaftliches Entscheidungsmodell zur Methodenauswahl ... 169
13.9 Regeln ... 171

14 Ausblick ... 172

Literaturverzeichnis ... 174

Sachwortverzeichnis ... 183

1 Einleitung

Mit der Begriffseinheit "Toleranzen und Passungen" verbindet der Techniker bereits seit dem Beginn dieses Jahrhunderts ein einheitliches Vorstellungsbild über die geometrischen Abweichungen an Einzelteilen und deren Zusammenwirken in Baugruppen oder Produkten. Diese Problematik aus heutiger Sicht als auch zukünftig ein wichtiges Themenfeld für jedes Unternehmen, insbesondere für Produktionsbetriebe. Die Thematik der Toleranzen und Passungen in ihren Entstehungsjahren im wesentlichen darauf ausgerichtet, Voraussetzungen für eine örtliche und zeitliche Trennung der Herstellung zu schaffen, die wiederum günstige Bedingungen für eine einfache und schnelle Herstellung von Produkten bot. Zwischenzeitlich vielartige zusätzliche Anforderungen erwachsen, die eine kontinuierliche Weiterentwicklung dieses Themenkomplexes bewirkten und auch zukünftig erwarten lassen. So bilden z.B. Toleranzen und Passungen aus der Sicht der Austauschbarkeit, sowohl im Herstellungsprozeß als auch im Rahmen von Serviceleistungen, eine wichtige Voraussetzung für die Wirtschaftlichkeit eines Unternehmens. In der jüngeren Vergangenheit wurde immer deutlicher, daß Toleranzen und Passungen nicht nur im betrieblichen Produktdurchlauf wirksam werden, sondern ein wichtiges Bindeglied innerhalb des gesamten Produktlebenslaufes darstellen. Erkenntlich wird dieser Zusammenhang u. a. daran, daß die wesentlichen, die Marktakzeptanz eines Produktes bestimmenden Merkmale, wie Qualität, Termin und Kosten, direkt durch Passungen und Toleranzen beeinflußt werden. Für einen Auftraggeber sind diese drei Kenngrößen grundlegende Merkmale seines Auftrages. Damit legt er gleichermaßen die Ausgangsbedingungen für Toleranzen und Passungen fest. Sie bilden dann für den Auftragnehmer die Grundlage, ein technisch und wirtschaftlich fundiertes Angebot zu erstellen. Eine derartige, möglichst kurzfristige Angebotserarbeitung erfordert u.a. von den Technikern (Konstrukteur, Fertigungsplaner, Facharbeiter, Prüfer usw.), wie auch den Wirtschaftlern eine entsprechende Berücksichtigung der Themenkomplexe zu den Toleranzen und Passungen, was am nachfolgenden Prinzipbeispiel einer Antriebseinheit, bestehend aus einem Motor und einem Getriebe, verdeutlicht werden soll (Bilder 1.1 bis 1.3).

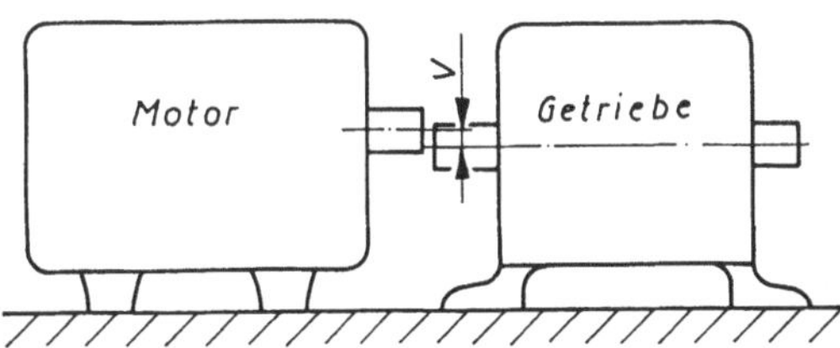

Bild 1.1
Schematische Darstellung eines Kundenwunsches "Antriebseinheit"

Nach Bild 1.1 wünscht der Kunde ein Getriebe, das mit einem bereits vorhandenen, fest aufgestellten Motor kopplungsfähig sein soll. Für die Funktion fordert er weiterhin, daß vom

Getriebe definierte Drehmomente bzw. Drehzahlen zu übertragen sind. Diese technischen Anforderungen muß der Auftragnehmer erfüllen. Er beginnt damit, die entsprechenden geometrischen Kenngrößen als Fertigungsvorgaben zu bestimmen. Das erste technische Zwischenergebnis besteht darin, daß die beiden zu verbindenden Wellenenden des Motors und des Getriebes maximale Abweichungen von ihrer Fluchtung zueinander in der mit V bezeichneten Größe aufweisen dürfen. Daran schließt sich als nächstes die Aufgabe der Zusammenstellung eines Konstuktionsentwurfes, einschließlich der Festlegung der Genauigkeiten der Einzelteile, an. Ein erstes Ergebnis könnte der im Bild 1.2 angegebene Getriebeausschnitt sein. Er beinhaltet das Anschlußmaß M_0, das eine aus dem Versatz V abgeleitete maßliche Größe der Antriebseinheit darstellt.

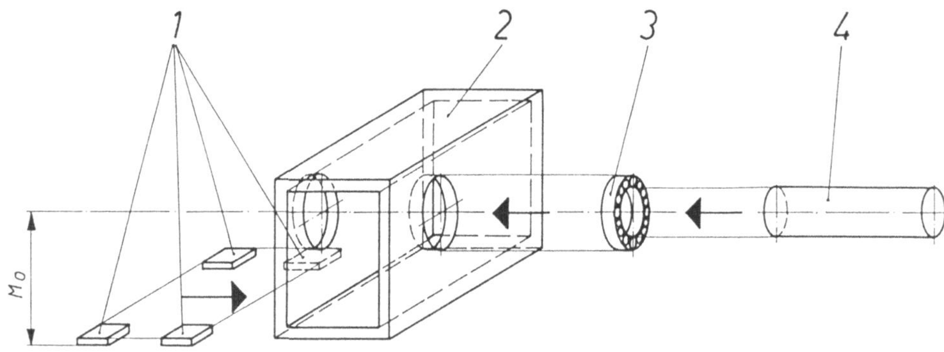

Bild 1.2 Prinzipielle Zuordnungsmöglichkeit von Einzelteilen eines Getriebeausschnittes

Letztendlich ergibt sich die Frage nach den speziellen zulässigen geometrischen Abweichungen der zu montierenden Teile, die aus Bild 1.3 ersichtlich werden.

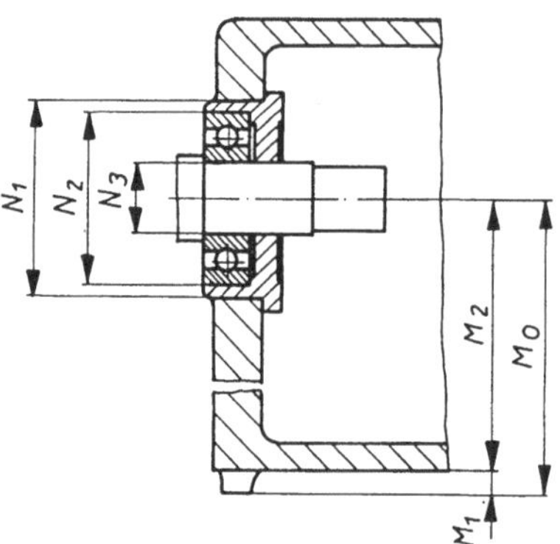

Bild 1.3
Konstruktionsskizze der Getriebelagerung

Es wird deutlich, daß alle mit M_i und N_i bezeichneten Größen das Anschlußmaß M_0 direkt beeinflussen. Diese Feststellung läßt sich einfach überprüfen. Verändert man z.B. das Maß M_1, so wird gleichermaßen eine Veränderung von M_0 bewirkt, was auch für die anderen gekennzeichneten Maße zutrifft. Damit sind die Voraussetzungen geschaffen, die Größen der Maße einschließlich ihrer zulässigen Abweichungen festzulegen. Darauf aufbauend, sind günstige Fertigungsverfahren auszuwählen und die Fertigungskosten zu bestimmen, auf deren Basis ein Preisvorschlag gebildet werden kann. Die Anwendung dieser Grundlagen und der dokumentierte Nachweis über die bei der Herstellung erreichten Istwerte bietet die Möglichkeit, bei eventuell auftretenden Produktfehlern, eine den gesetzlichen Bedingungen entsprechende rechtliche Entlastung im Sinne einer möglichen Produkthaftung zu führen [1.1] und [1.2]. Betrachtet man die Entwicklungstendenzen in den Bereichen der Produktherstellung, so wird die theoretische und praktische Bedeutung der Toleranzen und Passungen aus folgenden, auswahlmäßig zusammengestellten Gründen ständig zunehmen:

- Die Produktqualität gewinnt immer stärkere Bedeutung, was in der Mehrzahl der Fälle zu Neukonstruktionen mit kleineren Toleranzen führt;
- Die rechnergestützten Arbeitstechniken (CAX-Techniken) verbreitern sich kontinuierlich in ihrer Anwendung, was eine gleichbedeutende Umsetzung der Toleranzen und Passungen in alle entsprechende betriebliche Bereiche erfordert;
- Die Möglichkeiten der Umsetzung der Funktionsanforderungen in Fertigungsvorgaben, insbesondere in zulässige geometrische Abweichungen, werden stets kontinuierlich weiterentwickelt (wie z.B. die Themenkomplexe der vektoriellen Tolerierung);
- Die Verfahren und Geräte zur Herstellung und Nachweisführung der Toleranzen und Passungen werden stets vervollkommnet (wie z.B. automatisierte und rechnerunterstützte Verfahren der CNC-Bearbeitungs- und Mehrkoordinatenmeßtechnik u.ä.).

Dabei besitzen auch die bereits in der Vergangenheit bekannten Gründe weiterhin ihre Bedeutung. Es sind:

- Schaffung günstiger Voraussetzungen für die Durchführung von Produktionsweisen in relativ großen Stückzahlen, die wiederum rationelles und billiges Herstellen erlauben;
- Schaffung der Voraussetzungen für eine örtliche und zeitliche Trennung der Herstellung- und Montageprozesse und damit günstiger Ausgangsbedingungen für die Realisierung kontinuierlicher Prozeßführungen in den Herstellungs- und Montagebereichen;
- Gewährleistung günstiger Bedingungen für kurzfristige Produktbereitstellungen, Marktakzeptanzen, Ersatzteillieferungen sowie Serviceleistungen;
- Schaffung der Voraussetzungen für eine 100%-ige Gewährleistung der Qualitätsparameter der Produkte;
- Einschränkung der fertigungsbedingten Sortenvielfalt und damit billige Fertigung, minimale Lagerhaltung und einfacher Kundendienst;
- Reduzierung der Sortenvielfalt der einzusetzenden Fertigungsmittel, Werkzeuge, Vorrichtungen und Prüfmittel;
- Schaffung der Voraussetzungen für eine kostengünstige Produktherstellung und damit für eine gewinnorientierte Betriebsführung.

Als ein Produktbeispiel, das ohne Berücksichtigung von Toleranzen und Passungen nicht einmal im Ansatz denkbar bzw. realisierbar wäre, sei auf das Flugzeugprojekt "AIRBUS" hingewiesen, das in einer Vielzahl europaweit verzweigter Produktionsstätten entwickelt und hergestellt wird. Dieses Beispiel soll aber nicht zu dem Trugschluß führen, daß ausschließlich in großen Unternehmen Aufgabenfelder zum Themenkomplex der Toleranzen und Passungen ihre Bedeutung besitzen. Auch Mitarbeiter in kleinen und mittelständischen Unternehmen, wie auch Handwerksbetrieben müssen, wenn auch im unterschiedlichen Grad, Kenntnisse zu den Toleranzen und Passungen berücksichtigen.

Die Entwicklung eines absatzfähigen Erzeugnisses einschließlich seiner Baugruppen und Einzelteile hat neben den grundlegenden Anforderungen an die Erzeugnisqualität, dem

Bereitstellungstermin und einer wirtschaftlich günstigen Preisbildung vier weitere unternehmensspezifische Bedingungen zu erfüllen. Das sind:

- Gewährleistung eines funktionsgerechten Betriebsverhaltens des Produktes beim Kunden, d.h. Funktionsgerechtheit;
- Berücksichtigung einer funktionsgerechten Herstellung des Produktes einschließlich aller zugehörigen Baugruppen und Einzelteile unter Beachtung technischer und wirtschaftlicher Kriterien, d.h. Fertigungsgerechtheit;
- Berücksichtigung einer meßtechnischen Nachweismöglichkeit der herzustellenden Einzelteile, Baugruppen und Erzeugnisse im Unternehmen, d.h. Prüfgerechtheit;
- Beachtung besonderer Bedingungen beim Zusammenbau der Einzelteile und der Ersatzteilbereitstellung im Rahmen von Servicetätigkeiten, d.h. Austauschbaugerechtheit.

Eine Beachtung aller genannten Kriterien und deren Umsetzung im jeweiligen Unternehmen schafft wichtige Voraussetzungen für eine optimale technische und wirtschaftliche Erzeugnisentwicklung und -herstellung, wie auch für die Produktbetreuung.

Zur Erfüllung dieser Aufgaben bei besonderer Berücksichtigung der Themenkomplexe der Toleranzen und Passungen soll dieses Buch einen Beitrag leisten. Dabei stützt sich die thematische Bearbeitung auf die wichtigsten Ergebnisse der Normungsarbeit, zu denen die aktuellen Normen in den einzelnen Abschnitten genannt werden. Darüber hinausgehend wird die entsprechende Fachliteratur berücksichtigt, z.B. [1.3] bis [1.6],die zum Teil den neuen Bedingungen anzupassen sind. Kurzgefaßte Zusammenstellungen im Rahmen übergeordneter bzw. angrenzender Themenstellungen sind u.a. in [1.9] bis [1.18] angegeben. Wird in [1.7] ein speziellerer Einblick in die Toleranzproblematik gegeben, so werden in [1.6] und [1.8] allgemeine grundlegende Betrachtungen geführt, die allerdings weitestgehend auf die im ostdeutschen Raum zur damaligen Zeit verbindlichen TGL- bzw. RGW-Standards ausgerichtet sind. Demzufolge sollten sie auch entsprechende Einordnung finden, weil sie insbesondere vom Grundanliegen her eine einfach verständliche Einarbeitung ermöglichen. Zusätzlich werden spezielle thematische Veröffentlichungen, auch unter Beachtung ergänzender Betrachtungen, abschnittsweise eingearbeitet und im Literaturverzeichnis zusammengestellt.

2 Grundlegende Betrachtungen

Die grundlegenden Themenfelder zur Theorie der geometrischen Toleranzen und Passungen leiten sich aus dem maßlichen Zusammenwirken von Einzelteilen ab. Dabei wird, ausgehend von den physikalischen über die geometrischen Funktionskriterien eines Erzeugnisses (Produktes) oder einer Baugruppe, auf die daraus ableitbaren geometrischen Anforderungen für die nächst kleinere Einheit, d.h. die Baugruppe oder die Einzelteile, geschlossen. Auch die umgekehrte Betrachtungsweise kann geführt werden. Sie beinhaltet die Bestimmung der geometrischen Abweichungen eines Erzeugnisses oder einer Baugruppe auf der Basis der Festlegung geometrischer Eigenschaften von Einzelteilen. Bild 2.1 soll diese prinzipielle Vorgehensweise am speziellen Auszug einer Welle-/Bohrung-Verbindung als kleinste Baueinheit eines technischen Produktes verdeutlichen.

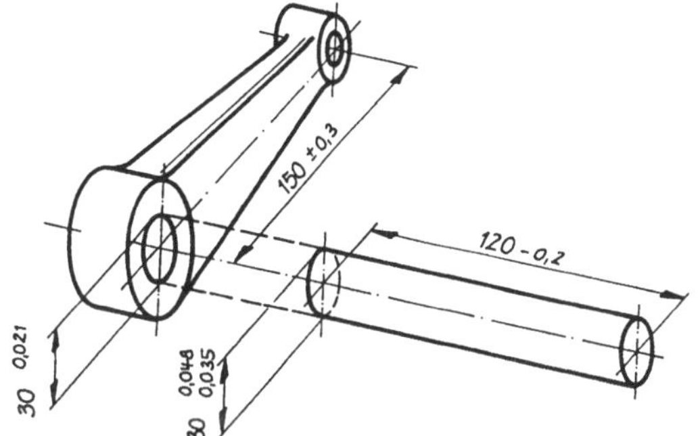

Bild 2.1
Prinzipielles Zusammenwirken von zwei Einzelteilen in einer Passung am Beispiel einer Welle-Bohrung-Verbindung

Das Funktionskriterium dieser Einheit, das bereits nach der mechanischen Herstellung der Einzelteile bei ihrem Zusammenbau zur Baugruppe in der Montage wirksam wird, kann lauten, daß die Welle stets eine definierte feste Lage zum Hebel verkörpert. Es ergibt sich also die Frage nach der Festlegung der Maße der beiden Paarungsteile (Wellen- und Bohrungsdurchmesser) und der Grenzen für die möglichen maßlichen Schwankungen der Einzelteile unter dem Gesichtspunkt der Gewährleistung der gestellten Funktionsanforderung. Man erkennt leicht, daß die beiden Durchmessermaße der Welle und der Hebelbohrung die paarungsbestimmenden Maße sind. Zur Gewährleistung der formulierten Aufgabe muß also der Wellendurchmesser stets größer sein als der Bohrungsdurchmesser, was durch die im Bild eingetragenen Maße eingehalten wird. Hierin ist das Grundanliegen der Thematik der Toleranzen und Passungen zu sehen. Gemäß dieser Erläuterung erscheint die Problematik der Toleranzen und Passungen ein reines technisches Problem zu sein, das ausschließlich in den Konstruktionsbereichen seine Bedeutung hat. Bild 2.2 soll verdeutlichen, daß das Fachgebiet der Toleranzen und Passungen über den gesamten Produktlebenslauf wirksam wird. Die Wirkungsbereiche der Toleranzen und Passungen ergeben sich danach unter Berücksichtigung einer näheren Betrachtung der in der Einleitung genannten allgemeinen Zusammenhänge.

Bild 2.2 Wirkungsbereiche von Toleranzen und Passungen innerhalb des gesamten Produktlebenslaufes nach [1.10]

So müssen die definierten Funktions- und Qualitätsanforderungen an das Produkt durch den Unternehmensbereich Absatz möglichst detailliert nach Art und Größe erfaßt werden. Daran anschließend sind diese Vorgaben durch die Entwicklungs- bzw. Konstruktionsabteilung in geometrische Abweichungen des Produktes, bis hin zu den geometrischen Abweichungen der Einzelteile, umzusetzen. Diese bilden den Ausgangspunkt für die Organisation und Planung der Fertigung (mechanische Bereiche und Montage) einschließlich der Prüfung, um entsprechende Vorgaben für diese Aufgaben erarbeiten zu können. Dabei sind neben den eigentlichen Fertigungs- und Prüfplänen auch Aufgaben zur qualitätsgerechten Fertigungsmittelbelegung u.a. zu beachten. In den nachfolgenden Bereichen der materiellen Herstellung sind dann diese Vorgaben unbedingt einzuhalten, nachzuweisen und entsprechend zu dokumentieren. Darüber hinausgehend sollten kontinuierliche Kundenanalysen zum Funktionsverhalten der Erzeugnisse geführt werden, um auf dieser Basis Rückinformationen über die Richtigkeit der Annahmen als auch für die Nutzung bei weiteren Entwicklungen zu erhalten. Damit werden die grundlegenden Bedingungen für die Toleranzen und Passungen bereits durch den potentiellen Auftraggeber formuliert und sind damit Bestandteil der vertraglichen Vereinbarung bei der Anbieter- (Hersteller) und Auftraggeber- (Kunde) Beziehung. Ein Beispiel könnte sich auf die Angebotserarbeitung eines Autos mit bestimmten Eigenschaften beziehen, von denen eine der Anforderungen eine Maximalgeschwindigkeit von 300 km/h ist. Damit hat der Kunde bereits die Grundvoraussetzungen für die Toleranzen und Passungen an Baugruppen vorformuliert, die die Geschwindigkeit beeinflussen. Betrachtet man nun die Fachabteilungen eines Betriebes im Zusammenhang mit deren Aufgaben bezüglich der Arbeit mit den "Toleranzen und Passungen", so ergeben sich die im Bild 2.3 angegebenen Anforderungen an den Kenntnisgrad der Mitarbeiter in den entsprechenden Fachabteilungen. Die Anforderungen an den erforderlichen Kenntnisgrad in den betrieblichen Abteilungen leiten sich aus dem voranstehend genannten inhaltlichen Ablauf ab. Hieraus wird deutlich, daß eine Vielzahl der Mitarbeiter eines Unternehmens mit derartigen Aufgaben konfrontiert wird.

Bereich	Betriebs-leitung	Bereichs-leitung	Mitarbeiter
Marketing	○	○	○
Entwicklung	●	●	●
Konstruktion	●	●	●
Fertigungsplanung	⊖	⊖	●
Materialwirtschaft	○	○	○
Fertigungsorg.	○	○	○
Fertigung	○	⊖	⊖
Lager	○	○	○
Versand	–	○	–
Transport	–	○	–
Außenmontage	○	○	⊖
Service	○	○	⊖
Qualitätssicherung	●	●	●

Bild 2.3
Anforderungen an den Kenntnisgrad zum Fachgebiet Toleranzen und Passungen in den Unternehmensbereichen nach [2.1] (Legende: Vollkreis - hoch; Strich-Kreis - mittel; Hohlkreis - niedrig; Strich - keine)

Die Hauptanwendungsbereiche dieser Thematik werden jedoch auch weiterhin vorrangig auf den Konstruktionsbereich und das Qualitätswesen konzentriert.

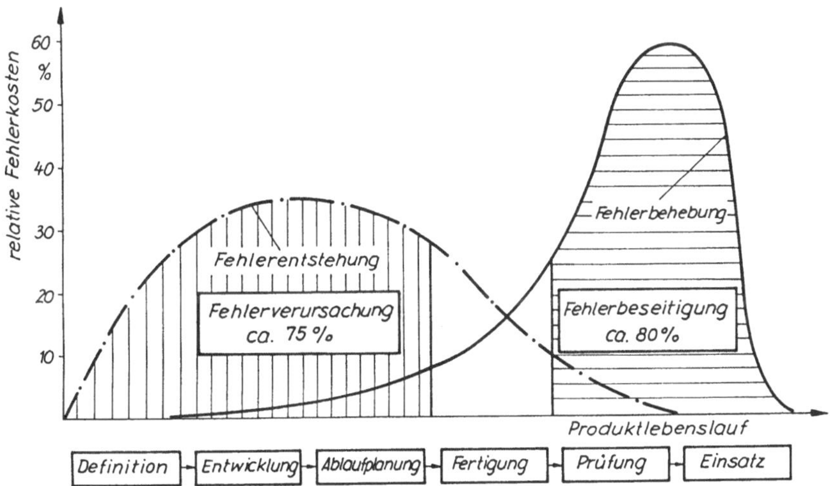

Bild 2.4 Zusammenhang zwischen Fehlerentstehung und relativen Kosten für die Fehlerbehebung in Zuordnung zum betrieblichen Produktlebenslauf

Über die technischen Inhalte hinausgehend, wird das Fachgebiet auch durch eine wirtschaftliche Bedeutung geprägt. Dabei gilt es, den im Bild 2.4 dargestellten Zusammenhang zwischen Fehlerverursachung und den Kosten für deren Beseitigung nach [2.1] zu berücksichtigen. Betrachtet man den Zusammenhang zwischen dem Zeitpunkt der Fehlerentstehung und den Kosten für die Fehlerbehebung, so ist leicht einzusehen, daß bei richtiger Anwendung der Toleranzen und Passungen bereits in der Entwicklungs- und Konstruktionsphase (wenn möglich sogar bereits bei der Kundenkontaktaufnahme) ein wesentlich höherer Prozentsatz an Kosten für die Fehlerbehebung in nachfolgenden Bereichen eingespart werden kann. Damit führt die sachlich richtige Anwendung der Toleranzen und Passungen bereits in den produktionsvorgelagerten Bereichen zu wesentlichen Kosteneinsparungen. Gleichermaßen bildet eine dementsprechende Vorgehensweise eine wichtige Voraussetzung zur Festlegung und Gewährleistung der Produktqualität. Da diese wiederum eine wichtige Kenngröße im Qualitätswesen darstellt, ergeben sich auch für diesen Unternehmensbereich ähnliche Aufgaben bzw. Anforderungen zur Berücksichtigung der Toleranzen und Passungen. Das wird auch aus den fachlichen Inhalten der im Bild 2.4 angegebenen Entwicklungsarbeiten deutlich, deren Aufgabe die Festlegung der Toleranzen und Passungen im Konstruktions- und Entwicklungsprozeß und damit im Vorfeld der Fertigung ist. Von Bedeutung ist, daß relativ kleine Toleranzen prinzipiell zu hohen Fertigungsaufwendungen und damit zu hohen Fertigungskosten führen (vgl. dazu Bild 2.5 und [1.6]).

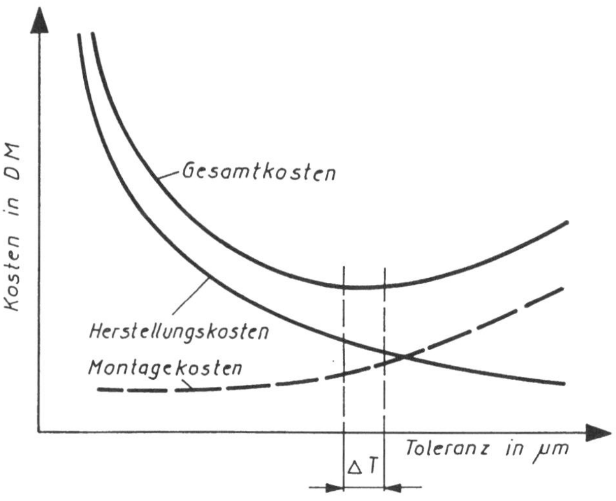

Bild 2.5
Tendenzieller Zusammenhang zwischen Genauigkeit (Toleranz) und Aufwendungen (Kosten)

Aus Bild 2.5 ist weiter zu sehen, daß die Kosten für die Einzelteilbearbeitung (Herstellungskosten) mit Vergrößerung der Toleranz abnehmen, beim Zusammenbau von Einzelteilen in der Montage durch größere Toleranzen oftmals zusätzliche Kosten zu erwarten sind. Das trifft insbesondere für Preßpassungen zu, bei denen mit größer werdenden Übermaßen auch die Aufwendungen für das Fügen zunehmen. Wenn auch die zweite Aussage nicht in allen Fällen zutrifft, verursacht sie eine entgegengesetzte kostenmäßige Wirkung (vgl. gestrichelte Linie im Bild 2.5). Letztendlich ist nach der sich ergebenden Summenfunktion (Gesamtkosten) der kostengünstigste Toleranzbereich auszuwählen. Auch hierin begründet sich die Forderung nach der Festlegung objektivierter, d.h. den jeweiligen Funktionsanforderungen entsprechender Toleranzen.

Betrachtet man vom Inneren die Begriffe Toleranzen und Passungen, dann stellt die Toleranz, abgeleitet aus dem lateinischen Wort -tolerare- (dulden), eine "duldbare Größe" oder, wie auch in der Vergangenheit oft bezeichnet, eine "zulässige Größe" bzw. eine "zulässige Abweichung" einer Eigenschaft dar, die aus Höchst- und Mindestwerten gebildet wird. Ihre Anwendung bezieht sich in der Mehrzahl der Fälle auf ein geometrisches Element, d.h. auf ein Maß eines Werkstückes. Da Höchst- und Mindestwerte geometrischer

Elemente ausschließlich positive Werte sind, ist die Toleranz aus mathematischer Sicht stets ein Betrag und somit eine Größe, die keine negativen Werte annehmen kann. Somit ist der Begriff der sogenannten "Minustoleranzen" von widersinniger Bedeutung.
Aus der Sicht der physikalischen Parameter können für die verschiedenartigsten Eigenschaften Toleranzen ermittelt und vorgeschrieben werden. Die weiteren Ausführungen beziehen sich schwerpunktmäßig auf die geometrischen Abweichungen und ihre entsprechenden Toleranzen. Da sich die Höchst- und Mindestwerte grundsätzlich auf einen Sollzustand beziehen, ist die Toleranz somit auch stets eine sollzustandsbeschreibende Kenngröße. Bei einer Bewertung des Istzustandes wird der Begriff der Abweichung benutzt. Eine Zustandsbewertung wird getroffen, indem die Abweichung zur Toleranz, jeweils bezüglich ihrer Größe und ihrer Lage, betrachtet wird. Eine Passung bezieht sich dagegen stets auf mindestens zwei zu paarende Einzelteile, d.h. auf das Zusammenwirken der geometrischen Eigenschaften dieser Einzelteile (vgl. Bild 2.1). Bei einem Vergleich beider Begriffe wird deutlich, daß Toleranzen im wesentlichen einzelteilbezogene Kenngrößen beinhalten, die in Maß-, Lage- und Gestaltstoleranzen einteilbar sind. Bei den Passungen wird dagegen das Zusammenwirken von Maßtoleranzen, größtenteils unter Einbeziehung der Form- und Lagetoleranzen, mindestens zweier zu paarender Einzelteile betrachtet. Bild 2.6 zeigt einen Vergleich zwischen maschinenbautypischen Größenordnungen und anderen maßlichen Beispielen (vgl. auch [1.11]).

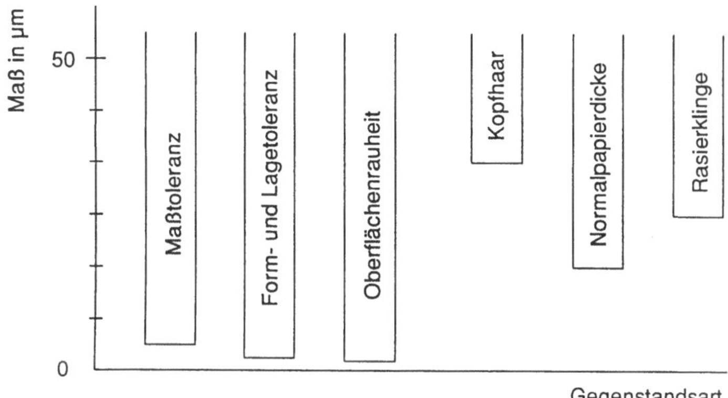

Bild 2.6 Maschinenbautypische geometrische Toleranzen im Vergleich mit maßlichen Größen aus dem täglichen Leben nach [1.11]

Es wird ersichtlich, daß das menschliche Haar mit einer durchschnittlichen Stärke von 0,030 mm bis 0,060 mm den 5- bis 8-fachen Betrag von den entsprechenden Maßtoleranzen für Feinbearbeitungsaufgaben annehmen kann. Bei "normalen" Fertigungsaufgaben, wie z.B. in Drehbereichen, kommt man in etwa zu den Größenordnungen einer Haarstärke. Vergleicht man dagegen die allgemeinen Anforderungen an die Oberflächenfeingestalt in Form der Rauheit (mittlere Rauheit), dann werden diese Größen (ca. 0,003 mm bis 0,006 mm und auch kleiner) etwa einem zwanzigsten Teil vom menschlichen Haares entsprechen. Tendenziell ähnliches Verhalten ist bei den Vergleichen dieser technischen Maße zur Stärke von Normalpapier oder Rasierklingen festzustellen. Weitaus kleinere Abweichungen bzw. Maße sind dagegen in den Bereichen der Präzisions- oder Ultrapräzisionsbearbeitung wie auch in der Elektronikindustrie anzutreffen. Hier verändern sich die Größenordnungen der geometrischen Abweichungen gegenüber den bisher genannten Tausendsteln Millimetern in Millionstel Millimeter. Sie sind mit dem menschlichen Auge, ohne zusätzliche Hilfsmittel nicht mehr wahrnehmbar und sind vergleichbar mit entsprechenden Größen der Lichtwellenlängen. Im weiteren sollen die geometrischen Abweichungen insbesondere in den industriellen Unternehmensbereichen der Metallbearbeitung nähere Betrachtung finden. Diese Aussagen sind auch für andere, ähnlich gelagerte Bedingungen, wie z.B. in der Holz-, Kunststoffindustrie u.ä., übertragbar bzw. anwendbar. Dabei wird der im Bild 2.7 zusammengestellte thematische Aufbau berücksichtigt.

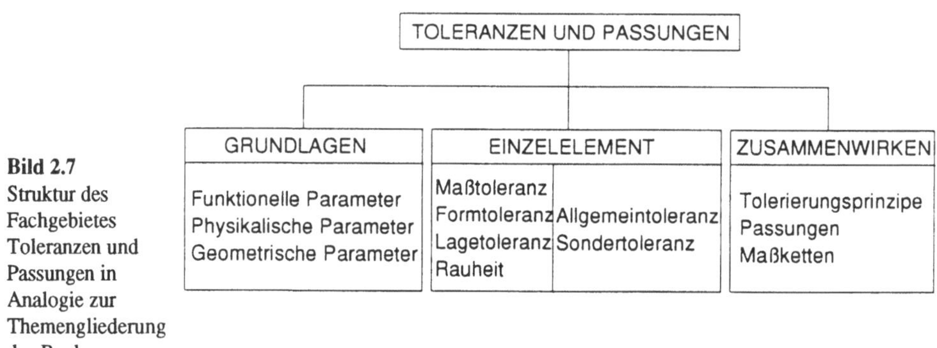

Bild 2.7
Struktur des Fachgebietes Toleranzen und Passungen in Analogie zur Themengliederung des Buches

Bild 2.7 zeigt die verschiedenartigen zu berücksichtigenden Parameter (funktionelle, physikalische und geometrische) und die an einem Einzelelement wirkenden Toleranzen (Maß-, Form- und Lagetoleranzen sowie Oberflächenrauheiten). Auf dabei zu beachtende Besonderheiten, wie Allgemein- und "Sondertoleranzen" (produktspezifische - Wälzlagertoleranzen; branchenspezifische - Gußtoleranzen) wird ergänzend hingewiesen. Abschließend wird auf das Zusammenwirken von Toleranzen an Einzelelementen (Tolerierungsprinzipe) und an Baugruppen sowie Erzeugnissen (Passungen und Maßketten) eingegangen.

3 Geometrische Abweichungen

3. 1 Übersicht und Begriffe

Nach den voranstehenden allgemeinen Einführungen werden in diesem Abschnitt einige Begriffe zu den geometrischen Abweichungen vorgestellt. Dazu soll vorab in Anlehnung an [3.1] und gemäß Bild 3.1 eine Einteilung und Abgrenzung geometrischer Abweichungen vorgenommen werden. Demnach verlangt eine komplexe Beschreibung einer technischen Oberfläche oder auch eines Werkstückes die Vereinbarung von chemischen, mechanischen und geometrischen Kennwerten.

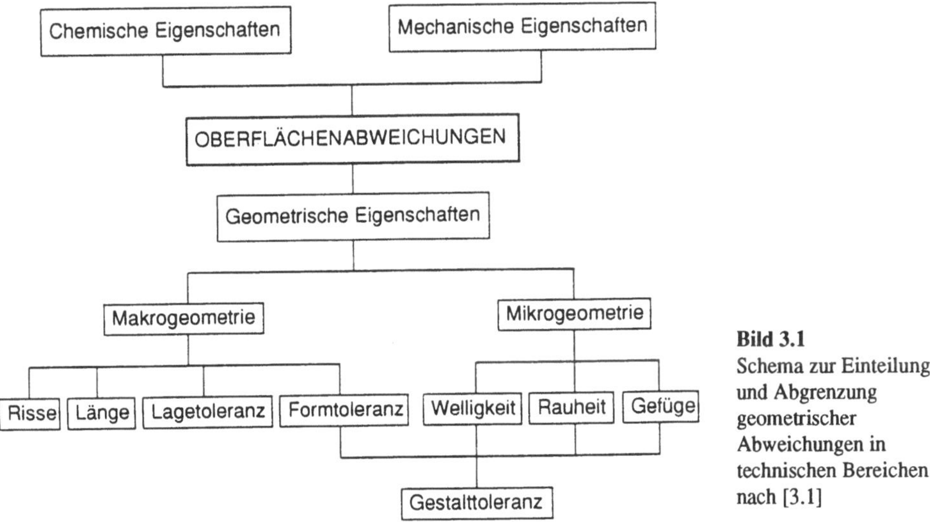

Bild 3.1
Schema zur Einteilung und Abgrenzung geometrischer Abweichungen in technischen Bereichen nach [3.1]

Beinhalten die chemischen Eigenschaften im wesentlichen Aussagen zur stofflichen Zusammensetzung des Materials bis hin zur Gefügestruktur, so beinhalten die mechanischen Eigenschaften Informationen über die Härte u.ä.. Eine Detaillierung der geometrischen Eigenschaften führt in Abhängigkeit von der jeweiligen Betrachtungsart entweder zu Kenngrößen, die die Makrogestalt kennzeichnen, oder die Mikrogestalt der jeweiligen Werkstückoberfläche beschreiben. Ihre Unterscheidung soll an einem Zylinder nach Bild 3.2 erläutert werden. So werden Kenngrößen, die direkt am Werkstück abgreifbar sind, als die Makrogeometrie beschreibende Grobgestaltsabweichungen bezeichnet. Dazu zählen u.a.: Risse (a), Längen (h), Lageabweichungen der beiden Zylindermantellinien (b und c) sowie die Formabweichungen von der Geraden der Zylindermantellinie (b). Diejenigen

Abweichungen, die nur über eine vergrößerte Darstellung ausgewertet werden können, ordnet man der Mikrogeometrie zu und nennt sie Feingestaltsabweichungen. Sie beziehen sich aus der Sicht der Bewertung stets auf einen Oberflächenausschnitt, der allerdings repräsentativ für die gesamte Oberfläche sein muß. Hierzu gehören u.a. die nicht im Bild 3.2 angegebenen Welligkeiten , Rauheiten und Gefügezusammensetzungen.

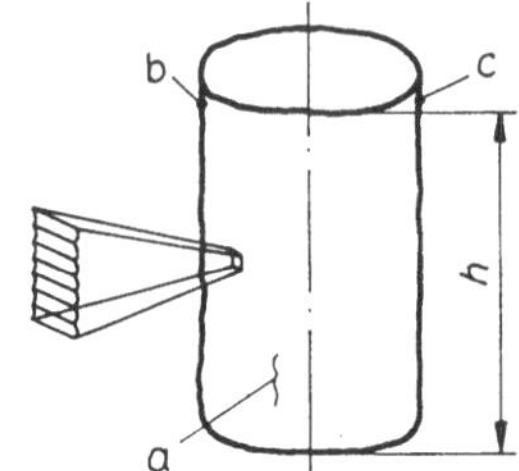

Bild 3.2
Abbildungsmöglichkeiten geometrischer Abweichungen der Makro- und Mikrogestalt am vergegenständlichten Werkstück nach [3.1]

Entsprechend ihrer Bedeutung und ihres Auftretens sind die Abweichungen von der Länge, Form und Lage sowie Welligkeit und Rauheit die wichtigsten Kenngrößen. Nach der in [3.2] angegebenen Systematik wird darüber hinausgehend der Begriff der Gestaltsabweichungen unterschiedlicher Ordnung eingeführt, wobei Formabweichungen, Welligkeiten, Rauheiten und Gefügekenngrößen diesen Abweichungen zugerechnet werden (vgl. Bild 3.3).

Grad der Gestaltabweichung	Bezeichnung	Beispiel
1. Ordnung	Formabweichung	Geradheit
2. Ordnung	Welligkeit	Wellen
3. Ordnung	Rauheit	Rillen
4. Ordnung	Rauheit	Riefen
5. Ordnung	Rauheit	Gefügestruktur
6. Ordnung	Rauheit	Gitteraufbau

Bild 3.3
Arten der Gestaltsabweichungen nach [3.2]

Betrachtungen zu den Arten der geometrischen Abweichungen an einem Gegenstand können in Anlehnung an [3.2] drei verschiedene Zustandsbewertungen beinhalten:

- Im *wirklichen Zustand* wird eine Bewertung der wirklichen Oberfläche vorgenommen.

  Die wirkliche Oberfläche ist die real vorhandene Oberfläche eines Körpers, die diesen vom umgebenden Medium trennt.

  Die wirkliche Oberfläche ist somit die meßabweichungsfreie Kenngröße, die einen theoretischen Zustand verkörpert, der im praktischen Fall nicht nachweisbar ist.
- Als *Istzustand oder vorhandener Zustand* wird der im Ergebnis einer Messung nachgewiesene und damit der real vorhandene Zustand an einer Istoberfläche bezeichnet.

  Die Istoberfläche ist die meßtechnisch nachgewiesene Oberfläche eines Körpers, die diesen vom umgebenden Medium trennt.

  Damit unterscheidet sich die Istoberfläche von der wirklichen Oberfläche im wesentlichen durch die aus der meßtechnischen Nachweisführung resultierende Meßunsicherheit.

Für den theoretischen Fall, daß die Meßunsicherheit gleich Null ist, geht die Ist-Oberfläche in die wirkliche Oberfläche über.

- Ein *geometrischer Zustand oder Sollzustand* einer Oberfläche ergibt sich stets als theoretisch anzustrebener bzw. als zu planender Zustand.

Die geometrische Oberfläche ist die ideale Oberfläche eines Körpers, die durch ihren Sollzustand gekennzeichnet ist und in technischen Zeichnungen und\oder ähnlichen technischen Unterlagen vorgeschrieben wird.

Damit ist die geometrische Oberfläche oder auch Solloberfläche stets ein aus ihrer Funktion abgeleitetes Merkmal, das unter anderem zur Vorgabe der Fertigungs- und Prüfaufgabe dient. Sie stellt die abweichungsfreie Oberfläche dar und wird als Bewertungskriterium genutzt, um festzustellen, inwieweit die Istoberfläche, die sich im Ergebnis der Fertigung und Prüfung ergibt, innerhalb der Vorgabewerte liegt.

Diese allgemeinen Zustandsbetrachtungen sind sinngemäß auf alle Arten der geometrischen Abweichungen übertragbar.

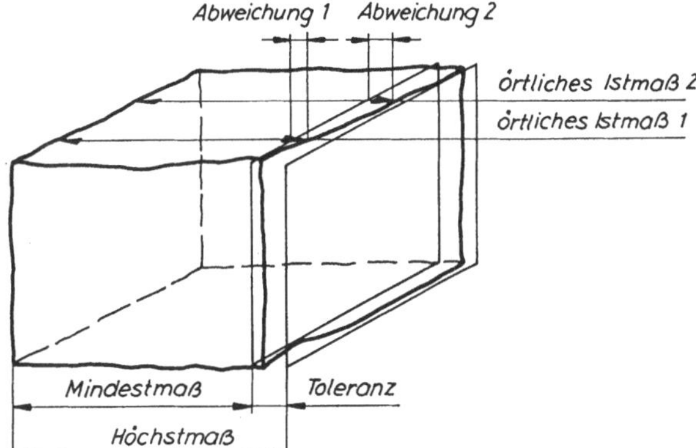

Bild 3.4
Darstellung grundlegender Begriffe am vereinfachten Werkstück

Soll ein Istzustand beschrieben oder bewertet werden, so bedient man sich der Maß-, Form-, Lageabweichungen u.ä..

Die Abweichung einer geometrischen Kenngröße stellt die Differenz zwischen der Istoberfläche und seiner Solloberfläche dar.

Für die Beschreibung des Sollzustandes, bzw. die Vorgabe einer Bewertungsbasis des Ist-Zustandes, können dann die zulässigen Abweichungen oder auch sogenannten Toleranzen (wie Maß-, Form-, Lagetoleranzen u.ä.) angewendet werden.

Die Toleranz einer geometrischen Kenngröße stellt die aus äußeren Anforderungen resultierende zuzulassende Abweichung dar.

Da zuzulassende Kenngrößen stets zwei Grenzwerte aufweisen, wird eine Toleranz aus der Differenz dieser beiden Werte bestimmt.

Die bisherigen Ausführungen beschränkten sich im wesentlichen auf einen Gegenstand, d.h. ein Werkstück. Wird dagegen das geometrische Zusammenwirken von mindestens zwei zu paarenden Werkstücken betrachtet, dann kommt man zu den Passungen.

> Eine Passung ist die Beziehung, die sich aus der Differenz zwischen den Maßen zweier zu fügender Formelemente (Welle und Bohrung) ergibt.

Bei den zu fügenden Werkstücken (auch Paßteile genannt) werden diejenigen Stellen, die sich bei der Paarung berühren, als Formelemente bezeichnet. Betrachtet man das Innenteil einer zylindrischen Passung, so wird dieses größtenteils durch eine Welle bzw. einen wellenförmigen Körper dargestellt. Aus diesem Grunde werden alle Innenteile bei Passungen, unabhängig von ihrer geometrischen Gestalt, als Wellen bezeichnet.

> Die Welle dient zur Beschreibung eines äußeren Formelementes eines Werkstückes einschließlich nichtzylindrischer Werkstücke.

Damit wird jedes Außenmaß, wie z.B. das Kantenmaß eines Würfels, als Wellenmaß bezeichnet. Für das Außenteil wird eine analoge Betrachtungsweise geführt, d.h. alle in Passungen enthaltenen Außenteile, die die Welle unabhängig von der Art ihrer geometrischen Gestalt umhüllen, werden als Bohrungen bezeichnet.

> Die Bohrung dient zur Beschreibung eines inneren Formelementes eines Werkstückes einschließlich nichtzylindrischer Werkstücke

Das bedeutet, daß z.B. auch das Innenabsatzmaß eines prismatischen Hohlkörpers ein Bohrungsmaß ist. Zwischenzeitlich fanden im DIN-Normenwerk die eigentlich aus technischer Sicht exakt formulierten Begriffe wie Innenmaß und Außenmaß ihre Anwendung. Mit dem Verbindlichkeitstermin von [3.3] zu Beginn des Jahres 1991 wurden jedoch die entsprechenden nationalen Normen [3.4] bis [3.9] und weitere für eine Überarbeitung vorgesehen. Unter Beachtung dieser Tatsache wird im weiteren insbesondere dann auf die nationalen, in Überarbeitung befindlichen Normen Bezug genommen, wenn sie inhaltlich über die internationalen Normen hinausgehen.

3.2 Anwendung geometrischer Abweichungen

Maß- und Gestaltsabweichungen besitzen für alle technischen Objekte ihre Bedeutung. Daraus ist abzuleiten, daß neben den in den technischen Bereichen am weitesten verbreiteten glatten zylindrischen Verbindungen und Verbindungen mit ebenen und parallelen Flächen auch andersartige, zum Teil wesentlich kompliziertere geometrische Formen an Werkstücken zu betrachten sind. Im Bild 3.5 sind auswahlmäßig verschiedenartige Verbindungen angegeben, zu denen normierte Betrachtungen zu deren Toleranzen und Passungen vorliegen. Im weiteren werden die im Bild genannten glatten zylindrischen Verbindungen näher betrachtet. Zu den anderen Objekten werden im Abschnitt 10 zusammenfassende Hinweise unter Bezugnahme auf eine ausgewählte Literaturzusammenstellung gegeben.

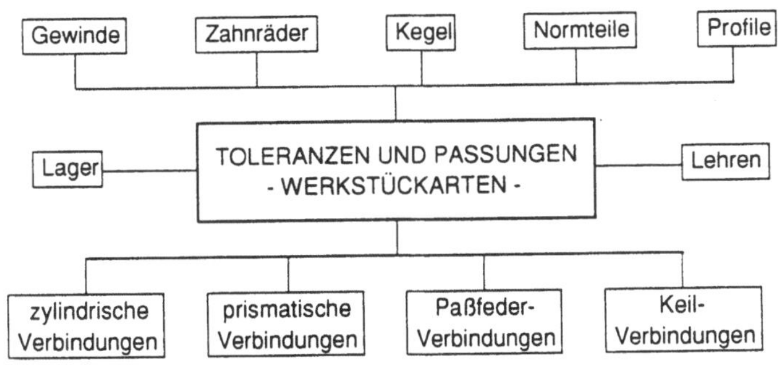

Bild 3.5 Werkstückorientierte Gebiete der Anwendung von Toleranzen und Passungen

Betrachtet man nun die Einsatzbereiche, in denen Toleranzen und Passungen von Bedeutung sind, so können die im Bild 3.6 genannten Bereiche Erwähnung finden. Auch diese zusammengestellte Übersicht verdeutlicht die breite Anwendung von Toleranzen und Passungen.

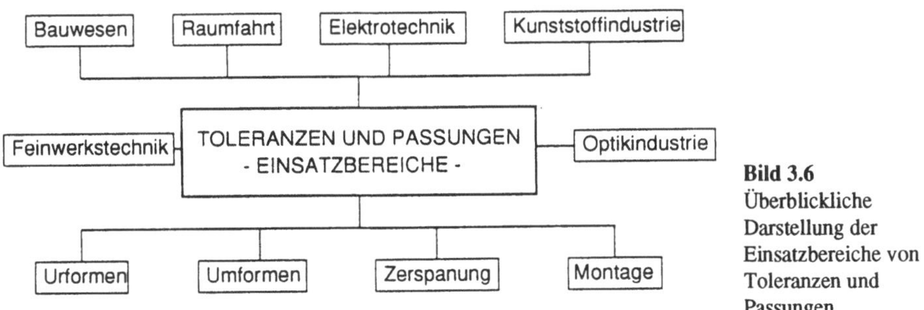

Bild 3.6 Überblickliche Darstellung der Einsatzbereiche von Toleranzen und Passungen

In den folgenden Ausführungen werden insbesondere die Bereiche der zerspanenden Bearbeitung von metallischen Werkstoffen näher beleuchtet. Weiterführende Literaturhinweise sind dem Abschnitt 10 zu entnehmen. Die Konzentration auf die hervorgehobenen Bildfelder in diesem Buch begründet sich darin, daß diese Bereiche eine wesentlich breiten Raum in den industriellen Unternehmen einnehmen. Auch aus historischer Sicht gesehen, liegen in diesen Bereichen die umfassendsten Erkenntnisse sowohl aus praktischer als auch theoretischer Sicht vor.

An dieser Stelle soll noch ein Hinweis zum Geltungsbereich insbesondere hinsichtlich der Umgebungsbedingungen genannt werden. Dabei ist zu berücksichtigen, daß grundsätzlich die Normalbedingungen einzuhalten sind. Diese beinhalten u.a. definierte Vorgaben für den Luftdruck, die Luftfeuchte, die Temperatur und weiterer Einflußfaktoren. Betrachtet man ausschließlich die Temperatur, so ist die Normaltemperatur von 20°C nach [3.10] einzuhalten. Wenn diese Anforderung auch von geringer Bedeutung erscheint, so soll ein Beispiel für eine vereinfachte Betrachtung diesen Einfluß verdeutlichen. Wird dazu angenommen, daß ein stabförmiger Körper aus Stahl mit einer Länge von 1 m einer Temperaturdifferenz von 5 K unterliegt und das lineare Temperaturausdehnungsgesetz (nach Gleichung (3.1)) näherungsweise anwendbar ist, dann wird zur Bestimmung der Längenänderung der lineare Längenausdehnungskoeffizient $\alpha = 11{,}5 * 10^6$ 1/K angewendet und es ergibt sich nachfolgende allgemeine Längenänderung (Δl):

$$\boxed{\Delta l = \Delta T * l * \alpha} \qquad (3.1)$$

Für diese Temperaturänderung, die keine abnormen Fertigungsbedingungen darstellt und sowohl von außen durch Sonneneinstrahlung als auch von innen durch Zerspanungskräfte entstehen kann, ergibt sich eine Längenänderung Δl von 57,5 µm.
Eine weitere erforderliche Unterscheidung, für die Anwendung von Toleranzen ergibt sich aus dem jeweiligen Betrachtungsstadium. Führt der Konstrukteur im Entwicklungsstadium Berechnungen durch, um die physikalischen Funktionsanforderungen in geometrische Vorgaben umzusetzen, ohne die Fertigungsmöglichkeiten und -bedingungen zu kennen und zu berücksichtigen, dann spricht man bei den so festgelegten Größen von den Werkstücktoleranzen.

> Die Werkstücktoleranz ist die aus den physikalischen Funktionsanforderungen für das geometrische Merkmal abgeleitete zulässige Abweichung.

Die Werkstücktoleranz stellt somit streng genommen eine theoretische Kenngröße dar. Werden derartige Toleranzen in eine Zeichnung eingetragen, so dienen sie der Fertigung und der Prüfung als Vorgaben.

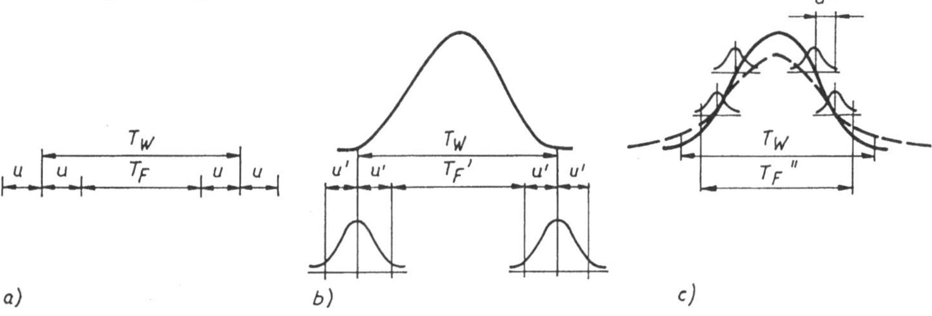

Bild 3.7 Zusammenhang zwischen Werkstück- (T_W) und Fertigungstoleranz (T_F) bei Berücksichtigung der Meßunsicherheit (u): a) lineare Betrachtung; b) quadratische Betrachtung; c) Faltungssimulation

Das Fertigungsergebnis ist nun aber nur über das Prüfergebnis einzuschätzen. Da andererseits das Prüfergebnis unter Berücksichtigung der Prüfbedingungen und der eingesetzten Prüfgerätetechnik immer mit Meßabweichungen behaftet ist, wird jeder Ist-Wert um die Größe der zufälligen Meßabweichungen unsicher sein. Will man eine fast 100 %-ige Sicherheit bei einer Überprüfung anstreben, dann müßte sowohl am Höchst- als auch am Mindestwert der Werkstücktoleranz die Meßunsicherheit nach [3.11] bis [3.14] abgezogen werden. Diese Zusammenhänge der sogenannten Abweichungsfortpflanzung sind im Bild 3.7 angegeben. Bei der Festlegung der Fertigungstoleranz unterscheidet man drei Möglichkeiten:

- Bei der ersten und auch einfachsten Variante (Bild 3.7.a) wird die Meßunsicherheit (u) linear von der Werkstücktoleranz subtrahiert.
- Bei der zweiten Variante (Bild 3.7.b) wird eine quadratische Subtraktion der Meßunsicherheit von der Werkstücktoleranz vorgenommen.
- Die dritte Variante basiert auf der Faltungssimulation der Verteilungen der zu erwartenden Istmaße innerhalb der entsprechenden Werkstücktoleranz und der Meßunsicherheit (Bild 3.7.c).

Bei der Anwendung dieser Varianten ist zu bemerken, daß aus der Sicht, möglichst große Fertigungstoleranzen zu erhalten, eine tendenzielle Verbesserung von a nach c vorliegt. Bei Beachtung des Berechnungsaufwandes ist eine entgegengesetzte Tendenz zu verzeichnen.

Die Fertigungstoleranz ist die um die zufällige Meßabweichung verringerte Werkstücktoleranz.

Zur Vermeidung schwerwiegender Folgen durch Nichtkennzeichnung der entsprechenden Toleranzart ist es erforderlich, eine eindeutige und einheitliche Vorgehensweise über die in die Zeichnungen einzutragenen Toleranzen zu treffen. Entscheidet sich der Konstrukteur für die Eintragung der Fertigungstoleranzen, dann hat er eigenständig diese Betrachtungen zur Bestimmung der Fertigungstoleranz zu führen; entscheidet er sich für das Eintragen der Werkstücktoleranzen, dann sind diese Betrachtungen vom Fertiger, Prüfer u.a. zu führen.

4 Maßtoleranzen

4.1 Grundbegriffe

Soll ein geometrischer Körper in seiner räumlichen Ausdehnung beschrieben werden, so gibt man seine Hauptabmessungen, wie z.B. Länge, Breite und Höhe an. Diese Größen werden als Maße bezeichnet. Aus physikalischer Sicht stellt ein Maß (M) den Wert der Länge dar, das sich aus seinem Zahlenwert (x) und seiner Maßeinheit ([M]) zusammensetzt (vgl. [4.1]).

$$\boxed{M = x * [M]} \qquad (4.1)$$

Für die geometrischen Abweichungen verschiedene Maßeinheiten Anwendung, die in grundlegende und abgeleitete wie auch ergänzende Maßeinheiten eingeteilt werden können (vgl. auch [4.2]). Zu den grundlegenden Kenngrößen, die dem metrischen System zuzuordnen sind, gehören bei:

- Längenmaßen das Meter mit dem Kurzzeichen m. Sollen Vielfache oder auch Teile dieser Größe angegeben werden, dann finden folgende Vorsätze und Umrechnungen Anwendung.

Nano (n) $= 10^{-9}$	1 nm $= 10^{-9}$ m = 0,001 µm
Mikro (µ) $= 10^{-6}$	1 µm $= 10^{-6}$ m = 0,001 mm
Milli (m) $= 10^{-3}$	1 mm $= 10^{-3}$ m = 0,001 m
Zenti (c) $= 10^{-2}$	1 cm $= 10^{-2}$ m = 0,01 m
Dezi (d) $= 10^{-1}$	1 dm $= 10^{-1}$ m = 0,1 m
Kilo (k) $= 10^{3}$	1 km $= 10^{3}$ m = 1000 m

- Winkelmaßen der Grad (auch Altgrad genannt) mit dem Kurzzeichen °. Als Vorsätze finden teilweise, wenn auch wenig gebräuchlich, voranstehende Vorsätze Anwendung. Bei der Angabe von Teilen des Grades werden die speziellen sexagesimalen Maßeinheiten (Minute und Sekunde) genutzt, für die folgende Umrechnung gilt:

1 Grad (°) = 60 Minuten (')
1 Minute (') = 60 Sekunden ('')

Neben diesen Grundkenngrößen werden weitere Dimensionen und Kurzzeichen angewendet, die sich historisch geprägt und auch mit der Einführung des SI-Einheitensystems verbreitet haben. Es sind folgende Größen und Umrechnungsfaktoren zu nennen:

- Bei Längenmaßen findet international weit verbreitet für Rohrgewinde das Zollsystem Anwendung. Es sind folgende Größen und Umrechnungsfaktoren in das metrische System festgelegt:

1 yard (yd)			= 0,9144 m
1 foot (ft) =	1/3 yd =	1 '	= 0,3048 m
1 inch (in) =	1/36 yd =	1 "	= 0,0254 m
1 line (li) =	1/360 yd =	1'''	= 0,00254 m

  Auch diese Maßeinheiten können mit den Vorsätzen für die Grundkenngrößen gekoppelt werden, sodaß z.B. 1 min (milliinch) = 0,0254 mm ist.
- Bei Winkelmaßen finden der ebene Winkel Radiant (rad), der Neugrad (gon) und der Vollwinkel (pla) Anwendung. Vielfache oder Teile dieser Einheiten werden durch Nutzung voranstehender Vorsätze angegeben (Beispiel: 1 mrad ist 1 Milliradiant, 1 mgon ist 1 Milligon). Für die Umrechnung in die Grundkenngrößen gilt:

1 rad =	$(180/\pi)$ ° =	$(200/\pi)$ gon =	$(1/2\pi)$ pla
1 gon =	0,9 ° =	0,015707 rad =	0,0025 pla
1 ° =	0,017456 rad =	1,111111 gon =	0,00277 pla
1 pla =	2π rad =	360 ° =	400 gon

  Bei der Angabe und Umrechnung vom ebenen Winkel in Altgrad gilt:

1 rad =	57,295779 °
1 mrad =	3,437747 '
1 µrad =	0,206265 "

Bei den Arten von Maßen können Längenmaße und Winkelmaße unterschieden werden. Historisch gesehen hat es sich jedoch eingebürgert, für die Längenmaße ebenfalls den Begriff Maß zu nutzen. Demzufolge findet in der gegenwärtigen Zeit das Wort Maß zweideutige Anwendung. Es wird jedoch zur Vermeidung von Mißverständigungen empfohlen, bei der Betrachtung von Winkelmaßen eine eindeutige begriffliche Zuordnung zu treffen, indem man in diesen Fällen dann auch von den Winkelmaßen spricht.

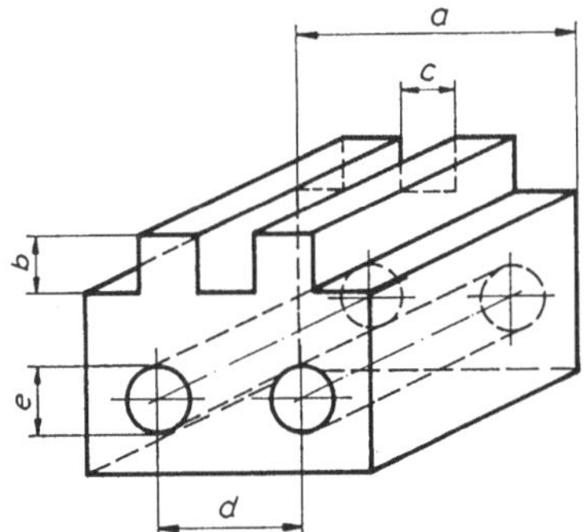

Bild 4.1
Ausgewählte Maßarten an einem Werkstück mit a - Wellenmaß, b - Tiefenmaß, c - Bohrungsmaß, d - Lochmittenabstandsmaß, e - Bohrungsmaß

Betrachtet man nun die Punkte oder die Flächen, die ein Maß verkörpern, die sogenannten Formelemente, so können folgende weitere Unterscheidungen zu den Maßarten getroffen

werden (Bild 4.1). Am Werkstück auftretende mögliche Ausführungsformen von Maßen können sein:
- Wellenmaß (Außenmaß),
- Bohrungsmaß (Innenmaß),
- Außenabsatzmaß (Dicke),
- Innenabsatzmaß (Weite),
- Tiefenmaß (Höhe, Tiefe),
- Lochmittenabstände (Teilungen),
- Winkelmaße (Neigungen),
- Radienmaße (Rundungen),
- Kegelmaße (Verjüngung),
- Gewindemaße (Flankenwinkel, -durchmesser, Steigung),
- Verzahnungsmaße (Teilkreisduchmesser, Eingriffsteilung, Modul) u.a..

Die nachfolgenden Ausführungen beziehen sich auf alle Arten der genannten Maße. Dabei wird als Basis die internationale Norm [3.3] und [4.3] zugrundegelegt, die durch die gegenwärtig in Überarbeitung befindlichen bzw. zurückgenommenen nationalen Normen [4.4] bis [4.6] inhaltlich ergänzt wird. Für die weiteren Ausführungen werden folgende Einteilungs- und Unterscheidungsmöglichkeiten zu den Maßen getroffen, die sich aus dem jeweiligen Betrachtungsstadium ableiten [3.2]:
- Da ein Körper, bzw. dessen Maß durch entsprechende Formelemente verkörpert wird und deren meßtechnische Nachweisführung an unterschiedlichen Stellen erfolgen kann, ergeben sich an verschiedenen Stellen eines Gegenstandes auch unterschiedliche Maße, die sogenannten *örtlichen Istmaße*.

Das örtliche Istmaß ist jeder beliebige einzelne Abstand in einem beliebigen Querschnitt eines Formelementes.

Im Bild 4.2 sind die örtlichen Istmaße (a_i) an den vergrößert dargestellten Formelementen des Maßes (a) aus Bild 4.1 angegeben. Es ist jedoch zu beachten, daß diese Definition nicht gleichbedeutend mit einer Zweipunktmessung ist.

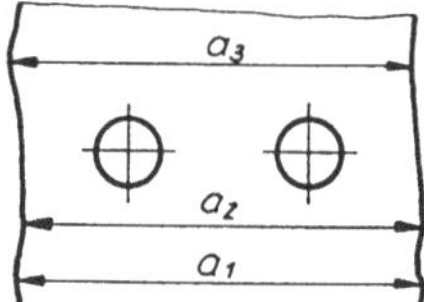

Bild 4.2
Darstellung örtlicher Istmaße an einem Werkstück

- Wird an einem Körper ein vorhandenes konkretes Maß durch meßtechnische Überprüfung und Auswertung festgestellt, dann spricht man vom *Istmaß* (vgl. [3.3]).

Das Istmaß ist das im Ergebnis von Messungen festgestellte Maß.

Das Istmaß wird nach unterschiedlichen Auswertevorschriften aus den örtlichen Istmaßen bestimmt, z.B. nach dem arithmetischen Mittelwert, nach dem quadratischen Mittelwert, nach dem Maximum der örtlichen Istmaße, nach dem Minimum der örtlichen Istmaße u.a. Vorschriften (nähere Erläuterungen siehe Abschnitt 5.2.2, Seite 52).

- Manchmal findet auch der Begriff *wahres Maß* Anwendung. Es stellt eine theoretische Größe zur Kennzeichnung des Sollzustandes dar, die praktisch nicht feststellbar ist und sich mathematisch aus der Summe von Istmaß und Meßunsicherheit zusammensetzt. Daraus wird ersichtlich, daß nur für den Fall einer gegen Null gehenden Meßunsicherheit das Istmaß in das wahre Maß übergeht.
- Will der Konstrukteur dagegen eine anzustrebende Zielgröße für ein Maß vorgeben, dann nutzt er das *Sollmaß*, das dem wahren Maß gleicht (vgl. [3.6]).

> Das Sollmaß (S) ist das theoretische Maß, von dem die Istmaße so wenig, wie möglich abweichen sollen.

- Der Konstrukteur legt zulässige Maximal- und Minimalmaße, die sogenannten *Grenzmaße* (G) in Anlehnung an [3.3] fest. Dabei berücksichtigt er, daß bei der Vorgabe eines Maßes bestimmte Abweichungen vom Sollmaß die Funktion nicht negativ beeinflussen und bei der Herstellung und meßtechnischen Nachweisführung stets Abweichungen zu erwarten und auch zulässig sind.

> Die Grenzmaße sind die maximal zulässigen Maße, zwischen denen ein Istmaß liegen muß.

Als maximal zulässige Maße im Sinne eines Vorgabewertes sind dabei stets zwei Grenzmaße vorzugeben.
Für den größeren Wert definiert man das *Höchstmaß* (G_o).

> Das Höchstmaß ist das maximal zulässige Grenzmaß.

Für den kleineren Wert definiert man das *Mindestmaß* (G_u).

> Das Mindestmaß ist das minimal zulässige Grenzmaß.

In der Vergangenheit wurden das Höchstmaß auch als Größtmaß (G) und das Mindestmaß auch als Kleinstmaß (K) bezeichnet. In letzter Zeit, insbesondere mit der Vorstellung verbunden, bei der Fertigung möglichst die gesamte Toleranz auszunutzen, wurde zusätzlich das *Toleranzmittenmaß* (C) eingeführt.

> Das Toleranzmittenmaß stellt den arithmetischen Mittelwert zwischen Höchst- und Mindestmaß dar.

Wenn auch das Toleranzmittenmaß gegenwärtig kaum in der betrieblichen Praxis Anwendung findet (z.B. bei der Bestimmung des Einstellmaßes in der CNC-Bearbeitung), wird es mit der ständigen Zunahme des Automatisierungsgrades der Fertigungsmittel an Bedeutung gewinnen. Nach seiner Definition stellt es die Zielgröße dar, auf die eine Fertigung auszurichten ist. Quantitativ ist es nach Gleichung (4.2) zu bestimmen.

$$C = \frac{G_o + G_u}{2} \qquad (4.2)$$

Die Zusammenhänge zwischen den Grenzmaßen und dem Toleranzmittenmaß sind im Bild 4.3 grafisch dargestellt.

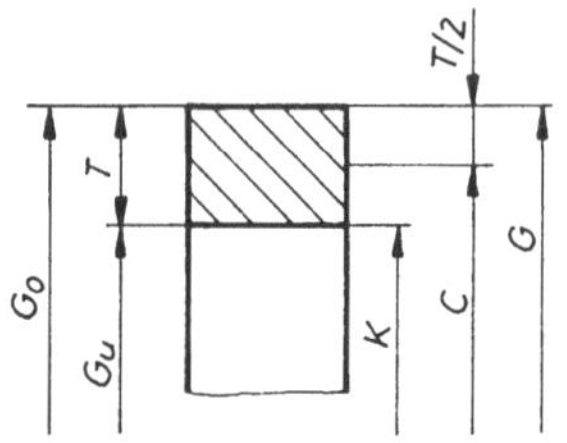

Bild 4.3
Zusammenhang zwischen Höchstmaß (G_o) und Mindestmaß (G_u) sowie Toleranzmittenmaß (C) und Toleranz (T)

Soll anhand des Bildes eine Bewertung des erreichten Istzustandes vorgenommen werden, dann ist folgendermaßen vorzugehen. Ein Werkstück wird solange den Anforderungen entsprechen, wie sein Istmaß (I) innerhalb der Grenzmaße liegt (Gleichung (4.3)).

$$G_o \geq I \geq G_u \qquad (4.3)$$

Wird diese Ungleichung durch das Istmaß, d.h. strenggenommen durch alle örtlichen Istmaße eingehalten, dann ist das Werkstück "in Ordnung", man sagt es liegt Maßhaltigkeit vor. Überschreitet andererseits mindestens eines der örtlichen Istmaße eines der Grenzmaße, dann ist das Werkstück "nicht in Ordnung" oder die Maßhaltigkeit ist nicht eingehalten. Aus der Sicht des Fertigungsergebnisses und der weiteren Verwendung ergibt sich ein nicht brauchbares Werkstück. Diesen Anteil nichtverwendungsfähiger Maße bzw. Werkstücke, aus der Sicht des Anwenders betrachtet, bezeichnet man auch als Fehler (F) und aus der Sicht des Produzenten auch als Ausfall (A), der in Abhängigkeit von der Überschreitung der Grenzmaße in Ausschuß und Nacharbeit zu unterscheiden sind. Bei einer durchgängigen funktionsgerechten Tolerierung wird der Ausfall zum Fehler. Mathematisch wird das Istmaß (I) zum Fehler bzw. Ausfall, wenn Ungleichung (4.3) nicht eingehalten ist. Es gilt:

$$G_o < I < G_u \qquad (4.4)$$

Die konkrete Bestimmung eines Fehlers ergibt sich stets in Anlehnung an seine mathematische Grunddefinition aus der Bezugnahme des Istzustandes auf den Sollzustand nach Gleichung (4.5).

$$\text{Fehler (F)} = \text{Ist-Wert (I)} - \text{Soll-Wert (S)} \qquad (4.5)$$

Für diesen Zusammenhang gibt es auch eine unter Praktikern weit verbreitete andere Ausdrucksform gleichen Inhalts nach Gleichung (4.6). Diese Fehlerdefinition ist u.a. insofern von Bedeutung, da sie eindeutig vorschreibt, daß grundsätzlich der abweichungsbehaftete Zustand auf den abweichungsfreien Zustand zu beziehen ist. Damit ist gleichermaßen die Vorzeichenregelung des Fehlers auch unter Beachtung seiner weiteren Behandlung eindeutig festgelegt.

$$\boxed{\text{Fehler} = \text{falsch} - \text{richtig}} \qquad (4.6)$$

Geht man noch einmal zu den maßlichen Betrachtungen zurück, dann sind zwei prinzipielle Fehleranteile möglich:

- Für den Fall, daß das Istmaß unterhalb des Mindestmaßes liegt ($I < G_u$), wird der Fehler nach Gleichung (4.7) bestimmt.

$$\boxed{F = I - G_u} \qquad (4.7)$$

- Für den Fall, daß das Istmaß oberhalb des Höchstmaßes liegt ($I > G_o$), wird der Fehler in analoger Weise nach Gleichung (4.8) bestimmt.

$$\boxed{F = I - G_o} \qquad (4.8)$$

Derartige Bewertungen können auch auf anderem Wege geführt werden, wobei folgende Überlegung zu beachten ist. Berücksichtigt man, daß sich das Fertigungs- wie auch das Meßergebnis stets von einer vorgegeben Bezugsgröße (Nennmaß, Sollmaß o.ä.) unterscheiden, dann ergibt der zahlenmäßige Unterschied zwischen beiden die Abweichung:

$$\boxed{\text{Abweichung (A)} = \text{Ist-Maß (I)} - \text{Soll-Maß (S)}} \qquad (4.9)$$

Die Größe der Abweichung stellt demnach eine Möglichkeit der Gütebewertung des Ist-Zustandes dar. Als Bezugsgröße für die Bewertung der Abweichung wird nun die den Soll-Zustand charakterisierende zulässige Abweichung, nämlich die Toleranz (T), aus den Grenzmaßen gebildet.

$$\boxed{T = G_o - G_u} \qquad (4.10)$$

Aus dem Vergleich zwischen Abweichung und Toleranz ergibt sich die Bewertung des erreichten Zustandes.

$$\boxed{\text{Toleranz} \geq |\text{Abweichung}|} \qquad (4.11)$$

Wird die Ungleichung (4.11) nicht eingehalten, dann stellt der Wert der Überschreitung der Abweichung die Größe des Fehlers dar, wobei in diesem Fall allerdings keine Unterscheidung nach dem Vorzeichen des Fehlers getroffen werden kann.
Vergleicht man die beiden genannten Vorgehensweisen, so kommt man zu folgenden Ergebnissen.
Bei Anwendung von Gleichung (4.3) wird eine Entscheidung unter Beachtung des gesamten Maßes geführt; man spricht demzufolge auch von einer Überprüfung der Maßhaltigkeit.

Im zweiten Fall, bei Anwendung von Gleichung (4.11) wird nur ein Anteil des Maßes, nämlich der zufällige Anteil, überprüft. Man spricht von der Überprüfung der Toleranzhaltigkeit, die damit einen Anteil der Maßhaltigkeit darstellt. Diese Aussagen sollen an einem theoretischen Beispiel (Bild 4.4) belegt werden.

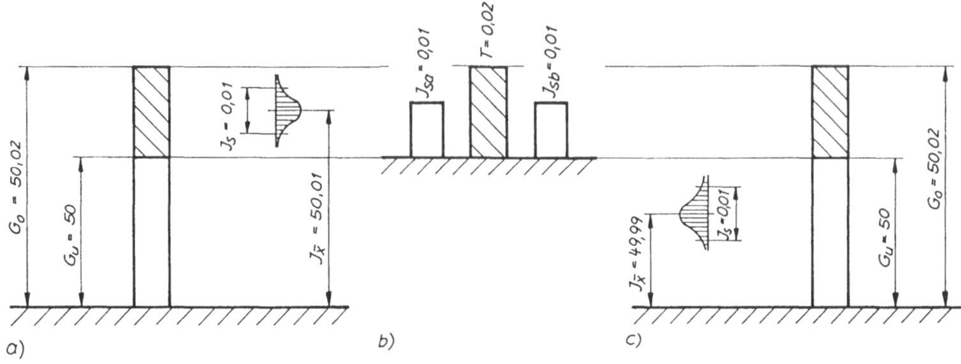

Bild 4.4 Vergleich zwischen Maßhaltigkeit und Toleranzhaltigkeit zweier Untersuchungen mit konstanter Schwankung (I_S) und unterschiedlichem Mittelwert ($I_{\bar{x}}$) der Istmaße: a) Maßhaltigkeitsbetrachtung der Untersuchung I; b) Toleranzhaltigkeitsbetrachtung beider Untersuchungen; c) Maßhaltigkeitsbetrachtung der Untersuchung II

Im Bild 4.4.a) sind links die Grenzmaße (G_o, G_u) vorgegeben. Ihnen zugeordnet ist die für eine gefertigte Losgröße von Werkstücken festgestellte Verteilung der Istmaße, ausgedrückt durch den Mittelwert ($I_{\bar{x}}$) und den Schwankungsbereich (I_S). Eine Überprüfung der Maßhaltigkeit ergibt, daß alle Maße "gut" sind. Im linken Teil des Bildes 4.4.b) sind die Anteile zur Überprüfung der Toleranzhaltigkeit für diesen Fall angegeben, die ebenfalls positiv bewertet wird. Im Bild 4.4.c) ist für die gleiche Bemaßungsart, gekennzeichnet durch die identischen Grenzmaße (G_o, G_u), ein anderes Fertigungsergebnis erreicht worden. Dabei unterscheidet sich gegenüber Bild 4.4.a) bei gleichem Schwankungsbereich (I_S) nur der Mittelwert ($I_{\bar{x}}$) der Ist-Werte. Führt man einen Maßvergleich durch, dann lautet das Ergebnis keine Maßhaltigkeit; der Vergleich der Toleranzen führt jedoch zur Toleranzhaltigkeit. Diese unterschiedlichen Betrachtungsergebnisse haben folgende Bedeutung:

Aus der Toleranzhaltigkeit ist ableitbar, ob die eingesetzten Fertigungsmittel und -verfahren prinzipiell in der Lage sind, die konstruktiven Anforderungen zu erfüllen. Wird eine Nichttoleranzhaltigkeit festgestellt, dann ergibt sich zwangsläufig auch eine Nichtmaßhaltigkeit. Ein umgekehrter Schluß ist allerdings nicht möglich, d.h. aus einer Toleranzhaltigkeit ist nicht im allgemeinen auf die Verwendungsfähigkeit (Maßhaltigkeit) eines Werkstückes zu schließen. Anderseits ist allerdings aus der Einhaltung der Maßhaltigkeit auf eine Toleranzhaltigkeit zu schließen.

Aus diesen Erläuterungen ist ableitbar, daß die Toleranzhaltigkeit im wesentlichen eine innerbetrieblich zu nutzende Größe zur Ursachenergründung bei auftretenden Fehlern darstellt und die Maßhaltigkeit zur Festlegung der Funktionstauglichkeit Anwendung findet. Diese grundlegenden Betrachtungen versetzen einen Fachmann in die Lage, im Konstruktionsstadium maßliche Vorgaben festlegen zu können und eine Bewertung des Fertigungsergebnisses einschließlich seiner meßtechnischen Nachweisführung realisieren zu können. Eine den gegenwärtigen Bedingungen entsprechende detaillierte Festlegung von Toleranzen und Passungen verlangt jedoch noch weitergehende Kenntnisse, die in den nachfolgenden Abschnitten erläutert werden.

4.2 Toleranzsystem für Längenmaße

4.2.1 Allgemeine Begriffe

Aus der Kenntnis der Vorteile bei der Anwendung einheitlicher Vorgehensweisen wurde der Aufbau eines Maß- und Toleranzsystems, kurz genannt Toleranzsystem, stets kontinuierlich vorangetrieben. Dabei wurde davon ausgegangen, ein Maß in zwei Grundkomponenten aufzuteilen. Eine Grundkomponente stellt Kennwerte dar, die die Größe der Abweichungen charakterisieren, wie die Toleranz selbst, die zweite Grundkomponente Kennwerte, die die Lage der Abweichungen charakterisieren, wie beispielsweise das Nennmaß und die Abmaße. In Anlehnung an [3.3] und Bild 4.5 ist das Nennmaß definiert.

> Das Nennmaß ist das Maß, von dem die Grenzmaße mit Hilfe der oberen und unteren Abmaße abgeleitet werden.

Da bedeutet, das Nennmaß ist die möglichst ganzzahlige Basiskomponente eines Maßes, von der die oberen und unteren Abmaße möglichst gering abweichen und günstigerweise eine ganzzahlige Größe darstellen.

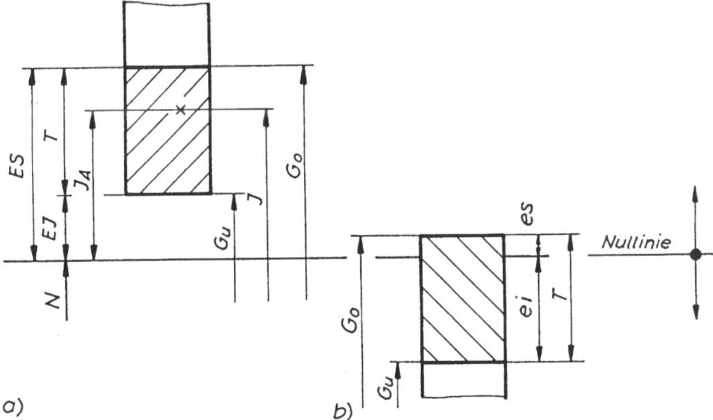

Bild 4.5 Größen für eine Maßbezeichnung (N - Nennmaß, T - Toleranz, G_o - Höchstmaß, G_u - Mindestmaß): a) für Bohrungen (ES - oberes Abmaß, EI - unteres Abmaß, Index B für Bohrungskenngrößen); b) für Wellen (es - oberes Abmaß, ei - unteres Abmaß, Index W für Wellenkenngrößen)

Mit dem Festlegen des Nennmaßes ist gleichermaßen auch die Nullinie festgelegt, die eine Hilfsgröße zur Maßdefinition verkörpert. Sie unterteilt die Größen zur Lagekennzeichnung einer Toleranz in das Nennmaß und die entsprechenden Abmaße. Für die Zeichnungseintragung ist sie jedoch unbedeutend.

Die Nullinie ist in einer grafischen Darstellung von Grenzmaßen und Passungen die gerade Linie, die das Nennmaß darstellt, auf das sich die Abmaße und Toleranzen beziehen.

Bei Betrachtung der weiteren Kenngrößen der zweiten Basiskomponente zur Maßfestlegung wird Begriff des Abmaßes (A) als nennmaßunabhängiger Wert eingeführt.

Das Abmaß ist die algebraische Differenz zwischen einem Maß und dem zugehörigen Nennmaß.

Nach dem jeweiligen Betrachtungsstadium kann das Abmaß sowohl auf den Istzustand als auch den Sollzustand bezogen werden. Das Istabmaß (I_A) wird dann bestimmt.

$$\text{Istabmaß } (I_A) = \text{Istmaß } (I) - \text{Nennmaß } (N) \tag{4.12}$$

Zur Beschreibung des Sollzustandes werden die Grenzabmaße eingeführt, die insbesondere in der Statistik auch als Toleranzgrenzen bezeichnet werden.

Grenzabmaße sind oberes und unteres Abmaß.

Spezielle Arten der Abmaße ergeben sich aus dem Höchst- und dem Mindestmaß. Der abmaßbezogene Höchstwert ist dann das obere Abmaß (ES für Bohrungen; es für Wellen) .

Das obere Abmaß ist die algebraische Differenz zwischen dem Höchstmaß und dem zugehörigen Nennmaß.

Das teilweise auch als obere Toleranzgrenze bezeichnete obere Abmaß ergibt sich rechnerisch aus der Subtraktion des Nennmaßes vom Höchstmaß nach Gleichung (4.13).

$$ES = es = G_o - N \tag{4.13}$$

Das Kurzzeichen ES (es) für das obere Abmaß wurde aus der französischen Bezeichnung "ecart superieur" abgeleitet. In älteren Literaturstellen findet auch das gleichbedeutende Kurzzeichen A_o Anwendung. Das abmaßbezogene Mindestmaß ist dann das untere Abmaß (EI für Bohrungen; ei für Wellen), das auch untere Toleranzgrenze genannt wird.

Das untere Abmaß ist die algebraische Differenz zwischen dem Mindestmaß und dem zugehörigen Nennmaß.

Berechnet wird das auch als untere Toleranzgrenze bezeichnete untere Abmaß durch Subtraktion des Nennmaßes vom Mindestmaß nach Gleichung (4.14). Das Kurzzeichen EI (ei) für das untere Abmaß wurde aus der französischen Bezeichnung "ecart interieur" abgeleitet. Das in der Vergangenheit oft verwendete gleichbedeutende Kurzzeichen ist A_u.

$$\boxed{EI = ei = G_u - N} \tag{4.14}$$

In Ergänzung zu den Betrachtungen der Definition der Toleranz (Gleichung (4.3) bzw. Bild 4.5), ist diese aus den Grenzabmaßen nach Gleichung (4.15) zu bestimmen.

$$\boxed{T = |ES(es) - EI(ei)|} \tag{4.15}$$

Dieser Zusammenhang wird auch angewendet, um eines der Grenzabmaße bei bekannter Toleranz sowie des zweiten Grenzabmaßes zu berechnen. Damit sind die Voraussetzungen geschaffen, ein Maß im Konstruktionsstadium eindeutig auszuwählen und vorzuschreiben. So bedeuten beispielsweise bei der Maßangabe a = (25 ± 0,02) mm, daß der Wert 25 mm das Nennmaß sowie die Größenangaben + 0,02 mm das obere Abmaß (positives Abmaß) und -0,02 mm das untere Abmaß (negatives Abmaß) darstellen. Bei Gleichheit von oberen und unteren Abmaßen spricht man von symmetrischen Abmaßen.
Als weiterer Begriff wird das Toleranzfeld eingeführt. Es stellt bei der bildlichen Wiedergabe der Toleranzkenngrößen (vgl. auch Bild 4.5) den Bereich zwischen dem oberen und dem unteren Abmaß dar, das von seiner Größe her mit der Toleranz identisch ist. Das begründet sich auch in seiner Begrenzung durch die oberen und unteren Abmaße.

Das Toleranzfeld ist bei der grafischen Darstellung von Toleranzen das Feld zwischen zwei Linien, die das Höchstmaß und das Mindestmaß darstellen.

Bei der zeichnerischen Angabe von Toleranzfeldern ist darauf zu achten, daß sie mit schraffiertem Untergrund angegeben werden. Dabei ist ein Bohrungstoleranzfeld nach rechts oben und ein Wellentoleranzfeld nach links oben zu schraffieren (vgl. Bild 4.5). Geht man nun zur ursprünglichen Zielstellung der Aufteilung eines Maßes in die Anteile zur Festlegung der Größe und der Lage der Abweichungen zurück, ist folgende Feststellung zu treffen:

- Zur Bestimmung der Lage der Abweichungen werden das Nennmaß und ein Anteil aus den Abmaßen (Grundabmaß, Mittenabmaß o.ä.) genutzt, der allerdings in der Mehrzahl der Fälle nicht separat ausgewiesen wird;
- Zur Bestimmung der Größe der Abweichungen werden die Grenzabmaße genutzt.

Werden Nennmaß und Abmaße gemeinsam bei einer Maßangabe angewendet, dann spricht man auch von einem tolerierten Maß.

Das tolerierte Maß besteht entweder aus dem Nennmaß und dem Kurzzeichen der geforderten Toleranzklasse oder dem Nennmaß und den Grenzabmaßen.

Für das tolerierte Maß wurde früher auch der Begriff Paßmaß verwendet. Zur Bedeutung und Anwendung des Kurzzeichens der geforderten Toleranzklasse erfolgt eine Erläuterung im Abschnitt 4.2.2 im Rahmen des ISO-Toleranz- und Paßsystems. Mit der getrennten Vorgabe von Kenngrößen zur Festlegung der Lage und der Größe von Abweichungen ist noch ein weiterer Vorteil verbunden, der sich aus der Fehlertheorie ableiten läßt. Danach werden die die "Unrichtigkeit" kennzeichnenden, systematischen (determinierten) und die die "Unsicherheit" bestimmenden, zufälligen (stochastischen) Fehleranteile unterschieden. Eine derartige Trennung besitzt den wesentlichen Vorteil, auf der Basis von Ursachenermittlungen, Fehlerkorrekturen vornehmen zu können. Dabei sind systematische Fehler relativ einfach korrigierbar, Korrekturen zufälliger Fehleranteile größtenteils nur durch umfangreiche Maßnahmen möglich. Überträgt man diese Betrachtungen auf die Maßfestlegung, so ergibt sich, daß das Nennmaß (N) und das Toleranzmittenabmaß (arithmetischer Mittelwert aus oberem und unterem Abmaß) den systematischen Anteilen und die Toleranz den zufälligen Anteilen zuzuordnen ist. Eine Anwendung dieses Zusammenhanges führt zu dem Ergebnis, daß bei der Vorgabe systematischer Kenngrößen keine wesentlichen negativen wirtschaftlichen Restriktionen zu erwarten sind. Eine Festlegung der zufälligen Größen führt dagegen zu wesentlichen Beeinflussungen der Kosten für die Herstellung (siehe auch Kosten-/Toleranzschaubilder). Sollen nun Maßtoleranzen in einer Konstruktionszeichnung angegeben werden, so ist weiterhin zu beachten, daß die Übersichtlichkeit in der Konstruktionszeichnung nicht verlorengeht. Dazu werden zwei Möglichkeiten der Toleranzeintragung angewendet.

- Die erste, am weitesten verbreitete, Möglichkeit bildet die Auswahl und Eintragung der Maßtoleranzen mit den entsprechenden Grenzabmaßen oder nach dem ISO-Toleranzsystem (vgl. nachfolgende Abschnitte).
- Die zweite Möglichkeit, die insbesondere bei gröberen Toleranzen, bei sogenannter werkstattüblicher Genauigkeit, Anwendung findet und eine einfache Ausführung der Zeichnung gestattet, ist die Nutzung von Allgemeintoleranzen (vgl. dazu Abschnitt 9).

4.2.2 Grundlagen des ISO-Toleranzsystems

Dem Streben nach einem weitestgehend vereinheitlichten Toleranzsystem gerecht werdend, wurden von der damaligen ISA (International Federation of the National Standardizing Associations) auf der Basis nationaler Vorlaufarbeiten erste Vorstellungen zum damaligen ISA-Toleranz- und Paßsystem zusammengestellt. Mit der Umbenennung der ISA in die ISO (International Organisation for Standardization) entstand dann das inhaltlich nicht veränderte ISO-Toleranz- und Paßsystem. Die neuste Ausführung des Toleranz- und Paßsystems, das im wesentlichen auf den voranstehend genannten Grundlagen aufbaut und einige Ergänzungen aufweist, ist in [3.3] und [4.3] zusammengefaßt. Die wesentlichen Kenngrößen nach dem Toleranzsystems sind:

- zur Lagebestimmung der Nullinie das *Nennmaß,*
- zur Lagebestimmung des Toleranzfeldes das *Grundabmaß* und
- zur Größenbestimmung des Toleranzfeldes der *Grundtoleranzgrad.*

Ist voranstehend bereits das Nennmaß erläutert, so ist das Grundabmaß in Anlehnung zum Abmaß sowie der Grundtoleranzgrad in Anlehnung zur Toleranz folgendermaßen zu erklären. Das Grundabmaß stellt das Abmaß dar, das der Nullinie am nahesten liegt.

Das Grundabmaß im ISO-Toleranzsystem für Grenzmaße und Passungen ist das Abmaß, das die Lage des Toleranzfeldes in Bezug zur Nullinie festlegt.

Für das im Bild 4.4 dargestellte Beispiel ergibt sich für das Bohrungstoleranzfeld das untere Abmaß (EI) und für das Wellentoleranzfeld das obere Abmaß (es) als Grundabmaß. Wird dagegen im Bild 4.5 das Bohrungs- durch das Wellentoleranzfeld ersetzt und umgekehrt, dann sind beim Bohrungstoleranzfeld das obere Abmaß (ES) und beim Wellentoleranzfeld das untere Abmaß (ei) die Grundabmaße.
Der Grundtoleranzgrad, als ein verallgemeinerter Kennwert zur Größenangabe des Toleranzfeldes, verkörpert eine nennmaßunabhängige Toleranzangabe. Er berücksichtigt den Sachverhalt, daß für einen bestimmten Grundtoleranzgrad einerseits aus der Sicht der Funktionsanforderungen und andererseits aus der Sicht der Fertigungsanstrengungen in etwa ähnliche Bedingungen zutreffen sowie adäquate Aufwendungen erforderlich sind.

Die Grundtoleranzgrade verkörpern nennmaßunabhängige Genauigkeitsaussagen und sind mit den Buchstaben IT und einer nachfolgenden Zahl gekennzeichnet.

Der Grundtoleranzgrad wurde in früherer Zeit auch als IT-Qualität bezeichnet. Ein ausgewähltes Bezeichnungsbeispiel ist IT 7. Bei detaillierter Betrachtung des zweiteiligen Grundtoleranzgrades erhält man die Grundtoleranz (IT) und den jeweiligen durch eine arabische Zahl ausgedrückten Toleranzgrad (z.B. 7), der teilweise auch als Qualität bezeichnet wurde. Mit einer derartigen Angabe sind allgemeine Aussagen über die nennmaßunabhängige Größe der Toleranz möglich. Soll die Lage der Toleranz festgelegt werden, dann ist das Kurzzeichen für die internationale Toleranz (IT) durch das entsprechende Buchstabensymbol (z.B. H) zu ersetzen und es ergibt sich die Toleranzklasse.

Die Toleranzklasse verkörpert die nennmaßunabhängige Genauigkeitsangabe in Zuordnung zur Toleranzfeldlage und wird mit dem Buchstaben für das Grundabmaß sowie mit der Zahl des Grundtoleranzgrades angegeben.

Die Auswahl des jeweiligen Buchstabensymbols ist in Abhängigkeit von der Größe des Grundabmaßes zu treffen. Damit geht der Grundtoleranzgrad in die Toleranzklasse über.

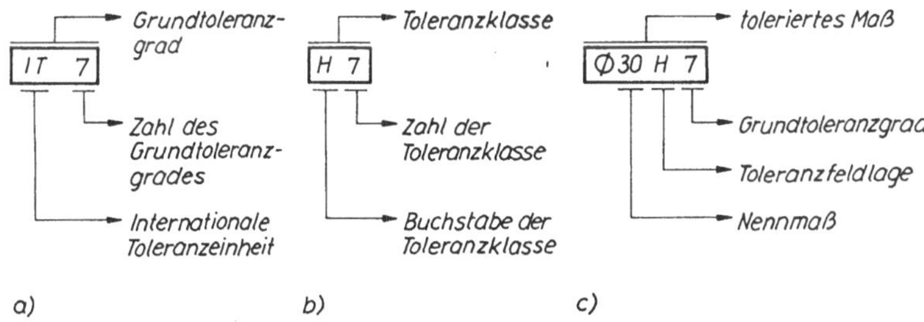

Bild 4.6 Begriffe zur Toleranzkennzeichnung: a) Grundtoleranzgrad; b) Toleranzklasse; c) toleriertes Maß

Für die Vorgabe eines Maßes im Konstruktionsstadium als Sollmaß, einschließlich zulässiger Abweichungen, wären also das Nennmaß und die entsprechende Toleranzklasse anzugeben. Diese Begriffe sind im Bild 4.6 zusammengestellt. Bei der Auswahl des Toleranzgrades ist zu beachten, daß mit größer werdender Zahl die Genauigkeit abnimmt, d.h. die Toleranz betragsmäßig größer wird. Ein Bezeichnungsbeispiel für einen Bohrungsdurchmesser ist Ø30 H8. Als nächster Schritt ergibt sich zwangsläufig die Frage nach den konkreten Zahlenwerten, die durch eine Toleranzklasse verkörpert werden. Der einfachste Weg, diese Werte zu erhalten oder auch umgekehrt, d.h. aus bekannten Grenzabmaßen die Toleranzklasse festzulegen, besteht darin, die in [4.3] angegebenen Tabellen für die Auswahl der Grundtoleranzen anzuwenden. Komplizierter dagegen wird die eigenständige Berechnung gemäß nachfolgender Gleichungen.

4.2.3 Grundaufbau des ISO-Toleranzsystems

Das ISO-Toleranzsystem bildet eine wichtige Voraussetzung für die Vereinheitlichung von Maßen und Toleranzen. Demzufolge müssen in ihm Aussagen über die drei wesentlichen Maßbestandteile, das Nennmaß, das Grundabmaß und die Toleranz, getroffen werden.
Die *Nennmaße* werden in zwei Kategorien von Nennmaßbereichen eingeordnet, in die Nennmaßhauptbereiche und die Nennmaßzwischenbereiche. Die Nennmaßzwischenbereiche sollen nur in den Fällen Anwendung finden, in denen die Grundabmaße mit den Buchstabensymbolen A bis C und R bis ZC (für Bohrungen) bzw. a bis c und r bis zc (für Wellen) vorliegen. Bei den weiteren Betrachtungen findet eine allgemeine Durchmesserangabe (D) Berücksichtigung, die sich vereinbarungsgemäß aus dem geometrischen Mittel der in eine Paarung einzubeziehenden Durchmesser (D_i) ergibt.

$$\boxed{D = \sqrt{D_1 * D_2}} \tag{4.16}$$

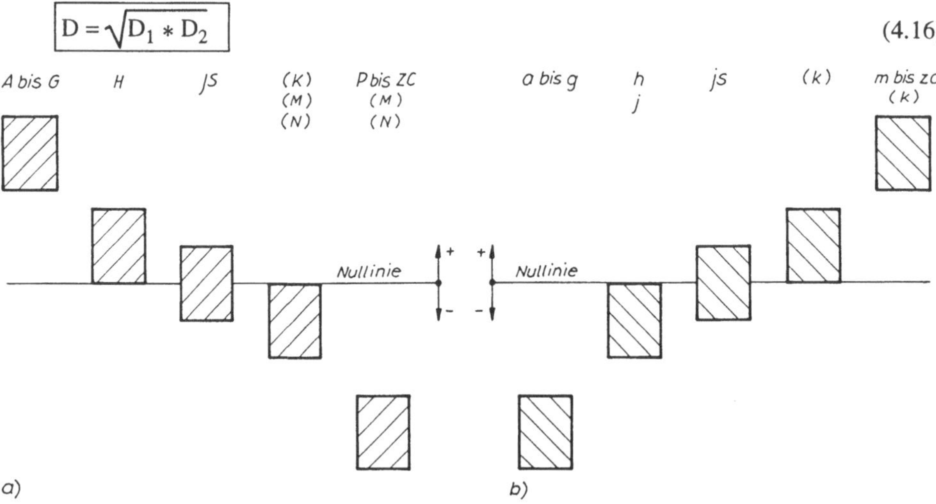

Bild 4.7 Toleranzfeldlagen: a) für Bohrungen; b) für Wellen

Die *Grundabmaße* werden zur Darstellung der Toleranzfeldlage bezüglich der Nullinie genutzt und durch Buchstabensymbole gekennzeichnet (vgl. Bild 4.7).

> Die Toleranzfeldlage kennzeichnet die Lage des Toleranzfeldes zur Nullinie als eine Funktion vom Nennmaß und wird mit Großbuchstaben bei Bohrungen (A bis ZC) und Kleinbuchstaben bei Wellen (a bis zc) angegeben.

Die *Toleranzen* werden aus dem nennmaßunabhängigen Toleranzgrad (arabische Zahl des Grundtoleranzgrades bzw. der Toleranzklasse) in die nennmaßabhängigen Grundtoleranzen überführt. Die Grundtoleranz ist im System für Grenzmaße und Passungen jede zu diesem System gehörende Maßtoleranz. Bei dieser Umrechnung ist der sogenannte Grundtoleranzfaktor (früher auch als internationale Toleranzeinheit bezeichnet) zu berücksichtigen.

Der Grundtoleranzfaktor (i, I) ist ein Faktor, der eine Funktion des Nennmaßes ist und als Basis für die Festlegung der Grundtoleranz dient.

Bei der Festlegung der Grundtoleranzfaktoren wurden sowohl praktische Erfahrungen als auch theoretische Bildungsgesetzmäßigkeiten berücksichtigt. Dementsprechend wird er bei Nennmaßen kleiner als 500 mm mit i und bei Nennmaßen größer als 500 mm mit I bezeichnet. Eine Berechnung der einzelnen Kenngrößen wird in den nachfolgend dargestellten drei Toleranzsystemen vorgenommen, die durch folgende wesentlichen Merkmale gekennzeichnet sind:

- Das Toleranzsystem für *Nennmaße < 500 mm* stellt das historisch gewachsene Grundsystem dar, das erprobte praktische Erfahrungen vieler Unternehmen aus unterschiedlichsten Ländern und unterschiedlichen Bereichen berücksichtigt. Demzufolge besitzt es auch keine einheitliche mathematische Grundlage.
- Das Toleranzsystem für *Nennmaße im Bereich von 500 mm bis 3150 mm* wurde zeitlich wesentlich später entwickelt. Dabei wurden allerdings die entsprechenden Erkenntnisse des Grundsystems berücksichtigt und ausgehend von einer theoretischen mathematischen Basis über ein mehrjähriges Versuchs- und Teststadium im Normenwerk vereinheitlicht.
- Das Toleranzsystem für *Nennmaße im Bereich von 3150 mm bis 10000 mm* gehört gegenwärtig noch nicht zum ISO-Normenwerk. Zu diesem Toleranzsystem existieren gegenwärtig verschiedenartige nationale Vorstellungen, die einerseits in den einzelnen Ländern teilweise aus den Grundansätzen herrührend sehr umstritten sind und andererseits zwischen den Ländern auch unterschiedliche Vorgehensweisen beinhalten. Demzufolge sollen die Ausführungen zu diesem System als Anregung dienen.

Nachfolgend werden die drei genannten Toleranzsysteme einer näheren Betrachtung unterzogen.

4.2.4 ISO-Toleranzsystem für Nennmaße kleiner als 500 mm

Im Toleranzsystem für "kleine Längen" werden die *Nennmaße* in 13 Hauptbereiche und 22 Zwischenbereiche eingeteilt, wobei die Zwischenbereiche nur für den Nennmaßbereich von 10 mm bis 500 mm und die voranstehend genannten Toleranzfeldlagen (S. 30) anzuwenden sind. Zur Festlegung der Grenzwerte der Nennmaßbereiche wurden weitestgehend die normierten R-Zahlen angewendet. Es wurden bei den Maßen im Bereich von 180 mm bis 500 mm für die Hauptbereiche die Reihe R 10 mit einem Stufensprung von 1,25 und für die Zwischenbereiche die Reihe R 20 mit einem Stufensprung von 1,12 zugrundegelegt.
Die *Grundabmaße* werden nach den in [3.3] angegebenen Berechnungsgleichungen bestimmt. Dabei ist zu berücksichtigen, daß für die Toleranzfeldlagen a bis h die oberen Abmaße (es) mit negativen Vorzeichen (-) und für die Toleranzfeldlagen k bis zc die unteren Abmaße (ei) mit positiven Vorzeichen (+) für die Grundabmaße zu berechnen sind. Für D

ist das nach Gleichung (4.16) zu berechnende geometrische Mittel einzusetzen. Sollen die angegebenen Gleichungen für die Bestimmung von Grundabmaßen für Bohrungen angewendet werden, dann sind die Toleranzfeldlagen für die Bohrungen anstelle derjenigen für die Wellen einzusetzen (z.B. A anstelle von a). Weiterhin ist zu beachten, daß für die Toleranzfeldlagen A bis H das untere Abmaß (EI) mit positiven Vorzeichen (+) und für die Toleranzfeldlagen K bis ZC das obere Abmaß (ES) mit negativen Vorzeichen (-) bei den Grundabmaßen festgelegt ist. Auf weitere Besonderheiten, die bei der Berechnung von Grundabmaßen für Bohrungen im System Einheitsbohrung und Einheitswelle zu berücksichtigen sind, soll an dieser Stelle nicht eingegangen werden (siehe dazu [4.3]). An gleicher Stelle sind auch weitere Hinweise zum Runden der Berechnungswerte angegeben. Ergänzend sind in der voranstehenden DIN-Norm die Grundabmaße in Abhängigkeit vom Nennmaß zusammengestellt.
Die *Grundtoleranzgrade* werden in 20 Stufungen eingeteilt, u.zw. IT 01, IT 0 sowie IT 1 bis IT 18. Diese bilden auch die Grundlage für die Berechnung der Grundtoleranzen. Als ein erster Schritt bei dieser Berechnung werden die vordergründig in [4.3] zusammengestellten nennmaßunabhängigen Gleichungen genutzt, zu denen folgende ergänzende Bemerkungen anzubringen sind.
Bei den Grundtoleranzgraden IT 01, IT 0 und IT 1 werden die Grundtoleranzen in direkter Bezugnahme zum Durchmesser (D) berechnet. Bei den Grundtoleranzgraden IT 2 bis IT 4 gibt es keine mathematisch einheitlichen Vorschriften zur Berechnung der nennmaßunabhängigen Grundtoleranzen; es sind ausschließlich die praktisch bewährten nennmaßabhängigen Grundtoleranzen anzuwenden. Bei den Grundtoleranzgraden IT 5 bis IT 18 werden sie in direkter Abhängigkeit vom Toleranzfaktor i bestimmt, der nach Gleichung (4.17) zu berechnen ist.

$$\boxed{i = 0{,}45\,\sqrt[3]{D} + 0{,}0001\,D} \qquad (4.17)$$

An dieser Stelle sei noch bemerkt, daß die angegebenen Durchmesser in den Berechnungsgleichungen das in Gleichung (4.16) angegebene geometrische Mittel darstellen. Sollte es sich jedoch aus funktionell begründeter Sicht ergeben, Grundtoleranzgrade, die gröber als IT 18 sind, festzulegen, dann ergibt sich die gesuchte Größe, indem der 5. vorhergehende Toleranzgrad mit dem Faktor 10 multipliziert wird. So gilt zum Beispiel für die Festlegung des Wertes der nennmaßunabhängigen Grundtoleranz des Grundtoleranzgrades IT 20:

$$\text{Wert}_{(IT\,20)} = \text{Wert}_{(IT\,15)} * 10$$
$$\text{Wert}_{(IT\,20)} = 640\,i * 10 = 6400\,i$$

Die detaillierten Grundtoleranzen unter weiterer Berücksichtigung einiger Rundungsregeln sind in [4.2] zusammengestellt. Hierbei wurde für die Toleranzklassen IT 6 bis IT 16 die Reihe R 5 mit einem Stufensprung von 1,6 angewendet.
Aus den voranstehend gegebenen Erläuterungen wird der grundlegende Aufbau des Toleranzsystems deutlich. Damit werden die allgemeinen Vorgehensweisen ersichtlich und somit gleichzeitig die Voraussetzungen für eine eventuell erforderliche eigenständige Erweiterung geschaffen. Für eine spezielle Auswahl der Grenzabmaße ist es dagegen wesentlich einfacher, auf die u.a. in [4.3] tabellierten oberen und unteren Abmaße zurückzugreifen.

4.2.5 ISO-Toleranzsystem für Nennmaße im Bereich von 500 mm bis 3150 mm

Die *Nennmaße* werden beim Toleranzsystem für "mittlere Längen" in 8 Hauptbereiche und 16 Zwischenbereiche eingeteilt.
Die *Grundabmaße* werden nach weitestgehend ähnlichen Bildungsgesetzen, wie die im Toleranzsystem bis 500 mm enthaltenen, berechnet. Einschränkend wurden jedoch die Toleranzfeldlagen a bis cd (A bis CD) und v bis zc (V bis ZC) nicht aufgenommen sowie für die Toleranzfeldlagen k bis p (K bis P) geänderte mathematische Zusammenhänge formuliert. Das weitere Vorgehen ist analog des voranstehend genannten Toleranzsystems vorzunehmen, wobei die nennmaßabhängigen Grundabmaße analog zu bestimmen sind.
Die *Grundtoleranzgrade* werden in 18 Stufungen eingeteilt, es sind IT 1 bis IT 18. Die nennmaßunabhängigen Berechnungsgleichungen beziehen sich ausschließlich auf direkte Zuordnungen zum Toleranzfaktor I, der nach Gleichung (4.18) zu berechnen ist.

$$\boxed{I = 0{,}004 * D + 2{,}1} \qquad (4.18)$$

Werden anschließend die Nennmaßabhängigkeiten über das geometrische Mittel des Durchmessers D nach Gleichung (4.16) berücksichtigt, dann ergeben sich wiederum die Grundtoleranzen.
Für die praktische Handhabung sollten detaillierte Berechnungen nur dann durchgeführt werden, wenn aus funktionellen Gründen auf die in [4.3] und analogen Literaturstellen tabellierten Werte nicht zurückgegriffen werden kann.

4.2.6 Toleranzsystem für Nennmaße im Bereich von 3150 mm bis 10000 mm

Ausgehend von den gegenwärtig vorliegenden ausländischen Normen, dem entsprechenden ISO-Entwurf, der theoretisch erarbeiteten, allerdings gegenwärtig praktisch noch nicht genügend untersuchten DIN-Norm [3.4] sowie einigen Grundlagenarbeiten [4.7], sollen an dieser Stelle für dieses noch nicht ausgereifte System prinzipielle Hinweise zu den Vorstellungen für das Toleranzsystem für "große Längen" gegeben werden.
Die *Nennmaße* werden in 5 Hauptbereiche und 10 Zwischenbereiche eingeteilt, wobei die Hauptbereiche für die Toleranzfeldlagen d bis p (D bis P) und die Zwischenbereiche für die Toleranzfeldlagen r bis u (R bis U) wirksam werden.
Die *Grundabmaße* und die *Grundtoleranzen* sind vom Toleranzsystem für Nennmaße im Bereich von 500 mm bis 3150 mm übertragen worden. Eine Zusammenstellung der nennmaßabhängigen Grundabmaße und Grundtoleranzen ist in [4.6] angegeben. Auch hierbei gilt im übertragenen Sinne bereits voranstehend Genanntes. Die speziellen Grenzabmaße sind [4.6] zu entnehmen. Die Anwendung dieser Toleranzen sollte jedoch gründlich überprüft werden, da die bisherigen praktischen Erfahrungen zu sehr unterschiedlichen Ergebnissen führten.

4.3 Toleranzsystem für Winkelmaße

In Abgrenzung zu den Längenmaßen existieren für die Winkelmaße keine separaten ausführlichen Toleranzvorschriften. Betrachtet man jedoch die Grunddefinition eines Winkels, die vom Quotienten zweier Längen zueinander ausgeht, so kann man auf der Basis zweier Längen indirekt einen Winkel, sofern erforderlich, tolerieren. Sollen dagegen Winkel direkt toleriert werden, so existieren dafür in verschiedenen nationalen Normen Vorgaben für Vorzugswerte. Darüber hinausgehend sind Allgemeintoleranzen für Längen- und Winkelmaße in [4.8] und [4.9] sowie in [9.3] festgelegt (Erläuterungen zu den Allgemeintoleranzen siehe Abschnitt 9). Bei der Zeichnungseintragung von Winkeltoleranzen ist nicht, wie bei den Maßtoleranzen, die Dimensionsgleichheit von Nennmaß und Winkeltoleranz unbedingt einzuhalten. Bei ungleichen Dimensionen sind allerdings sowohl für das Nennmaß als auch für die Toleranz die Dimensionen anzugeben.

4.4 Funktionsgerechtheit

Bei der Auswahl oder Festlegung der Maßtoleranzen muß beachtet werden, daß diese größtenteils in Passungen eingehen. Demzufolge sollten in derartigen Fällen die Ausführungen im Abschnitt Passungen entsprechende Berücksichtigung finden.

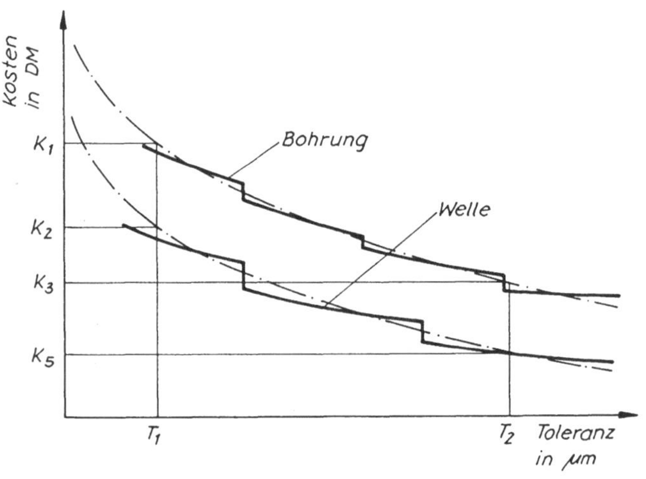

Bild 4.8
Prinzipieller Zusammenhang zwischen Kosten und Toleranz

Nach den voranstehenden Erläuterungen wäre es nun für den Konstrukteur einfach, die Nennmaße und die Grenzabmaße durch direkte Angabe der Grenzmaße oder Angabe des Toleranzkurzzeichens vorzugeben. In manchen Fällen wählt er jedoch für die Toleranzen

kleinere Werte, um eine bestimmte Sicherheitsreserve vorzusehen. Auf diese Weise festgelegte Toleranzen werden auch als "Angsttoleranzen" bezeichnet.
Ein wesentlicher Grund, der gegen die Anwendung von Angsttoleranzen spricht, ist die Wirtschaftlichkeit. Eine Untersetzung des allgemeinen Toleranz-Kosten-Verhältnisses (Bild 2.5) ist im Bild 4.8 wiedergegeben. Danach ist festzustellen, daß die Herstellung einer Bohrung in einer gleichen Genauigkeit, wie eine Welle, stets teurer wird. Vergleiche auch die angegebenen Kosten ($K_1 > K_2$). Weiterhin gilt grundsätzlich, daß eine kleinere Toleranz ($T_1 < T_2$) zu hohen Kosten führt ($K_3 < K_1$). Diese Tatsache führt zwangsläufig zu dem Ergebnis, Toleranzen so groß wie sie zur Funktionserfüllung notwendig sind zuzulassen. Es trifft also der seit langem bekannte allgemeine Grundsatz auch weiterhin zu.

Toleriere so genau wie nötig und
nicht so genau wie möglich.

Wenn auch gegenwärtig von einigen Fachleuten dieser Grundsatz in Frage gestellt wird, besitzt er weiterhin seine Gültigkeit.
Wurde in der Vergangenheit als notwendiges Kriterium die für die Funktion erforderliche Toleranz festgelegt, so ist heutzutage ein absatzfähiges Erzeugnis und damit die es bestimmende Toleranz von Bedeutung. Diese sollte meist wesentlich kleiner als die funktionsgewährleistende Toleranz sein. Ihr Quotient wird auch mit definierten Begriffen wie Prozeßfähigkeit oder Werkzeugmaschinenfähigkeit gekennzeichnet. Auch bei Beachtung dieser beiden Fähigkeitskriterien gilt tendenziell der voranstehend genannte Tolerierungsgrundsatz.
Betrachtet man den Toleranz-Kostenverlauf im Bild 4.8, so erkennt man weiterhin in den Kurven Unstetigkeitsstellen, deren Ursachen aus Verfahrensveränderungen (z.B. Drehen - Schleifen; Schruppen - Schlichten) oder Prozeßveränderungen (z. B. Anzahl der Schnitte beim Drehen) resultieren. Für den Anstieg in den stetigen Bereichen können als Ursachen kontinuierlich veränderbare Schnittbedingungen (z.B. Vorschub, Schnittgeschwindigkeit u.ä.) genannt werden. Diese Erkenntnisse bei einer Toleranzänderung anzuwenden, bringt letztendlich wiederum finanzielle Vorteile. Dabei ist zu berücksichtigen, daß eine Toleranzentfeinung mit Einbeziehung der Unstetigkeitsstellen zu wesentlich größeren Vorteilen führt als eine Toleranzveränderung in den stetigen Bereichen. Die Einbeziehung dieser Thematik ist bei der Abstimmung des Konstruktionsentwurfes mit dem Fertigungsplaner unbedingt zu berücksichtigen. Neben den Anforderungen an möglichst große Toleranzen steht die Anforderung an möglichst wenige Toleranzeintragungen. Damit wird weitestgehend einer übersichtlichen Zeichnungseintragung und auch vertretbaren Zeichnungsaufwendungen entsprochen.
Derartige Betrachtungen sollten in nachfolgenden drei Stufen geführt werden. Zuerst sollte, nach einer Vorauswahl der zu tolerierenden Maße, eine Anwendungsüberprüfung von Allgemeintoleranzen (vgl. dazu Abschnitt 9) vorgenommen werden. Die dann noch verbliebenen Maße bzw. Toleranzen sind weitestgehend den des Toleranzsystems entsprechenden anzupassen und danach auszuwählen sowie in der Zeichnung durch eine Toleranzklasse anzugeben. Die restlichen Maße bzw. Toleranzen sind letztendlich separat durch die zahlenmäßigen oberen und unteren Abmaße anzugeben. Bei einer allgemeinen Betrachtung zu den Maßen, die mit Toleranzen zu versehen sind, sollten in Anlehnung an [1.3] nachfolgend aufgeführte Maße toleriert werden:

- *Maße,* von denen die Richtigkeit der verlangten Funktion in mechanischer Hinsicht abhängt (z.B. Abstand; Dreh- oder Angriffspunkt der Kraft oder Last bei Hebeln, Rollen u.ä.);
- *Maße,* die das richtige Zusammenarbeiten verschiedener Teile einer Konstruktionseinheit gewährleisten sollen (z.B. Achsabstand bei Zahnradpaaren, Hebellängen in Hebelsystemen u.ä.);
- *Maße,* die auf die Festigkeit des Werkstückes entscheidend Einfluß haben (z.B. Wanddicken von Rohren oder Behältern, die betriebsmäßig unter Druck stehen; Eindrehungen an auf Zug beanspruchten Teilen; Durchmesser von Kettengliedern usw.);
- *Maße,* von denen Austauschbarkeit der Einzelteile oder Baugruppen verlangt wird. Zeitlich und örtlich getrennt gefertigte Teile müssen jederzeit ohne Nacharbeit und Schwierigkeit montiert werden können. Der Abnutzung oder Zerstörung unterworfene Teile müssen jederzeit leicht durch neue ersetzt werden können (z.B. Glühlampen, Dichtungsringe, Fahrrad-, Motorrad- und Kraftwagenbestandteile u.a.);
- *Maße,* die für den An- oder Einbau des betreffenden Werkstückes in fremde Erzeugnisse eine bestimmte Genauigkeit haben müssen (Anschlußmaße);
- *Maße,* die auf das Gewicht, auf den Rauminhalt, auf Fliehkräfte, Schwerpunktlage usw. eines Werkstückes Einfluß haben, wenn die Schwankungen dieser Eigenschaftswerte in gewissen Grenzen gehalten werden müssen;
- *Maße,* die zwar für die Gebrauchsfähigkeit eines Werkstückes an sich ohne Bedeutung sind, jedoch beim Fertigungsfluß zwecks Aufnehmen (Festspannen) in den verschiedensten Bearbeitungsvorrichtungen bestimmte Abweichungen nicht überschreiten dürfen, damit die Bearbeitungsfolgen reibungslos durchlaufen werden können.

Die Hauptaufgabe einer Konstruktionsentwicklung ist und bleibt auch weiterhin die Umsetzung der Funktionsanforderungen in Fertigungsvorgaben, d.h. der Konstrukteur muß seine Vorstellungen über die unterschiedlichsten physikalischen Kenngrößen seiner Entwicklung zusammenstellen und in geometrische Kenngrößen (Maße, Form- und Lageabweichungen sowie Rauheiten und deren zulässige Abweichungen) übertragen.

Die Funktionsgerechtheit einer Konstruktion beinhaltet die sachlich richtige Umsetzung der Funktionsanforderungen in Fertigungsvorgaben.

Steht der Konstrukteur nun vor der Aufgabe, definierten Funktionsanforderungen spezielle Maßtoleranzen zuzuordnen, dann sollte er insbesondere beim Vorliegen von Passungen die im Abschnitt 11 gegebenen Hinweise beachten und daraus die entsprechenden Maßtoleranzen ableiten. Bei der Auswahl allgemeingültiger Maßtoleranzen in Form von Toleranzklassen in Abhängigkeit von den funktionellen Anforderungen sollten als allgemeine Richtwerte für typische Einsatzfälle in grober Annäherung folgende Zuordnungen getroffen werden:

- IT 1 bis IT 4 für Lehren;
- IT 5 bis IT 11 für maschinenbautypische, mechanisch bearbeitete Einzelteile;
- IT 12 bis IT 18 für gröbere Funktionsanforderungen, wie z.B. Stahlbauteile.

Mit dieser Tätigkeit, die auch als notwendiges Kriterium bezeichnet wird und bei richtiger Arbeitsweise zur Funktionsgerechtheit der Entwicklung führt, ist seine Aufgabe jedoch noch nicht abgeschlossen. Er hat weiterhin dafür Sorge zu tragen, daß eine mustergetreue Herstellung ermöglicht und gewährleistet werden kann. Dazu sind die im weiteren genannten Aufgaben der Fertigungs-, Prüf- und der Austauschbaugerechtheit, die auch als hinreichendes Kriterium bezeichnet werden, zu berücksichtigen. Nur bei umfassender Beachtung all dieser Aufgabenfelder ist eine Entwicklungstätigkeit, die die Einhaltung der Kundenwünsche gewährleistet, möglich.

4.5 Fertigungsgerechtheit

Wie voranstehend bereits genannt, trägt der Konstrukteur auch dafür Verantwortung, daß das von ihm entwickelte Erzeugnis mit vertretbaren Aufwendungen herstellbar ist. Herstellen bedeutet wiederum, daß die für die Fertigung einzusetzenden Mittel in der Lage sind, die Konstruktion in ein Werkstück umzusetzen. Man spricht bei Einhaltung dieser Bedingung von der Fertigungsgerechtheit der Konstruktion.

> Die Fertigungsgerechtheit einer Konstruktion beinhaltet die Gewährleistung ihrer Herstellbarkeit.

Bei der Überprüfung der Fertigungsgerechtheit werden die geometrischen Formen der Werkstücke, die stoffliche Zusammensetzung sowie die Maße und Toleranzen der Formelemente mit den Möglichkeiten der einzusetzenden Fertigungsverfahren verglichen.

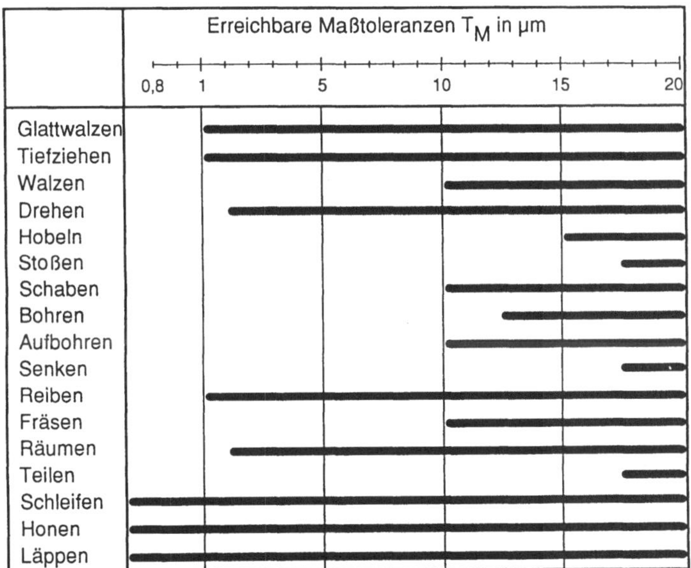

Bild 4.9 Tendenziell erreichbare Maßtoleranzen in Zuordnung zum Fertigungsverfahren

Aus der Sicht der Genauigkeit werden einerseits die Toleranzen aus den Zeichnungen entnommen und andererseits zur Festlegung der Qualitätsleistungsfähigkeit der Fertigungsmittel und -verfahren als Vergleichsbasis zwei Wege beschritten:

- Der erste Weg, der in der Vergangenheit breite Anwendung fand, besteht darin, daß aus verfahrens- bzw. werkzeugmaschinenspezifischen Tabellen, wie z.B. im Bild 4.9

auszugsweise angegeben, fertigungstechnisch erreichbare Genauigkeiten mit den Toleranzanforderungen verglichen werden. Diese Vorgehensweise sollte jedoch nur für eine überschlägliche Betrachtung herangezogen werden.

- Für speziellere Zuordnungsaufgaben ist der Prozeßfähigkeitsindex (c_p oder auch c_{pk}) nach Gleichung (4.19) anzuwenden.

$$c_P = \frac{T}{6 * \sigma} \qquad (4.19)$$

Dabei wird neben der Toleranz (T) die theoretische Standardabweichung (σ) betrachtet. Sie kann näherungsweise als Streuung (s) aus ca. 50 Istwerten eines Formelementes, das in ununterbrochener Fertigungsfolge und ohne Beeinflussungen des Prozesses, wie z.B. Werkzeugnachstellungen, gefertigt wurde, ermittelt werden.

$$s = \sqrt{\frac{\sum_{i=1}^{n}(x_i-\bar{x})^2}{n-1}} = \sqrt{\frac{n\sum_{i=1}^{n}x_i^2-(\sum_{i=1}^{n}x_i)^2}{n(n-1)}} \qquad (4.20)$$

Betrachtet man anzustrebende Größen der Prozeßfähigkeit (c_P), um ein geeignetes Fertigungsverfahren auswählen zu können, dann ist Ungleichung (4.21) einzuhalten.

$$c_P > 1{,}33.....1{,}66 \qquad (4.21)$$

Ausführlichere Erläuterungen zur Fertigungsgerechtheit sind u.a. in [4.10] sowie zur Prozeßfähigkeitsermittlung in [4.11] bzw. [4.13] nachzulesen.

4.6 Prüfgerechtheit

Gewissermaßen gleichzeitig mit der Fertigungsgerechtheit ist auch zu überprüfen, inwieweit entsprechende Meßtechnik vorhanden ist, um überhaupt feststellen zu können, welche Ist-Maße erreicht wurden. Manch ein Techniker behauptet berechtigterweise, was nicht meßbar ist, ist auch nicht herstellbar. Eine derartige Vorgehensweise bezeichnet man auch als Nachweis Prüfgerechtheit der Konstruktion.

> Die Prüfgerechtheit einer Konstruktion beinhaltet die Gewährleistung ihrer meßtechnischen Nachweisbarkeit.

Nähere Ausführungen zur Prüfgerechtheit sind u.a. in [1.9] angegeben. Diese beiden Sachverhalte bezeichnet man auch als hinreichende Kriterien, die zur Möglichkeit der Fertigung bzw. zur Prüfbarkeit der Entwicklung führen und in den nachfolgenden Abschnitten unter dem besonderen Gesichtspunkt der Toleranzen und Passungen, d.h. aus der Sicht der Genauigkeit näher betrachtet werden. Bei der Nachweisführung auf Prüfgerechtheit unter dem Gesichtspunkt der Nachweisfähigkeit der Toleranzen sind verschiedene Kriterien zu beachten (vgl. auch [1.11] und [1.13]). Dabei sind Verfahrensentscheidungen über eine subjektive Sichtprüfung oder eine objektive Prüfung voranzustellen. Bei Durchführung einer objektiven Prüfung, die in der Mehrzahl der Fälle Anwendung finden sollte, ist die Auswahl zwischen Lehren und Meßgeräten vorzunehmen. Dabei ist jedoch zu bemerken, daß die ursprünglich bevorzugte Anwendung von Lehren, insbesondere infolge ihrer einfachen Handhabung, immer mehr zum dominierenden Einsatz von anzeigenden Meßgeräten verlagert wird. Das Spektrum derartiger anzeigender Meßgeräte ist sehr breit gefächert (vgl. auch [1.9], [4.18] und [4.19]).

Darüber hinausgehend gibt es auch Gerätebeispiele, die bei entsprechender Integration in die Fertigung eine auf das vorgegebene Maß ausgerichtete Fertigungssteuerung ermöglichen. Derartige Maßsteuerungen sind bevorzugt zur Kompensation von systematischen Abweichungen einzusetzen. Das ist insbesondere in den Fällen von Bedeutung, bei denen die Ursachen für die Maßabweichungen aus dem Werkzeugverschleiß bei der Bearbeitung resultieren. Bei der Auswahl eines speziellen Gerätes ist eine geometrische Zuordnungsmöglichkeit des Gerätes selbst zum Prüfmerkmal zu beachten (Abmessungen des Gerätes, Meßbereich u.a.). Als grundlegendes Kriterium ist, in analoger Vorgehensweise zur Fertigungsgerechtheit, wiederum eine Verhältnisbetrachtung zu führen. Sie besteht in diesem Fall im Vergleich der Meßunsicherheiten oder dem vom Meßgerätehersteller garantierten Bereich zwischen den Fehlergrenzen der einzusetzenden Meßgeräte bezüglich der einzuhaltenden Toleranz. Die Meßunsicherheit ist in Anlehnung an [3.12] nach Gleichung (4.22) zu ermitteln.

$$\boxed{u = \frac{t * s}{\sqrt{n}} + f} \tag{4.22}$$

Darin stellt der erste Summand den Vertrauensbereich der Messung, der aus dem t-Faktor (t), der Standardabweichung der Messung (s) und der Anzahl der Meßreihen (n) gebildet wird, und der zweite Summand den abgeschätzten Betrag der nicht erfaßten systematischen Fehler, dar. Bei der Meßgeräteauswahl ist dann im allgemeinen die sogenannte "goldene Regel" der Meßtechnik einzuhalten, die aus dem Verhältnis zwischen Meßunsicherheit (u) und der Toleranz (T) bestimmt wird (Gleichung (4.23)).

$$\boxed{\frac{u}{T} < 0{,}1 \ldots 0{,}2} \tag{4.23}$$

Dieser Zusammenhang wird auch als Meßunsicherheits-Toleranz-Verhältnis bezeichnet. Ist diese Forderung eingehalten, kann eine Vernachlässigung der Meßunsicherheit in der Mehrzahl der Fälle bei der Prüfauswertung erfolgen. Für detaillierte Betrachtungen, insbesondere bei kleinen Toleranzen sind jedoch die jeweiligen Istmaße mit den Meßunsicherheiten zu überlagern und bei der Toleranzzuordnung gegebenenfalls größere Verhältniswerte, als die in Gleichung (4.23) geforderten, zuzulassen. Eine Nichtbeachtung der Meßunsicherheiten kann insbesondere beim Auftreten von Istmaßen in der Nähe der Toleranzgrenzen zu falschen Entscheidungen für die Verwendbarkeit des Teiles und damit für die Brauchbarkeit des Produktes führen.

4.7 Austauschbaugerechtheit

Eine weitere wichtige Aufgabe des Konstrukteurs besteht in der Gewährleistung einer reibungslosen Montage (Wirtschaftlichkeit) und in der Gewährleistung der Bereitstellung von funktionstüchtigen Ersatzteilen bzw. Baugruppen für den Anwender im Rahmen einer optimalen Servicetätigkeit. Die dazu erforderlichen Aufgabenfelder berücksichtigt die Austauschbaugerechtheit.

Die Austauschbaugerechtheit einer Konstruktion beinhaltet die Gewährleistung der technisch und wirtschaftlich günstigen Durchführung von Montage- und Servicetätigkeiten der Baugruppen und Erzeugnisse.

Einzelne, zu berücksichtigende spezielle Aufgaben sind zum jeweiligen Hauptabschnittsende sowie im Abschnitt 13 und in [4.14] angegeben.

4.8 Zeichnungseintragung

Nachdem für ein zu betrachtendes Einzelteil diejenigen Toleranzen festgelegt sind, die eine separate Angabe, entweder durch ein Toleranzfeldkurzzeichen oder durch die Vorgabe der Grenzabmaße, erfordern, sind folgende Grundregeln bei der Zeichnungseintragung zu berücksichtigen.
Bei der Angabe eines *Toleranzfeldkurzzeichens* sind die Toleranzklassen für Bohrungen hoch- und nachgestellt zum Nennmaß in Großbuchstaben (z.B. 30^{H7}) und für Wellen tief- und nachgestellt zum Nennmaß in Kleinbuchstaben (z.B. 20_{h6}) anzugeben. Dabei sollte die Größe der Buchstaben der Toleranzklasse in etwa 70 % der Größe der Buchstaben des Nennmaßes betragen; jedoch nicht kleiner als 2,5 mm sein. In jüngerer Zeit wurde in [4.15] eine vereinfachte Schreibweise eingeführt, nach der die Toleranzklassen grundsätzlich gleichgestellt zum Nennmaß angegeben werden können (z. B. 30 H7; 20 h6). Mit einer derartigen Schreibweise kommt man den Erfordernissen der sich ständig verbreitenden Rechneranwendung nach. Um weiterhin dem Fertiger und Prüfer eine Unterstützung bei der zahlenmäßigen Festlegung der Grenzabmaße zu geben, sollen an einer separaten Stelle in der Konstruktionszeichnung neben den Toleranzfeldkurzzeichen die Grenzabmaße angegeben werden. Dazu kann bei umfangreicheren Zeichnungen die rechte obere Ecke der Zeichnung genutzt werden, bei einfachen Zeichnungen in Klammern nach dem Toleranzfeldkurzzeichen die Grenzabmaßangabe erfolgen.
Bei Angabe der *Grenzabmaße* zum Nennmaß ist das obere Abmaß analog der Toleranzklasse hochgestellt (z.B. $30^{-0,1}$) und das untere Abmaß tiefgestellt (z.B. $30_{-0,2}$) anzugeben, unabhängig von einer Welle oder Bohrung. Sind beide Grenzabmaße ungleich von Null, dann werden sie übereinanderstehend eingetragen (z.B. $30^{-0,1}_{-0,2}$). Auch hierbei empfiehlt [4.15] eine vereinfachte Schreibweise, die eine nachfolgende Angabe des oberen und des unteren Grenzabmaßes, jeweils durch Schrägstrich getrennt zum Nennmaß gestattet (z. B. 30 -0,1/-

0,2). Die Höhe der Zahlen ist analog der Regelung bei der Toleranzfeldklassenangabe zu wählen. Bei einer Dimensionsangabe bzw. Dimensionsberücksichtigung ist die Gleichartigkeit zum Nennmaß zu beachten. Eine richtige Grenzmaßangabe in textlichen Darstellungen lautet demzufolge: a = ($25_{+0,1}$) mm. Bei der Zeichnungseintragung ist ausschließlich der dimensionslose Klammerinhalt anzugeben, da in Maschinenbauzeichnungen bei nicht angegebenen Dimensionen die Maßeinheit mm gilt. In Sonderfällen können auch die Nennmaße und Grenzabmaße in unterschiedlichen Dimensionen angegeben werden. Diese Regelung bedarf jedoch der Abstimmung zwischen Auftraggeber und Auftragnehmer und ist in den Dokumenten entsprechend zu verdeutlichen (z. B. 5 m +0,2mm/-0,1mm). Weiterhin ist als Besonderheit zu beachten, daß Grenzabmaße mit dem Wert Null nicht angegeben werden brauchen (z.B. $25^{-0,3}$) und bei symmetrischen Grenzabmaßen die Angabe eines Abmaßes mit den Vorzeichen (+) und (-) erfolgt (z.B. 35±0,2). Zusammenfassende Vorschläge zur Toleranzeintragung in Zeichnungen sind in [4.16] und [4.17] angegeben.

4.9 Regeln

Aus den im Abschnitt 4 erläuterten Grundlagen und Zusammenhängen ergeben sich schwerpunktmäßig folgende Regeln, die ohne Berücksichtigung einer Wichtung bei der Angabe von Maßtoleranzen berücksichtigt werden sollten:

- *Toleriere* nur diejenigen Maße, die für die Funktion unbedingt erforderlich sind bzw. die vom Abnehmer gefordert werden;
- *Wähle* den Anforderungen entsprechend möglichst große Maßtoleranzen;
- *Beachte* bei der Toleranzfestlegung die werkstattübliche Fertigungsgenauigkeit und die Prüfbarkeit;
- *Vermeide* Angsttoleranzen;
- *Beachte* bei der Toleranzfestlegung zusätzlich die Kriterien der Fertigungs- Prüf- und Austauschbaugerechtheit;
- *Überprüfe* vorerst die Anwendungsmöglichkeit von Allgemeintoleranzen;
- *Überprüfe* anschließend die Auswahl von Maßtoleranzen nach dem Toleranzsystem;
- *Beachte* bei der Auswahl des Toleranzgrades, daß mit dessen zunehmender Zahl auch die Größe der Toleranz zunimmt;
- *Bedenke,* daß kleine Maßtoleranzen zu relativ hohen Kosten bei der Herstellung der Einzelteile führen;
- *Berücksichtige,* daß im ISO-Toleranzsystem jeder einzelne Buchstabe einen definierten Abstand des Toleranzfeldes von der Nullinie kennzeichnet. Dabei liegen die Bohrungstoleranzfelder A bis H grundsätzlich oberhalb und die Felder J bis ZC größtenteils unterhalb der Nullinie. Bei Wellentoleranzfeldern gilt die umgekehrte Reihenfolge. Eine Sonderstellung nimmt das Toleranzfeld JS (js) ein, das symmetrisch zur Nullinie liegt;
- *Überprüfe* bei der Auswahl von Maßtoleranzen, inwieweit diese durch übergeordnete Passungen beeinflußt werden;
- *Wähle* für alle Maße die Nennmaße und Grenzabmaße;
- *Beachte*, daß Nennmaß und Toleranz stets nur ein positives Vorzeichen haben;
- *Vermerke* die Anwendung von Allgemeintoleranzen in der Nähe des Zeichnungsschriftfeldes;

- *Trage* die Anwendung von Maßtoleranzen nach dem Toleranzsystem in die Zeichnung zum zugehörigen Nennmaß ein und nutze dazu die entsprechende Toleranzklasse;
- *Beachte* dabei, daß Bohrungstoleranzen mit Großbuchstaben hochgestellt und Wellentoleranzen mit Kleinbuchstaben tiefgestellt oder auch gleichgestellt zum Nennmaß angegeben werden, wobei die Höhe der Schriftausführung ca. 70 % (bei ungleich zum Nennmaß gestellten Grenzabmaßen) und 100 % (bei in gleicher Höhe zum Nennmaß angegebenen Grenzabmaßen) von der des Nennmaßes betragen sollte;
- *Gebe* bei Toleranzangaben mit Toleranzfeldkurzzeichen in einem separaten Feld der Zeichnung, günstigerweise rechts oben oder auch zum Toleranzfeldkurzzeichen direkt, die zugehörigen Grenzabmaße an;
- *Trage* bei Anwendung zahlenmäßiger Grenzabmaße deren Kenngrößen in analoger, voranstehend genannter Vorgehensweise ein;
- *Beachte* dabei, daß Abmaße mit dem Wert Null nicht eingetragen werden brauchen und symmetrische Grenzabmaße nur mit einem Wert in gleicher Höhe mit dem Nennmaß und den Vorzeichen plus und minus eingetragen werden;
- *Bedenke,* daß das Vorzeichen der Abmaße stets ihre Lage zur Nullinie angibt (positive Abmaße liegen oberhalb und negative Abmaße unterhalb der Nullinie);
- *Berücksichtige,* daß Nenn- und Abmaße in der gleichen Dimension angegeben werden, bei ungleichen Dimensionen eine Abstimmung mit dem Auftraggeber erforderlich ist und eine separate Kennzeichnung vorzunehmen ist;
- *Achte* bei der Zeichnungseintragung darauf, daß die Angabe des Nennmaßes und der Abmaße nicht durch Linieneintragungen getrennt wird;
- *Kennzeichne* besondere Maße, wie theoretische Maße, durch Eintragung in ein Rechteck und funktionswichtige Maße an Einzelteilen und insbesondere an Baugruppen durch Eintragung in ein abgerundetes Rechteck (sogenannte "Zeppelinmaße");
- *Beachte* bei der Fertigung, daß die anzustrebende Größe, d.h. das Sollmaß, stets in der Mitte zwischen oberem und unterem Abmaß liegt, d.h. dem Toleranzmittenmaß (C) entspricht;
- *Beachte,* daß Anteile von Maßabweichungen (insbesondere diejenigen, die bei einer Losfertigung der Werkstücke systematisch durch einen Werkzeugverschleiß beeinflußt werden) in der Fertigung teilweise kompensierbar sind;
- *Berücksichtige,* daß die Ausschußseite bei Wellen durch das untere und bei Bohrungen durch das obere Abmaß festgelegt ist;
- *Berücksichtige,* daß die Nacharbeitsseite bei Wellen durch das obere und bei Bohrungen durch das untere Abmaß festgelegt ist;
- *Beachte* bei der meßtechnischen Nachweisführung, daß bei Anwendung von Lehren die "Gutlehre" passen muß und die "Ausschußlehre" nicht passen darf bzw. bei der Anwendung von anzeigenden Meßgeräten jedes örtliche Istmaß innerhalb der Maßtoleranz, d.h. zwischen oberem und unterem Abmaß unter Beachtung des Nennmaßes liegen muß;
- *Führe* bei einer meßtechnischen Bewertung der hergestellten Werkstücke eine Überprüfung auf "Maßhaltigkeit" durch;
- *Bewerte* das Fertigungsergebnis bei festgestellter Nichteinhaltung der Maßhaltigkeit oder auch zur Bestimmung der Qualitätsfähigkeit der eingesetzten Fertigungsmittel durch Überprüfung auf "Toleranzhaltigkeit";
- *Beachte* bei der Festlegung einer Toleranz für ein Winkelmaß die unterschiedlichen Ausprägungsformen der Toleranzzonen bei einer Winkelmaßtoleranz und einer Neigungstoleranz.

4.10 Übungsaufgaben

Die nachfolgenden Aufgaben sollen den Leser in die Lage versetzen, durch eigenständiges Suchen des Lösungsweges und der Lösung, das Verständnis des vorangegangenen Abschnittes zu überprüfen.

1. Für die weiteren Berechnungen (Ü 4.1 bis 4.6) werden folgende Maße zugrundegelegt:

A = (62,5 ±0,2) mm; B = (85 +0,3/+0,1) mm;
C = Ø(10 +0,05) mm; D = (20 +0,1/-0,15) mm;
E = Ø(95 -0,2/-0,25) mm; F = Ø(80 -0,086/-0,096) mm;
G = (24,2 /-0,085) mm.

Es sind folgende Kenngrößen zu bestimmen:

Übung 4.1:
Schreiben Sie die Nennmaße (N),oberen Abmaße (ES; es) und unteren Abmaße (EI; ei) auf!

Übung 4.2:
Geben Sie die Höchstmaße (G_o) und die Mindestmaße (G_u) an!

Übung 4.3:
Berechnen Sie die Toleranzen (T)!

Übung 4.4:
Geben Sie je ein Istmaß an, bei dem das Werkstück toleranzhaltig, bei dem das Werkstück Ausschuß und bei dem das Werkstück Nacharbeit darstellt!

Übung 4.5:
Geben Sie für die in Übung 4.4 gewählten Istmaße die entsprechenden Ist-Abmaße an!

Übung 4.6:
Skizzieren Sie die Nennmaßbilder mit Angabe des Nennmaßes, der oberen und unteren Abmaße, Höchst- und Mindestmaß, Toleranzfeld sowie der Nullinie!

2. Es sind folgende Werte für Maße vorgegeben (Werte in mm):

Nennmaß	14	50	32	10	6	85
obereres Abmaß	+0,2	+0,4	0	-0,15	+0,25	+0,15
Toleranz	0,3	0,1	0,285	0,75	0,25	0,3

Übung 4.7:
Berechnen Sie die entsprechenden unteren Abmaße (EI; ei)!

3. Es sind folgende Werte für Maße vorgegeben (Werte in mm):

Nennmaß	75	9,5	28	35	120	60
unteres Abmaß	-0,1	-0,2	0	+0,2	-0,1	-0,2
Toleranz	0,1	0,4	0,14	0,5	0,03	0,46

Übung 4.8:
Berechnen Sie die entsprechenden oberen Abmaße (ES;es)!

4. Folgende vorgegebenen Maße sind zu überprüfen:

K = (65 -0,2/-0,15) mm;
L = (26 +0,155/+0,055) mm;
M = (48 /-0,10) mm;
N = (10 - +0,2) mm;
P = (55,8 ±0,15) mm;
R = (18 -0,08/-0,28) mm;
T = (22 /+0,095) mm.

Übung 4.9:
Überprüfen Sie die richtige Maßangabe, heben Sie die falschen Vorgaben hervor und korrigieren Sie diese!

5 Form-und Lagetoleranzen

5.1 Allgemeines

Zum Gegenstand dieses Abschnittes werden allgemeingültige Aussagen, die sich sowohl auf die Formtoleranzen als auch auf die Lagetoleranzen beziehen, erhoben. Detaillierte Angaben sind den Folgeabschnitten (Formtoleranzen: Kap. 6, Lagetoleranzen: Kap. 7) zu entnehmen.

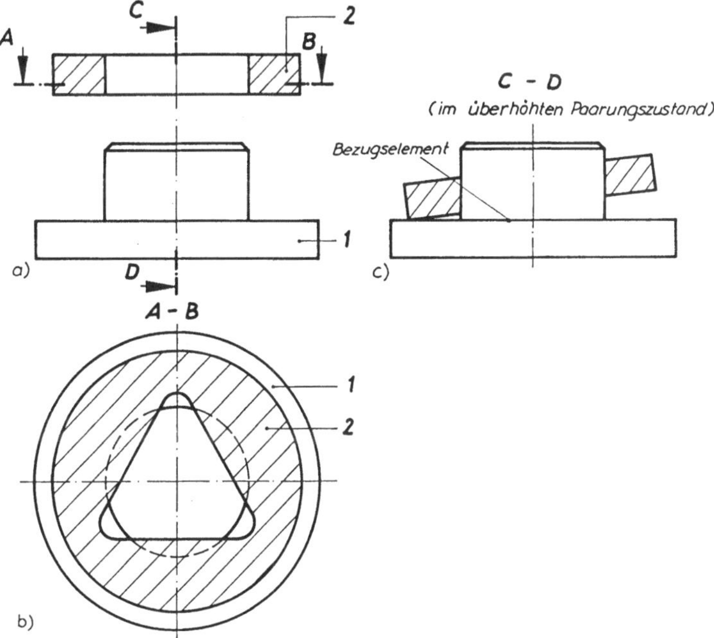

Bild 5.1 Beispiel eines Stehbolzens (1) mit einer Grundplatte (2): a) Konstruktionsbeispiel; b) Radialschnitt mit überhöhtem Kreisprofil; c) Axialschnitt mit überhöhter Positionstoleranz nach [3.3]

In Anlehnung an ihre Bezeichnung sind Formtoleranzen vorgegebene Größen für die Abweichungen der Form einzelner geometrischer Elemente und Lagetoleranzen, zulässige Abweichungen für die Lage von geometrischen Elementen zueinander oder gegenüber ihrer Sollage. Sie treten als eine spezielle Art der geometrischen Abweichungen an jedem Werkstück auf. Damit beeinflussen sie das Funktionsverhalten des jeweiligen Werkstückes selbst als auch das der übergeordneten Baugruppen und Erzeugnisse, in die das Werkstück eingeht.

Dieser Sachverhalt soll an nachfolgendem Beispiel (Bild 5.1) erläutert werden. Die im Bild dargestellten beiden Einzelteile, der Zapfen (1) und die Aufnahme (2), sollen derartig gepaart werden, daß sich einerseits zwischen der Bohrung der Aufnahme und der Welle des Zapfens eine spielfreie Paarung ergibt und andererseits zwischen den aneinanderliegenden Stirnflächen beider Teile eine flächenhafte Anlage gewährleistet wird. Um diese Funktionsanforderungen erfüllen zu können, ist eine erste Voraussetzung, daß die geometrischen Formen (die geometrischen Elemente) der zu fügenden Elemente eine exakte zylindrische Ausprägung aufweisen. Eine Verletzung dieser Anforderung wird im Bild b) angegeben. In dem dort dargestellten Radialschnitt der Paarung, der einen Auszug des Zylinders als theoretisch idealen Kreisquerschnitt ergeben müßte, wird deutlich, daß bei abweichungsfreier Welle die Bohrung zwar den für die Paarung erforderlichen Ist-Durchmesser aufweist, jedoch ihre Istform von der Sollform abweicht. Diese, hier gezeigte spezielle Abweichung, das sogenannte Gleichweit (bei Wellen Gleichdick), führt eindeutig zur Nichtpaarungsfähigkeit der beiden zylinderförmigen Einzelteile. Hieran wird deutlich, daß ausschließlich das Auftreten von Formabweichungen bei Einhaltung der für die Funktion erforderlichen Maßtoleranzen zur Nichteinhaltung der Funktionsanforderungen führen kann. Betrachtet man nun die zweite, eingangs genannte Funktionsanforderung unter der Voraussetzung, daß die beiden zylindrischen Formelemente die theoretisch ideale Ausprägung haben und somit ein Fügen bei spielfreier Paarung möglich ist, so ist der im Bild c) angegebene Axialschnitt zu betrachten. Darin ist zu erkennen, daß eine Anlage der Stirnflächen beider Teile nur dann erreicht wird, wenn strenggenommen die Lagen aller Formelemente zueinander, die dieses Kriterium beeinflussen, abweichungsfrei sind. Bei dem im Bild angegebenen Fall wurde beim Bohren die Aufnahme auf einen nicht exakt ausgerichteten Bohrmaschinentisch aufgelegt. Daraus resultiert eine Abweichung der Lage der Bohrungsachse gegenüber der Stirnfläche. Somit ergibt sich bei der Paarung beider Teile die Verletzung der zweiten gestellten Funktionsanforderung. Diese Beispielbetrachtung kennzeichnet die Bedeutung von Form- und Lageabweichungen für das Funktionsverhalten von Erzeugnissen. Deshalb sollen, ausgehend von einigen Begriffsdefinitionen, in den folgenden Abschnitten die speziellen Arten von Form- und Lageabweichungen vorgestellt werden. Grundlage für die Definitionen bilden [5.1] bis [5.3].

Geometrische Elemente sind sichtbare Elemente (z.B. Punkte, Kanten, Flächen) oder unsichtbare Elemente (z.B. Linien, Achsen, Ebenen, Mittellinien) an Werkstücken, die Einfluß auf die Funktionstüchtigkeit eines Produktes haben.

Danach bildet das geometrische Element (auch Formelement genannt) die Basiskenngröße zur Bewertung der Funktionsanforderungen eines Werkstückes. In die Bewertung der Funktionstüchtigkeit sind meist mehrere geometrische Elemente einzubeziehen.

Toleriertes Element ist das geometrische Element, von dem eine geometrische Genauigkeitsforderung verlangt wird.

Die geometrischen Elemente bilden die Gesamtheit der Basisgrößen, um eine Form- bzw. Lagetoleranz beschreiben zu können. Sie setzen sich bei Formtoleranzen aus dem tolerierten Element und bei Lagetoleranzen aus dem tolerierten Element und dem Bezug bzw. dem Bezugselement zusammen. Damit ist das tolerierte Element die primäre Kenngröße, die sowohl bei Formtoleranzen als auch bei Lagetoleranzen anzuwenden ist. Der Bezug ist insbesondere bei Lagetoleranzen die Größe, bzw. das geometrische Element, auf das das tolerierte Element zu beziehen ist.

Bezug ist ein theoretisch genaues geometrisches Element, auf das tolerierte Elemente bezogen werden.

Beide dienen grundsätzlich der Beschreibung der Sollzustände und werden demzufolge weitestgehend in die Konstruktionsunterlagen mittels entsprechender Maßhilfslinien bzw. Bezugsbuchstaben eingetragen. Das Bezugselement ergibt sich dann aus der verkörperten Darstellung des Bezuges. Es dient als sichtbares bzw. vergegenständlichtes werkstückseitiges Element, so z.B. bei der Fertigung als Basis für die Werkstückfixierung (Werkstückspannung) und bei der Messung als Meßbezugsbasis.

Bezugselement ist ein, an einem Teil vorhandenes Element (z.B. Kante, Fläche, Bohrung), das zur Bestimmung der Lage seines Bezuges verwendet wird.

Bezieht man diese Aussagen auf das voranstehende Beispiel (Bild 5.1), dann sind die Durchmesser der Welle und der Bohrung jeweils die geometrischen Elemente, die Sollform der Auflagefläche der Grundplatte der Bezug und deren Istform das Bezugselement.
Vorhandene bzw. vergegenständlichte Elemente als Bezugselemente werden nun ihrerseits auch stets mit Abweichungen insbesondere mit Formabweichungen behaftet sein, die indirekt über die Bezugsbasis die Fertigung und auch die Messung negativ beeinflussen können. Um bei hohen Genauigkeitsanforderungen diesen Einfluß relativ gering halten zu können, ergibt sich das Erfordernis, für diese Bezugselemente zusätzlich entsprechende Formtoleranzen festzulegen. Ergänzend dazu wird in einigen Fällen ein Hilfsbezugselement eingeführt. Dieses wird stets dann von Bedeutung sein, wenn bei der Fertigung oder Prüfung die werkstückseitigen Bezugselemente nicht ausreichen, um eine feste Zuordnung von Formelement zum Werkzeug oder zum Meßtaster vornehmen zu können. Praktische Hilfsmittel, die als derartige Elemente genutzt werden können sind z.B. zusätzliche Auflager, Vorrichtungen, Meßplatten, Prüfdorne u.ä..

Hilfsbezugselement ist eine vorhandene Fläche, die das Bezugselement punkt-, linien- oder flächenförmig berührt und zum Bilden von Bezügen dient.

Die Berührstellen der Hilfsbezugselemente mit dem geometrischen Element werden als Bezugsstellen bezeichnet. Daraus wird auch ersichtlich, daß an die Bezugsstellen wie auch die Bezugselemente bei hohen Genauigkeitsanforderungen auch bestimmte Anforderungen zu stellen sind.

Bezugsstellen sind die Flächen, Linien oder Punkte, an denen das Hilfsbezugselement das Werkstück berührt.

Damit sind die Bezugsstellen über die Bezugs- und Hilfsbezugselemente im wesentlichen bei der Prüfung von Lageabweichungen, bei denen zur Verkörperung des Bezuges ein Hilfsmittel angewendet wird, von Bedeutung. Bild 5.2 stellt die besprochenen Begriffe an einem vereinfachten theoretischen Beispiel dar. Mit den bisherigen Erläuterungen ist man in die Lage versetzt, sowohl die geometrischen Elemente zu unterscheiden als auch eine Aussage über zulässige Abweichungen (Toleranzen) zu machen.

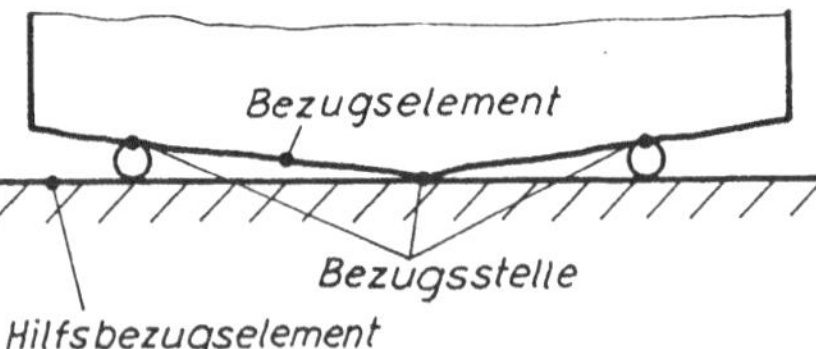

Bild 5.2
Beispiel von Bezugsstelle, Bezugselement und Hilfsbezugselement nach [5.3]

Dabei ist jedoch die Ausdehnungsmöglichkeit der Istmaße innerhalb der Toleranz nicht mit inbegriffen. Dazu bedient man sich der sogenannten Toleranzzone. Sie ist diejenige Sollgröße, die aus dem Toleranzwert und der Toleranzart abgeleitet wird. Sie bildet die Bezugsgröße für die Umsetzung der Funktionsanforderungen in die entsprechenden Toleranzen sowie für die Überprüfung der Maß- und Toleranzhaltigkeit.

> Die Toleranzzone ist der Bereich, in dem alle Punkte eines geometrischen Elementes liegen müssen.

Die Toleranzzonen können in Abhängigkeit von der jeweiligen Toleranzart zwei- oder auch dreidimensionale Ausdehnung annehmen. Bei einer räumlichen Ausdehnung sind meistenteils quader- oder zylinderförmige Toleranzzonen möglich. Im allgemeinen ist zu berücksichtigen, daß bei ebenen oder geradlinigen Begrenzungen die Ausdehnungsrichtung der Toleranzzone senkrecht zu dem in der Zeichnung angegebenen Bezugspfeil ausgerichtet ist. Ist keine separate Eingrenzung durch eine maßliche Eintragung in der Zeichnung vorgenommen, so gilt die Toleranzzone für das gesamte geometrische Element. Im Gegensatz zur Einschränkung ist auch eine Erweiterung des Geltungsbereiches der Toleranzzone möglich. Man spricht von der projizierten (herausragenden, vorgelagerten) Toleranzzone. Auch für sie ist eine separate maßliche Angabe des Geltungsbereiches neben der Symbolkennzeichnung durch einen eingekreisten Buchstaben P erforderlich. Das im Bild 5.3 gezeigte Beispiel gibt eine dementsprechende Tolerierungsmöglichkeit an.

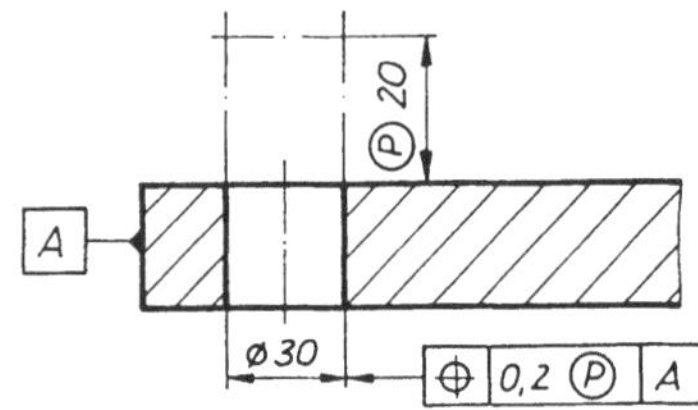

Bild 5.3
Beispiel für die Angabe einer projizierten Toleranzzone

Das Beispiel besagt, daß die Toleranz für die Nennlage der Bohrungsachse zum Bezugselement A mit seiner zylindrischen Toleranzzone über die Werkstückbreite um den eingetragenen Betrag von 20 mm hinausgehend, einzuhalten ist. Das kommt in diesem Fall einer indirekten Toleranzeinschränkung gleich. Aus funktioneller Sicht können derartige Bemaßungen erforderlich werden, wenn das mit der Bohrung zu paarende Teil, z.B. ein Paßstift, eine Lagefixierung für ein weiteres Element darstellt.

5.2 Arten und Auswerteprinzipe

5.2.1 Arten

Soll eine Aussage über die Definition und die Arten der Form- und Lagetoleranzen getroffen werden, dann sind all diejenigen geometrischen Formen zu beachten, die an Werkstücken einerseits zur Funktionserfüllung erforderlich sind und andererseits auch fertigungstechnisch herstellbar sind. Dabei ist festzustellen, daß es aus der Sicht des gegenwärtigen technischen Standes kaum eine geometrische Form gibt, die nicht herstell- oder prüfbar ist. Demzufolge ist eine Formabweichung allgemein wie folgt zu definieren.

> Die Formabweichung eines geometrischen Elementes stellt die Abweichung seiner Istform von seiner Sollform dar und wird zahlenmäßig aus dem Normalenabstand des Istprofils zu einem der Sollform ähnlichen Hilfsprofil bestimmt, das nach einer zu vereinbarenden Anordnungsvorschrift zu ermitteln ist.

Diese Definition soll an einem einfachen Beispiel erläutert werden. Dazu ist im Bild 5.4 ein prismatischer Körper dargestellt, bei dem die schneidenförmige Kante eine Gerade sein soll.

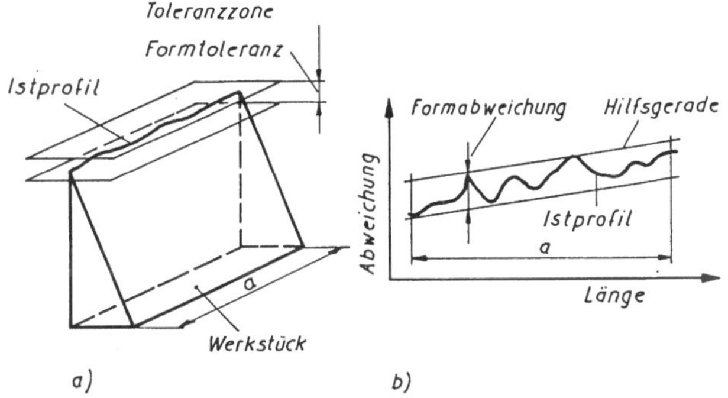

Bild 5.4
Formabweichung und Formtoleranz für das geometrische Element Gerade am idealisierten Beispiel: a) Istprofil; b) Auswertevariante

Wird von dieser Geraden eine Toleranz gefordert, so ist das hergestellte Werkstück als gut zu bezeichnen, solange sich jeder Punkt des Istprofils innerhalb zweier paralleler Ebenen befindet, deren achsensenkrechter Abstand (Normalenabstand) maximal dem Wert der Toleranz entspricht (Bild 5.5 a).

> Eine Lageabweichung geometrischer Elemente zueinander stellt die Abweichung der Istlage von seiner Sollage dar und wird quantitativ aus der Lage des Istprofils des tolerierten Elementes zum abweichungsfreien Bezugselement nach einer zu vereinbarenden Auswertevorschrift bestimmt.

Wenn diese Erläuterung auch einleuchtend klingt, so ergibt sich die Schwierigkeit, die Lage der beiden Ebenen festzulegen (Bild b; nähere Erläuterungen siehe Abschnitt 6.2.2). Diese

Definition wird am im Bild 5.5 dargestellten Messer erläutert. Es wird gefordert, daß die obere Messerkante parallel verläuft zur unteren (Parallelitätstoleranz zweier Geraden).

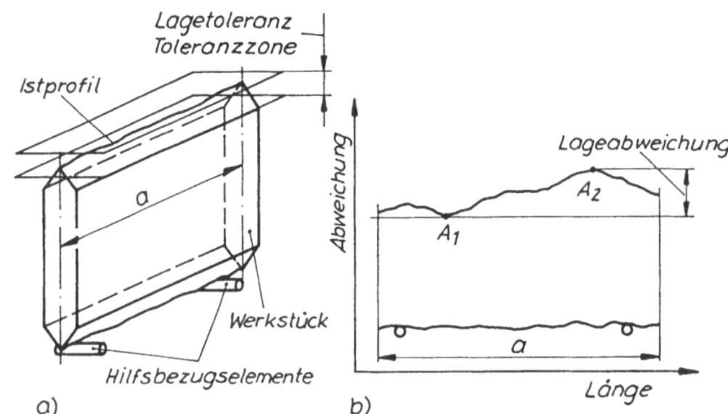

Bild 5.5
Beispiel einer Parallelitätsabweichung zweier Geraden am idealisierten Beispiel:
a) Istprofil;
b) Auswertevariante

Damit ist die obere Schneidkante das tolerierte Element und die untere Schneidkante das Bezugselement. Das Bezugselement ist als abweichungsfreies geometrisches Element zu betrachten. Dazu gibt es verschiedene Möglichkeiten, von denen im Bild 5.5 a) der Einsatz von Hilfsbezugselementen gewählt wurde. Nach Bild 5.5 b) ergibt sich dann eine durch die oberen Punkte der Hilfsbezugselemente bestimmte Lage der Bezugsgeraden. Davon ausgehend, werden dann senkrecht zur Bezugsgeraden der minimale Abstand im Punkt A_1 und der maximale Abstand im Punkt A_2 des Istprofiles bestimmt. Die Differenz der Abstände ergibt die Lageabweichung. Bei einer derartigen Vorgehensweise ist prinzipiell zu beachten, daß die Formabweichung des tolerierten Elementes stets Bestandteil der entsprechenden Lageabweichung ist.

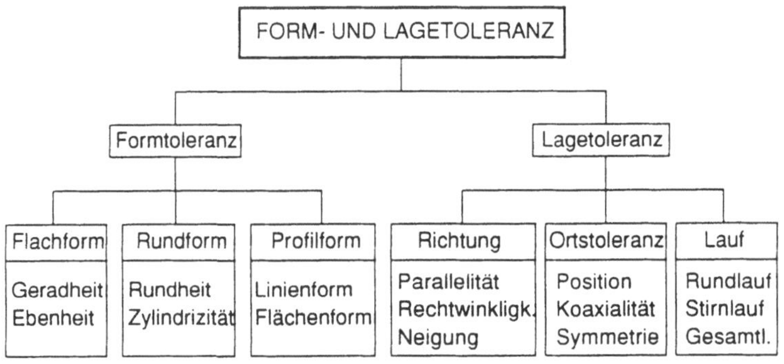

Bild 5.6 Einteilungsschema für Form- und Lagetoleranzen

Ausgehend von den Definitionen und der Vielfalt geometrischer Formen und deren Lage zueinander, lassen sich die Arten der Form- und Lagetoleranzen günstigerweise systematisch betrachten. Dazu gibt Bild 5.6 einen Überblick. Demnach kann eine weitere Unterteilung der Formabweichungen vorgenommen worden. Wenn auch die im Bild angegebene Zwischeneinteilung im Normenwerk nicht mehr aufgenommen ist und teilweise in Fachkreisen strittig ist, soll sie an dieser Stelle aus Systematisierungsgründen dennoch beibehalten werden. Es gibt folgende gruppierte Toleranzarten:

- Die *Flachformtoleranzen* beziehen sich auf die geradförmigen geometrischen Elemente Gerade oder Ebene. Sie berücksichtigen sowohl unsichtbare als auch sichtbare Formelemente an Werkstücken und beinhalten keine Informationen über die Lage des geometrischen Elementes. Ausführungsformen sind Geradheit und Ebenheit.
- Die *Rundformtoleranzen* beziehen sich auf die kreisförmigen geometrischen Elemente Kreis oder Zylinder. Sie berücksichtigen ausschließlich sichtbare Formelemente an Werkstücken und beinhalten keine Informationen über die Lage des geometrischen Elementes. Ihre Toleranzen sind stets radiusbezogen anzugeben. Ausführungsformen sind Rundheit und Zylindrizität.
- Die *Profilformtoleranzen* beziehen sich auf kompliziertere geometrische Elemente, die über die voranstehend genannten hinausgehen (z.B. Freiformkurven o.ä.). Sie berücksichtigen ausschließlich sichtbare Formelemente an Werkstücken. Diese Elemente sind jedoch größtenteils auf ein theoretisch genaues Maß zu beziehen. Ihre Toleranzen besitzen eine ortsgebundene Toleranzzone, die symmetrisch zur theoretisch genauen Position liegt. Ausführungsformen sind das Profil einer vorgegebenen Linie oder das Profil einer vorgegebenen Fläche.

Die speziellen Formabweichungen sind im Abschnitt 6 erläutert. Bei den Lagetoleranzen kann folgende Einteilung vorgenommen werden:

- Die *Richtungstoleranzen* kennzeichnen die Abweichung eines Winkels zwischen toleriertem Element und Bezugselement. Die geometrischen Elemente können sowohl sichtbare als auch unsichtbare Elemente sein.
- Die *Ortstoleranzen* kennzeichnen die Abweichung eines tolerierten Elementes von seiner theoretisch genauen Position. Ihre Bezugselemente sind größtenteils unsichtbare Elemente. Bei ihrer Toleranzzone ist zu beachten, daß diese symmetrisch zum theoretisch genauen Ort wirkt.
- Die *Lauftoleranzen* kennzeichnen die Lageabweichung eines tolerierten Elementes zum Bezugselement bei einer Rotationsbewegung des Werkstückes um eine seiner Achsen. Ihr toleriertes Element ist grundsätzlich ein sichtbares Element. Laufabweichungen werden im allgemeinen senkrecht zu ihrer tolerierten Fläche gemessen.

Die speziellen Lageabweichungen, wie z.B. Parallelitäts-, Neigungsabweichungen u.a. werden im Abschnitt 7 erläutert. Ein weiteres Einteilungsprinzip, das sowohl für Form- als auch für Lagetoleranzen anwendbar ist, ergibt sich aus der Sicht der Art der Geometrie. Danach sind grundlegende und zusammengesetzte Toleranzen zu unterscheiden.

Eine grundlegende Toleranz ist eine Form- oder Lagetoleranz, die nicht auf mehrere einfache Toleranzen zurückführbar ist.

Eine grundlegende Toleranz bezieht sich stets auf geometrische Elemente, die in keine weiteren kleineren Einheiten aufteilbar sind.

Eine zusammengesetzte Toleranz ist eine Form- oder Lagetoleranz, die auf mehrere einfache Toleranzen zurückführbar ist.

Liegt ein geometrisches Element vor, das auf mehrere grundlegende Geometrien zurückführbar ist, dann spricht man von sogenannten zusammengesetzten Toleranzen. Wenn auch

eine zusammengesetzte Toleranz (teilweise auch als Summentoleranz bezeichnet) keine separate Kennzeichnung erlangt, so besitzt sie bei der Toleranzauswahl und -festlegung ihre Bedeutung. Danach ist stets zu überprüfen, ob entsprechende Restriktionen bereits über die grundlegenden Toleranzen vorgegeben sind oder die Eintragung derartiger Toleranzen entfallen kann.
Eine Übersicht über derartige Toleranzen und deren Symbole für die Zeichnungseintragung nach [5.4] gibt Bild 5.7.

Abweichungsart	Symbol	Begrenzende Form- und Lagetoleranz
Geradheit	—	
Ebenheit	⏥	—
Rundheit	○	
Zylindrizität	⌭	—, ○, //
Profillinienform	⌒	
Profilflächenform	⌓	
Parallelität	//	—, (⏥)
Rechtwinkligkeit	⊥	—, (⏥)
Neigung	∠	—, (⏥)
Position	⌖	—, (⏥)
Koaxialität	◎	— (Achse)
Symmetrie	⌯	—, (⏥)
Rundlauf	↗	○, ◎
Stirnlauf	↗	⌒
Lauf	↗	⌒
Gesamtrundlauf	⌰	—, ○, //, ◎, ↗, ⌭
Gesamtstirnlauf	⌰	↗, ⌭, ⊥
Gesamtlauf	⌰	

Bild 5.7
Übersicht über Toleranzsymbole sowie zusammengesetzte und grundlegende Toleranzen

Dabei ist zu beachten, daß zwar die übergeordneten (zusammengesetzten) Toleranzen die untergeordneten (grundlegenden) beschränken, jedoch zwei oder mehrere untergeordnete nicht einer übergeordneten Toleranz gleichzusetzen sind. Weiterhin sollte berücksichtigt werden, daß zusammengesetzte Form- und Lagetoleranzen größtenteils nicht gemäß ihrer Definition meßbar sind.

5.2.2 Auswertestrategien von Istprofilen

Erscheinen im vorangegangenen Abschnitt die allgemeinen Erläuterungen zu den Form- und Lagetoleranzen recht einleuchtend, so ergibt sich doch die Schwierigkeit, die konkreten Form- und Lageabweichungen an einem Werkstück festzustellen. Das begründet sich darin, daß das abweichungsbehaftete Istprofil stets einer Meßauswertung zugrundezulegen ist. Bild 5.8 b gibt dazu eine Möglichkeit an. Dabei wird eine Hilfsebene nach einer definierten Anordnungsvorschrift an bzw. in das Istprofil gelegt. Der maximale Abstand des Istprofils zur Hilfsebene (A_1), achsensenkrecht betrachtet (Normalenabstand), ergibt dann die Formabweichung von der Geraden. Bliebe noch die Frage nach der Anordnungsvorschrift zu klären. Vereinfachenderweise sollen diese Betrachtungen am Beispiel des geometrischen

Elementes Gerade geführt werden (Bild 5.8). Im Bild sind 5 unterschiedliche Auswertestrategien angegeben, die jeweils auch zu unterschiedlichen Ergebnissen führen. Es sind:

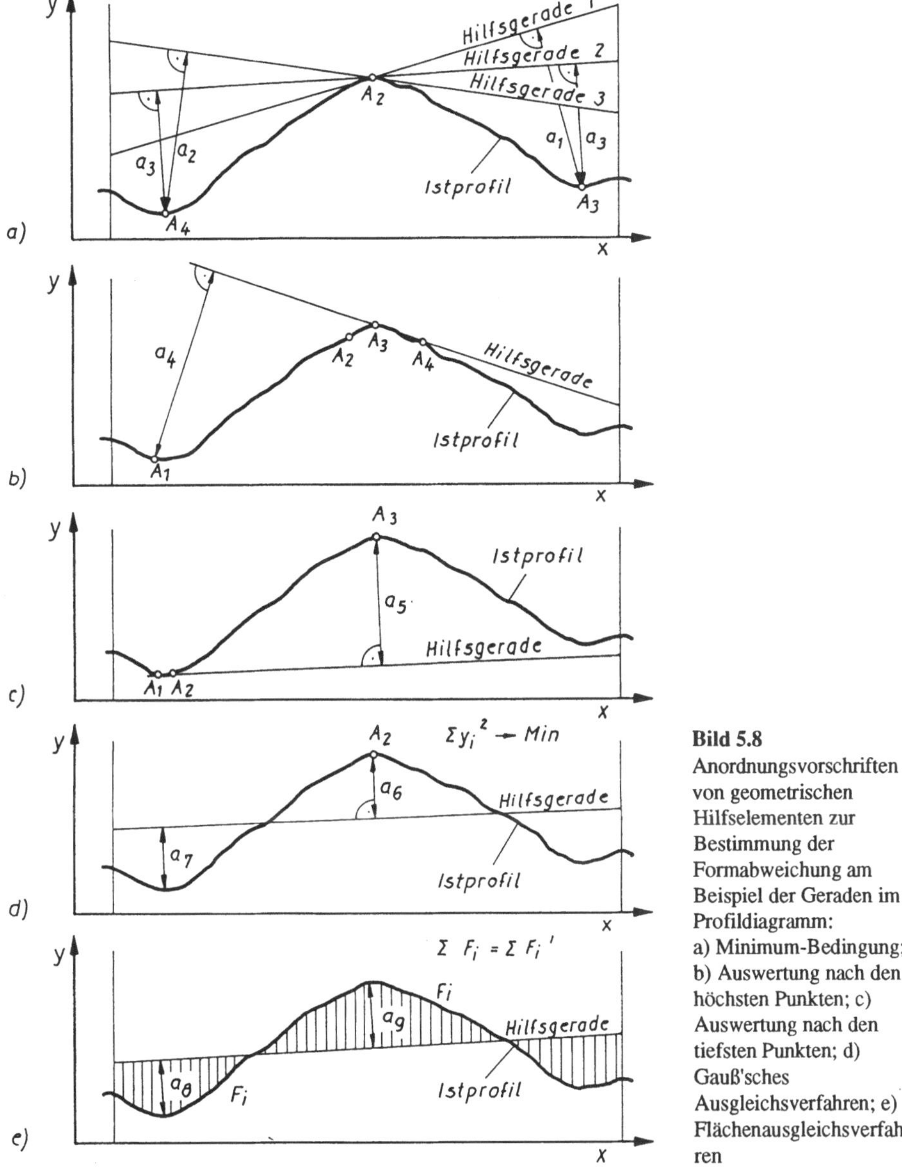

Bild 5.8
Anordnungsvorschriften von geometrischen Hilfselementen zur Bestimmung der Formabweichung am Beispiel der Geraden im Profildiagramm:
a) Minimum-Bedingung; b) Auswertung nach den höchsten Punkten; c) Auswertung nach den tiefsten Punkten; d) Gauß'sches Ausgleichsverfahren; e) Flächenausgleichsverfahren

- Die *Minimum-Bedingung* ist eine erste Möglichkeit. Diese Vorgehensweise wurde in der Vergangenheit als Methode mittels angrenzender Gerade bezeichnet. Ihr wesentlicher Inhalt wird aus Bild 5.8 a ersichtlich. Als erstes wird eine beliebige Hilfsgerade als

Tangente von der werkstofffreien Seite an das Istprofil gelegt (Gerade 1 in Profilpunkt A_1). Anschließend wird der Punkt des Istprofils aufgesucht, der senkrecht zu dieser Geraden einen maximalen Abstand aufweist (a_1). Danach wird eine zweite Hilfsgerade in beliebiger Lage an das Istprofil gelegt (Gerade 2 in Profilpunkt A_2) und nach gleicher Vorschrift der Abstand (a_2) bestimmt. Dieser Vorgang ist so oft zu wiederholen, bis man der Meinung ist, diejenige Gerade gefunden zu haben, die ein Minimum des senkrechten Abstandes (a_i) aufweist. Bezogen auf das Beispiel ergibt sich folgende Schlußfolgerung: Aus dem Abstandsvergleich ($a_3 < a_2 < a_1$) ergibt sich, daß die Abstände a_1 und a_2 die Minimum-Bedingung nicht erfüllen. Demzufolge ist zu überprüfen, ob es noch eine weitere Lage einer Geraden gibt, deren maximaler Abstand kleiner ist als a_3. Dazu schwenkt man die Hilfsgerade 3 einmal in Richtung des Uhrzeigerdrehsinns und zum anderen entgegengesetzt und stellt fest, daß die dazugehörenden Abstände a_i stets größer werden als a_3. Damit erfüllt die Hilfsgerade 3 die Minimum-Bedingung und der Abstand a_3 bestimmt die Formabweichung von der Geraden.

Die Minimum-Bedingung ist eine Auswertevorschrift, bei der der maximale senkrechte Abstand zwischen dem Istprofil und dem Hilfsprofil ein Minimum ergibt.

Nach diesem Prinzip werden in der Meßtechnik, insbesondere in der CNC-Meßtechnik, für die Gerade die LZC-Methode (last zone straight line) und für den Kreis die MZC-Methode (minimum zone circle) angewendet, die größtenteils auf dem Tschebyschew'schen Ausgleichsverfahren basieren.

- Die *Auswertung nach den höchsten Punkten* ist eine zweite Möglichkeit. Dabei wird im Istprofildiagramm eine beliebige Anzahl von höchsten Punkten festgelegt (vgl. A_2, A_3 und A_4 im Bild 5.8 b). Aus dem wertemäßigen Vergleich ergibt sich: $A_2 < A_4 < A_3$. Demzufolge bilden die Punkte A_3 und A_4 die beiden höchsten Punkte, durch die nun die Lage der Hilfsgeraden vorgegeben ist. Anschließend ist der maximale senkrechte Abstand des Istprofils von dieser Geraden zu bestimmen. Er ist durch den Punkt A_4 gekennzeichnet und ergibt sich zu a_4. Dieser Wert bestimmt dann auch gleichzeitig die Formabweichung von der Geraden.

Die Auswertung nach den höchsten Punkten ist eine Auswertevorschrift, bei der der maximale senkrechte Abstand des Istprofils zum Hilfsprofil bestimmt wird, wobei dessen Lage durch die beiden höchsten Istprofilpunkte fixiert ist.

Synonyme Begriffe für diese Strategie in der Meßtechnik, insbesondere bezogen auf das geometrische Element Kreis, sind die MCC-Methode (minimum circumscribed circle) bzw. das Hüllkreisverfahren oder auch das Verfahren des kleinstmöglichen Außenkreises.

- Die *Auswertung nach den tiefsten Punkten* ist eine dritte Möglichkeit. Dieses Verfahren ist ähnlich aufgebaut wie das Vorhergehende, d.h. anstelle der höchsten werden hierbei die tiefsten Punkte des Istprofils zur Auswertung genutzt (vgl. Bild 5.8 c.). Somit wird durch A_1 und A_2 die Lage der Hilfsgeraden festgelegt und durch A_3 der maximale senkrechte Abstand a_5 für die Formabweichung bestimmt.

Die Auswertung nach den tiefsten Punkten ist eine Auswertevorschrift, bei der der maximale senkrechte Abstand des Istprofils zum Hilfsprofil bestimmt wird, wobei dessen Lage durch die beiden tiefsten Istprofilpunkte fixiert ist.

Andere Bezeichnungen für diese Vorgehensweise im Bereich der Meßtechnik, und dabei insbesondere auf das geometrische Element Kreis bezogen, sind das MIC-Verfahren (maximum inscribed circle), das Pferchkreisverfahren oder auch die Methode des größtmöglichen Innenkreises.

- Das *Gauß'sche Ausgleichsverfahren* ist eine vierte Möglichkeit. Auch dieses Verfahren basiert auf der Nutzung einer Hilfsgeraden, deren Lage nach einem mathematischen Ansatz, u.zw. der Methode der kleinsten Abstandsquadrate zu bestimmen ist (vgl. Gleichung (5.1) bzw. [5.9]).

$$\sum_{i=1}^{n} a_i^2 = \text{Minimum} \tag{5.1}$$

Die derart bestimmte Hilfsgerade schneidet das Istprofil (siehe auch Bild 5.8 d). Die Formabweichung ist dann die betragsmäßige Summe aus den achsensenkrechten Abständen a_6 und a_7.

Die Auswertevorschrift nach dem Gauß'schen Ausgleichsverfahren bestimmt die Lage der Hilfsgeraden auf der Basis der kleinsten Abstandsquadrate.

Dieser Berechnungsvorgang ist jedoch grafisch auf der Basis eines vorliegenden Istprofils nicht lösbar. Deshalb sind Meßgeräte nach einer derartigen Auswertestrategie mit einer separaten Auswerteeinheit ausgerüstet. In der Meßtechnik angewendete synonyme Begriffe sind für die Gerade das LSS-Verfahren (last square straight line) oder die Ausgleichsgerade und beim Kreis das LSC-Verfahren (last square circle) oder der Ausgleichskreis.

- Das *Flächenausgleichsverfahren* ist eine fünfte Möglichkeit. Dieses heute kaum noch angewendete Verfahren legt die Lage der Hilfsgeraden fest, indem bei einer das Profil schneidenden Geraden die durch sie und das Istprofil gebildeten Flächenanteile oberhalb und unterhalb der Hilfsgeraden gleich groß sind (siehe auch Bild 5.8 e).

Die Auswertevorschrift nach dem Flächenausgleichsverfahren bestimmt die Lage der Hilfsgeraden auf der Basis der Flächengleichheit.

Die Formabweichung ergibt sich dann aus der Summe der Normalenabstände a_8 und a_9.

Ein Vergleich dieser Auswerteverfahren führt zu folgendem Ergebnis. Betrachtet man die Resultate für die Formabweichungen an einem vorgegebenen Istprofil, wie auch im Bild 5.8, dann führen die Verfahren nach den höchsten und tiefsten Punkten zu den größten Werten. Kleinere Ergebnisse werden bei den anderen drei Verfahren erzielt, wobei die Minimum-Bedingung geringfügig größere Werte ergibt als das Ausgleichsverfahren nach Gauß. Aus der Sicht des Informationsgehaltes und des Auswerteaufwandes ist entsprechend der genannten Reihenfolge eine zunehmende Tendenz erkennbar. Der zunehmende Auswerteaufwand wird jedoch größtenteils durch entsprechende Meßgerätebaugruppen für die Auswertung bei der Messung vor Ort nicht wirksam. Bei der Auswahl für die Anwendung einer bestimmten Auswertestrategie hat der Konstrukteur in Abhängigkeit vom jeweiligen Funktionszweck eine Entscheidung zu treffen. In der Mehrzahl finden heutzutage sowohl die Minimum-Bedingung als auch das Gauß'sche Verfahren verbreitete Anwendung. In [5.1] wird empfohlen, in Schiedsfällen, bei denen keine Auswertestrategie vereinbart wurde, auf die Minimum-Bedingung zurückzugreifen.

5.3 Zeichnungseintragung

5.3.1 Allgemeine Hinweise

Bei der Zeichnungseintragung von Form- und Lagetoleranzen trifft das gleiche Grundprinzip wie bei den Maßtoleranzen zu. Demnach gibt es die Möglichkeit der einzelmaßbezogenen Tolerierung, die im weiteren näher betrachtet werden soll, und die Möglichkeit der Angabe von Allgemeintoleranzen für Form- und Lageabweichungen (spezielle Ausführungen dazu siehe Abschnitt 9). Bei der Zeichnungseintragung von speziellen Form- und Lagetoleranzen ist gemäß Bild 5.9 auf das tolerierte Element des Werkstückes prinzipiell senkrecht ein Bezugspfeil (1) zu richten.

Der Toleranzrahmen beinhaltet die vereinheitlichte Darstellung von Toleranzart, Toleranzwert und Bezugselement sowie von Zusatzinformationen.

An den Bezugspfeil ist dann der Toleranzrahmen (2) anzusetzen, der günstigerweise waagerecht zur Zeichnungsdarstellung angeordnet wird und je nach Toleranzart zwei oder mehrere Toleranzfelder aufweist.

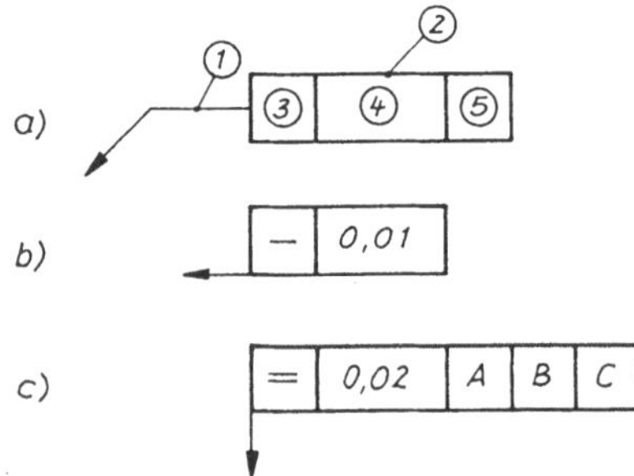

Bild 5.9
Arten von Toleranzrahmen für Form- und Lagetoleranzen: a) Prinzipbeispiel; b) zweifeldriger Toleranzrahmen; c) mehrfeldriger Toleranzrahmen

Die Toleranzfelder dienen der systematisierten Informationsübermittlung. Dabei ist das erste Toleranzfeld (3) grundsätzlich der Eintragung des jeweiligen Toleranzsymbols und damit der Toleranzart vorbehalten. Das zweite Toleranzfeld (4) ist für die Eintragung des konkreten Toleranzwertes in der, in der Zeichnung geltenden Maßeinheit vorgesehen. Darüber hinausgehend können hier noch weitere Informationen übermittelt werden. Das können z.B. Angaben zu durchmesserbezogenen Toleranzzonen (Ø), zu projizierten Toleranzzonen (P), zum Maximum-Material-Prinzip (M) o.ä. sein. Die nachfolgenden Felder sind der Eintragung von Bezügen bzw. Bezugselementen oder auch für ergänzende Angaben für die Bezüge, wie z.B. dem Maximum-Material-Prinzip, vorbehalten. Werden mehr als drei Felder genutzt, dann ist dadurch gleichermaßen eine Rangfolge für den Bezug vorgegeben. Dabei ergibt sich im dritten Feld ein primärer, im vierten Feld ein sekundärer Bezug usw. (5). Die Kennzeichnung des Bezugselementes erfolgt dann durch einen weiteren Toleranzrahmen, in den ausschließlich der oder die Großbuchstaben für das definierte Bezugselement einzutragen sind. Dieser Toleranzrahmen wird wiederum mit einer Bezugslinie und ein auf das Bezugselement gerichtetes Bezugsdreieck verbunden. Die Ausführungsform des Bezugsdreieckes kann als offenes oder auch voll ausgefülltes Dreieck gewählt werden. Eine weitere Möglichkeit für die Hervorhebung eines einzelnen Bezuges ist durch das Ersetzen des dritten Toleranzfeldes durch eine weitere Bezugslinie, die auf das Basiselement gerichtet ist, gegeben (siehe auch Bild 5.10).

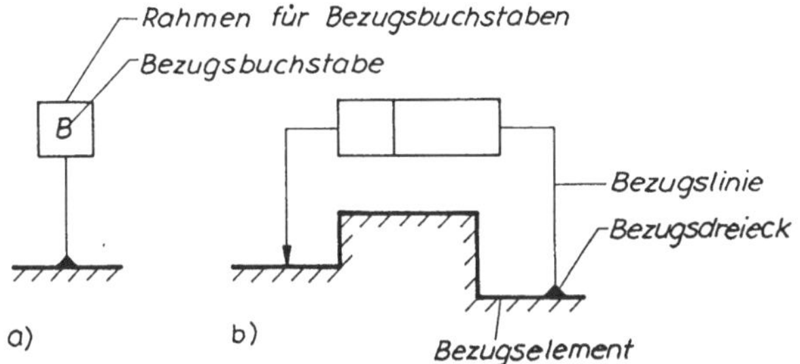

Bild 5.10
Symbole zur Zeichnungseintragung: a) separate Bezugsbezeichnung; b) Bezugsbezeichnung in Verbindung mit Toleranzrahmen

Weiterhin ist zu beachten, daß die Art der Positionierung des Bezugspfeiles unterschiedliche Aussagen für die zu betrachtenden geometrischen Elemente beinhaltet. Bei der Eintragung des Bezugspfeiles zu beachtende Besonderheiten sind im Bild 5.11 angegeben.

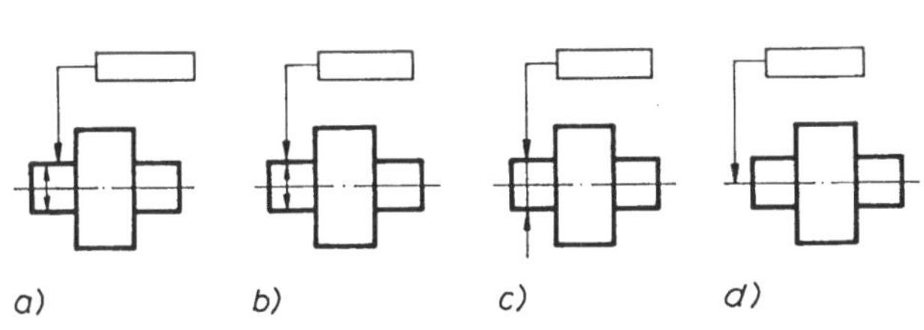

Bild 5.11
Bezugspfeileintragung: a) am sichtbaren geometrischen Element; b) am sichtbaren geometrischen Element mit Bezug auf unsichtbares Bezugselement; c) am sichtbaren geometrischen Element bei gleichzeitiger Nutzung als Maßpfeil; d) am unsichtbaren geometrischen Element

Der Bezugspfeil soll grundsätzlich aus Gründen der Übersichtlichkeit in der Nähe des Maßpfeiles stehen, der für die Bemaßung des entsprechenden geometrischen Elementes eingetragen ist. Er ist bei sichtbaren geometrischen Elementen im Abstand von mindestens 4 mm neben dem Maßpfeil einzutragen. Bei unsichtbaren geometrischen Elementen steht er in Richtung des Maßpfeiles und kann auch selbst als Maßpfeil genutzt werden. Ist er direkt auf ein unsichtbares geometrisches Element gerichtet, dann ist zu beachten, daß der Bezug sich dann aus allen Elementen ergibt, die diesen bilden. Beim Eintragen eines Bezugspfeiles oder einer Bezugslinie ist weiterhin darauf zu achten, daß mit ihrer Eintragung in eine bestimmte

Ansicht auch deren Wirkungsrichtung, d.h. die Toleranzzone des geometrischen Elementes, festgelegt wird (siehe Bild 5.12). So beinhaltet die im Bild 5.12 a angegebene Formabweichung von der Geraden, daß die Ausprägung des Istprofils der schneidenförmigen Kante ausschließlich in der Zeichnungsebene, d.h. in Längsrichtung, durch die Toleranz begrenzt wird.

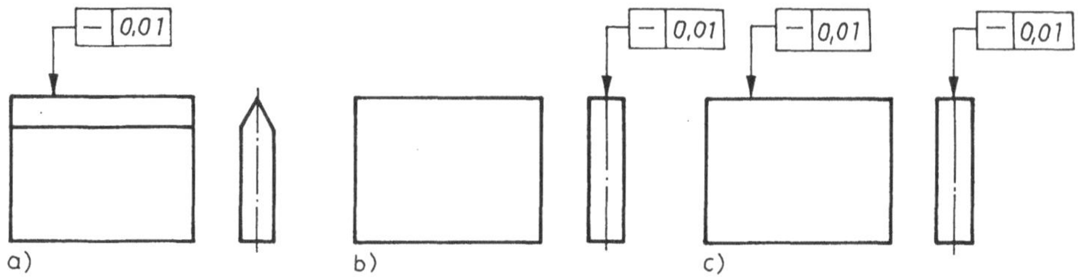

Bild 5.12 Zeichnungseintragung und Bedeutung von Toleranzen: a) an einer Kante; b) an ebener Fläche in einer Richtung; c) an ebener Fläche in zwei Richtungen

Ist aus funktioneller Sicht nun diese Kante durch eine ebene Fläche zu ersetzen, so trifft bei Toleranzfestlegung in der Seitenansicht diese Bewertung für jeden separat zu betrachtenden Schnitt in der Querrichtung zu Bild 5.12 b. Nach der im Bild 5.12 c gezeigten Toleranzforderung gilt dagegen diese Aussage für alle parallelen Richtungen in Längs- und in Querrichtung des Werkstückes, bei jeweiliger separater Schnittebenenbetrachtung. Darüber hinausgehend gibt es zylindrische Toleranzzonen, die durch Eintragung des Durchmesserzeichens vor dem Toleranzwert im Toleranzrahmen verdeutlicht werden. Diese beziehen sich allerdings vorrangig auf Achsen (siehe auch Bilder 6.5, 7.5).

5.3.2 Zusatzbedingungen und vereinfachende Eintragung in Zeichnungen

Unter Beachtung des Grundsatzes, in eine Zeichnung möglichst wenige aber für die Gewährleistung der Funktion ausreichende Informationen einzutragen, können auch vereinfachende Eintragungen vorgenommen werden.

Bild 5.13
Zusatzinformationen am Toleranzrahmen:
a) zur Anzahl; b) zur Art

Im Bild 5.13 sind dazu zwei Beispiele für die Eintragung verbaler Angaben gezeigt. Danach können sowohl die Anzahl der zu tolerierenden geometrischen Elemente (Bild 5.13 a) über den Toleranzrahmen als auch Anforderungen über bestimmte Ausführungsformen (Bild 5.13 b) eingetragen werden. Weiterhin sind auch verbale Anforderungen in der Nähe des Zeichnungsschriftfeldes anzugeben, wenn eine eindeutig erkennbare Zuordnung zum geometrischen Element möglich ist. Ein Beispiel ist die Angabe "für alle Bohrungen Ø 10 mit H7 gilt O 0,05 A ". Eine weitere Vereinfachung ergibt sich aus der im Bild 5.14 gezeigten zusammenfassenden Darstellung von mehreren Toleranzanforderungen.

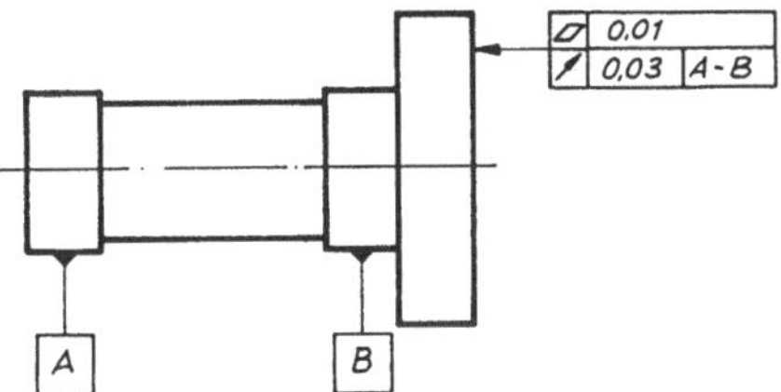

Bild 5.14
Eintragung mehrerer Toleranzanforderungen an einem tolerierten Element

Erweist es sich aus funktionellen Gründen als erforderlich, zusätzliche Informationen anzugeben, dann kann wie folgt verfahren werden. Soll beispielsweise der Gültigkeitsbereich einer Toleranzangabe gegenüber der in der Zeichnung dargestellten Gesamtausdehnung des geometrischen Elementes begrenzt werden, dann bieten sich nach Bild 5.15 die Möglichkeiten einer begrenzenden Angabe im Toleranzrahmen oder am dargestellten geometrischen Element an.

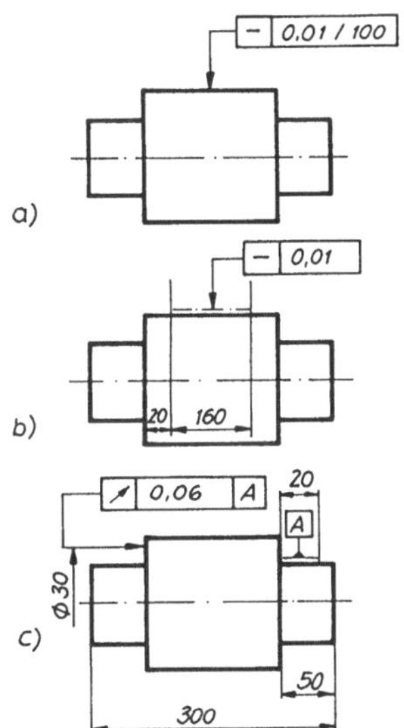

Bild 5.15
Beispiele für einschränkende Toleranzangaben: a) im Toleranzrahmen; b) durch örtliche Bemaßung am tolerierten Element; c) durch örtliche Bemaßung am Bezugselement

Bei der Angabe im Toleranzrahmen wird im Feld der Angabe des Toleranzwertes örtlich hinter diesem, durch Schrägstrich getrennt, die betreffende Bezugslänge eingetragen (Bild 5.15 a). Eine derartige Angabe bedeutet, daß die Toleranz an jeder beliebigen Stelle, bezogen auf die eingetragene Größe, einzuhalten ist, d.h. die im Beispiel eingetragene Geradheitstoleranz ist an jeder frei gewählten Zylindermantellinie mit definierter Länge von 100 mm einzuhalten. Bei der separaten Bemaßung des Gültigkeitsbereiches am tolerierten Element, an dessen zu betrachtendem Ausschnitt diese Angabe zutreffen soll, ist eine

gesonderte Hervorhebung durch eine Strichpunktlinie vorzunehmen (Bild 5.15 b). Damit wird die Geradheitstoleranz im Beispiel von jeder Zylindermantellinie gefordert, die im Abstand von 20 mm von der Stirnfläche beginnt und sich über eine Länge von 160 mm erstreckt. Diese Vorgehensweise ist auch auf das Bezugselement übertragbar. Zusätzlich können die Bezugspfeile bemaßt werden. Das Zusammenwirken dieser beiden Sachverhalte ist im Bild 5.15 c für das Beispiel einer Stirnlauftoleranz angegeben. Danach darf die Stirnlaufabweichung der linken Planfläche in einem Durchmesser von 30 mm, bezogen auf den rechten zylindrischen Absatz im Bereich von 20 mm bis 50 mm, von der rechten Stirnfläche betrachtet, den eingetragenen Toleranzwert nicht überschreiten.
Voranstehend wurde bereits gesagt, daß mehrere Form- und Lagetoleranzen in einem Toleranzrahmen angegeben werden können. Diese Möglichkeit findet auch bei den einschränkenden Toleranzen breite Anwendung, da sie eine einfache und sehr übersichtliche Bemaßungsart darstellt. So bedeutet die Toleranzangabe im Bild 5.16 a, daß die Geradheitstoleranz für alle Zylindermantellinien über die Werkstücklänge von 300 mm maximal 0,01 mm beträgt; aber die Geradheitstoleranz für jede beliebige Zylindermantellinie mit 200 mm Länge nur 0,005 mm annimmt.

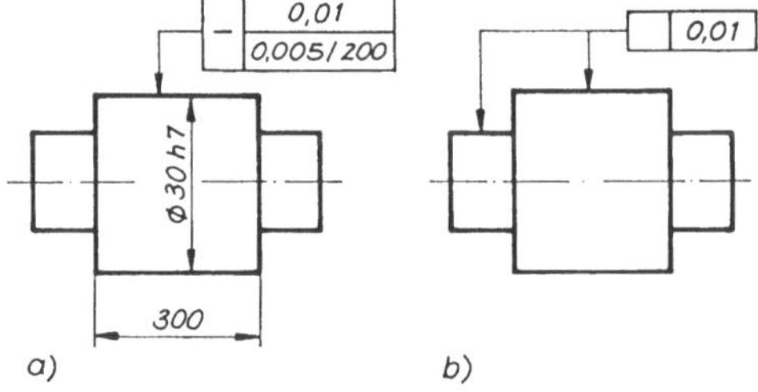

Bild 5.16
Beispiele für vereinfachte Toleranzangaben: a) mehrere Toleranzen für ein Merkmal; b) eine Toleranz für mehrere Merkmale

Eine mehrfache Nutzung von Toleranzrahmen, sowohl für tolerierte Elemente als auch Bezugselemente, ist bei gleichen Funktionsanforderungen möglich. Nach dem im Bild 5.16 b gezeigten Beispiel wird also die Geradheitstoleranz von den Zylindermantellinien des linken und des mittleren Wellenabsatzes verlangt.

5.3.3 Besonderheiten bei der Bezugsstellenfestlegung

Nach den bisherigen Erläuterungen wurde stets davon ausgegangen, daß der in der Zeichnung beschriebene Zustand den jeweiligen eindeutig bestimmbaren Endzustand darstellt. Das trifft jedoch nicht für alle Merkmale an Werkstücken zu. So werden beispielsweise im Gießprozeß hergestellte Bohrungen für die weitere mechanische Bearbeitung als Hilfsbasis genutzt. Da jedoch die Lage einer derartigen Bohrung infolge der aus dem Gießprozeß resultierenden relativ hohen geometrischen Abweichungen sehr unsicher oder auch ungenau ist, werden zur Berücksichtigung eines derartigen Sachverhaltes die im Abschnitt 5.1 (Seite 47) definierten Bezugsstellen erweitert. Diese, durch gesonderte Kennzeichnungen in den Rohteilzeichnungen anzugebenden Stellen, sind wie folgt zu definieren.

> Bezugsstellen sind Punkte, Linien oder begrenzende Flächen an einem Werkstück, die zur Berührung mit Fertigungs- oder Prüfeinrichtungen benutzt werden, um die erforderlichen Bezugselemente zu bestimmen.

Bild 5.17 gibt einen kurzen Überblick über anzuwendende Symbole und einen ausgewählten Bemaßungsausschnitt mit Anwendungsmöglichkeiten einiger Symbole.

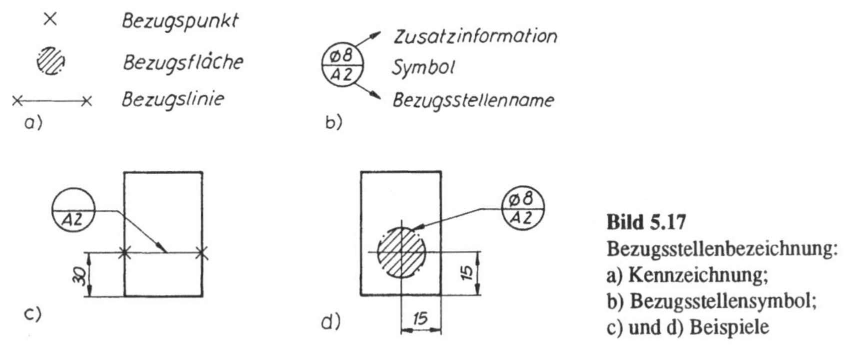

Bild 5.17
Bezugsstellenbezeichnung:
a) Kennzeichnung;
b) Bezugsstellensymbol;
c) und d) Beispiele

Es ist jedoch darauf zu achten, daß Bezugsstellen nicht verwechselt werden mit den Hilfsbezugselementen bei der mechanischen Bearbeitung.

5.3.4 Theoretisch genaue Maße

Eine besondere Art von Maßen stellen die theoretisch genauen Maße dar. Diese für die Funktion und die Fertigung wie auch Prüfung nicht direkt erforderlichen Maße werden insbesondere zur Festlegung einer Bezugsbasis bei Form- und Lagetoleranzen angewendet und in der Zeichnung gesondert, durch die Eintragung in einen rechteckigen Rahmen, hervorgehoben.

5.4 Funktions-, Fertigungs-, Prüf- und Austauschbaugerechtheit

Als prinzipieller Grundsatz bei der Auswahl und Festlegung von Form- und Lagetoleranzen gilt, wie auch bei den Maßtoleranzen, nur die geometrischen Elemente zu tolerieren, die unbedingt für eine Funktionserfüllung erforderlich sind. Nach der Auswahl der zu tolerierenden Elemente ist eine weitere Aussage über das Tolerierungsprinzip gemäß Abschnitt 12 zu treffen und zu berücksichtigen. Dabei sind bei Anwendung des Unabhängigkeitsprinzips die betreffenden Form- und Lagetoleranzen (auch als Allgemeintoleranzen) separat festzulegen. Wird dagegen das Hüllprinzip angewendet, dann gilt für die geometrischen Elemente der Taylor'sche Grundsatz, der die Einhaltung der Maßtoleranz auch durch Form- und Lagetoleranzen beinhaltet. Demzufolge wären diese Form- und Lagetoleranzen, sofern sie nicht kleiner sein müssen als die Maßtoleranz, nicht separat zu tolerieren (nähere Ausführungen siehe Abschnitt 12). Ein weiterer Gesichtspunkt ergibt sich aus der teilweisen gegenseitigen Beeinflussung dieser Toleranzen. Sie läßt sich am einfachen Beispiel der geometrischen Darstellung einer Geraden und einer Ebene erläutern. Stellt die Gerade eine grundlegende Toleranz dar, so ergibt sich die Ebene aus der Verknüpfung zweier Geraden (zusammengesetzte Toleranz). Hierin begründet sich, daß die Tolerierung einer Ebenheit mit 100 µm und der sie bildenden Geraden mit jeweils 150 µm widersinnig ist. Derartige Zusammenhänge für alle Form- und Lagetoleranzen sind im Bild 5.7 angegeben. Eine Berücksichtigung dieser Restriktionen verhindert einerseits unlogische Toleranzfestlegungen und führt andererseits zur Reduzierung der Toleranzeintragungen. Ergänzend sind im Bild 5.18 Kurzzeichen für Abweichungen und Toleranzen für Form und Lage sowie Voraussetzungen für definitionsgerechte Prüfmöglichkeiten angegeben.

Tolerierte Eigenschaft	Toleranz	Abweichung	Messung
Geradheit	t_G	f_G	J
Ebenheit	t_E	f_E	N
Rundheit	t_K	f_K	J
Zylindrizität	t_Z	f_Z	N
Profillinienform	t_{LP}	f_{LP}	J
Profilflächenform	t_{FP}	f_{FP}	N
Parallelität	t_P	f_P	J; (N)
Rechtwinkligkeit	t_R	f_R	J; (N)
Neigung	t_N	f_N	J; (N)
Position	t_{PS}	f_{PS}	J; (N)
Koaxialität	t_{KO}	f_{KO}	N
Symmetrie	t_{SY}	f_{SY}	N
Rundlauf	t_R	f_R	J
Stirnlauf	t_S	f_S	J
Lauf	t_L	f_L	J
Gesamtrundlauf	t_{GR}	f_{GR}	N
Gesamtstirnlauf	t_{GS}	f_{GS}	N
Gesamtlauf	t_{GL}	f_{GL}	N

Bild 5.18
Kurzzeichen und Meßmöglichkeiten von Form- und Lagetoleranzen

Detaillierte Einteilungen der Form- und Lagetoleranzen in Analogie zum Maßtoleranzsystem sind gegenwärtig nicht existent. Auch quantitative Zuordnungen bestimmter Größen von Form- und Lagetoleranzen zu definierten Funktionsanforderungen in Anlehnung an das Paßsystem liegen gegenwärtig nicht anwendungsbereit vor.
Betrachtet man Hinweise zur Fertigungsgerechtheit, so werden diese weitestgehend durch empirische Erfahrungen gebildet. Die einzige Möglichkeit, zu konkreten Kennwerten der Fertigungsgerechtheit zu kommen, besteht darin, in Anlehnung an Gleichung (4.19), die Prozeßfähigkeiten der jeweiligen eingesetzten Maschinen zu bestimmen.
Wesentlich umfangreicher und auch komplizierter sind die Kriterien der Prüfgerechtheit einzuschätzen. Als Prüfgeräte bieten sich dazu neben den sogenannten Paarungslehren zur meßtechnischen Nachweisführung des Zusammenwirkens von Maß-, Form- und Lageabweichungen insbesondere stationäre, zum Teil recht kostenintensive Spezialgeräte zur Prüfung

von Form- und Lagetoleranzen an. Neben den Form- und Lageprüfmaschinen können auch die bei den Maßtoleranzen genannten Mehrkoordinatenmeßmaschinen angewendet werden. Die für Form- und Lageabweichungen spezialisierten Meßmaschinen bieten jedoch infolge ihrer aufgabenspezifischen Gestaltung kleinere Meßunsicherheiten und damit die Überprüfungsmöglichkeit kleinerer Toleranzen. Auch bei dieser Abweichungsart finden prozeßintegrierte Steuerungen ihre Anwendung, die allerdings nicht die breite Anwendung wie bei den Maßtoleranzen finden. Das begründet sich im Grundanliegen einer derartigen werkstückgeometrieorientierten Steuerung, die für eine Kompensation von systematischen Bearbeitungsabweichungen vorgesehen ist. Da jedoch der größte Anteil von Form- und Lageabweichungen nicht durch einfache Maßnahmen kompensierbar oder abstellbar ist, bleibt ihre Anwendung auf Spezialfälle beschränkt. Detaillierte Ausführungen hierzu sollten insbesondere den Literaturstellen [5.5], [5.7] und [5.8] entnommen werden. Zur Austauschbaugerechtheit sind die im Abschnitt Maßtoleranzen angegebenen Aussagen inhaltlich übertragbar.

5.5 Regeln

Zum Komplex der Form- und Lagetoleranzen können nachfolgende Grundsätze genannt werden:

- *Toleriere* nur diejenigen geometrischen Merkmale, die funktionswichtig sind oder aus fertigungs-, prüf- oder montagetechnischer Sicht als sogenannte Hilfstoleranzen notwendig sind;
- *Wähle* zur kostengünstigen Herstellung möglichst große Toleranzen, zur Funktionsgewährleistung bzw. Kundenbefriedigung relativ kleine Toleranzen, optimiere beide gegensätzlichen Anforderungen;
- *Vermeide* "Angsttoleranzen";
- *Beachte,* daß Formtoleranzen stets auf ein geometrisches Element (toleriertes Element) bezogen werden, Lagetoleranzen sich dagegen immer auf zwei geometrische Elemente in ihrer Lage zueinander beziehen (toleriertes Element; Bezugselement);
- *Überprüfe* bei der Auswahl von Form- und Lagetoleranzen, inwieweit eine gegenseitige Beeinflussung dieser Toleranzen durch zusammengesetzte (Summentoleranzen) oder auch übergeordnete Toleranzen gegeben ist;
- *Unterscheide* die verschiedenen Arten geometrischer Elemente (unsichtbare und sichtbare) bei der Tolerierung;
- *Berücksichtige,* daß die Formabweichungen geometrischer Elemente in den tolerierten Elementen von Lagetoleranzen enthalten sind; das trifft jedoch nicht für die Mehrzahl der Bezugselemente bei Lagetoleranzen zu (ausgenommen Lauftoleranzen);
- *Treffe* eine funktionsorientierte eindeutige Unterscheidung zwischen toleriertem Element und Bezugselement bei den Lagetoleranzen;
- *Überprüfe* die Anwendungsmöglichkeit von Allgemeintoleranzen für Form- und Lagetoleranzen;
- *Lege* die Größen, d.h. die Toleranzwerte und die Symbole für Form- und Lagetoleranzen fest;
- *Beachte,* daß Form- und Lagetoleranzen stets ohne Nennmaßbezug sind und die Abweichungen grundsätzlich einen positiven Wert annehmen; ihr einer Grenzwert besitzt stets

die natürliche Grenze Null, weshalb sie auch der Kategorie einseitig begrenzter Toleranzen zugeordnet werden;

- *Beachte,* daß bei Anwendung des Hüllprinzips die betreffenden Form- und Lagetoleranzen nicht größer als die zugehörige Maßtoleranz sein dürfen;
- *Beachte,* daß Form- und Lageabweichungen bei der mechanischen Bearbeitung der Werkstücke größtenteils nicht direkt beeinflußt werden können;
- *Verwende* bei der Zeichnungseintragung einen Toleranzrahmen mit Eintragung des Symbols, des Toleranzwertes und des entsprechenden Bezugs der Form- und Lagetoleranz;
- *Bedenke,* daß die meßtechnische Nachweisführung von Form- und Lageabweichungen in der Mehrzahl mit hohen Aufwendungen verbunden ist sowie Summentoleranzen nicht definitionsgerecht prüfbar sind;
- *Überprüfe* die Anwendung von Tolerierungsprinzipen zum Zusammenwirken von Maß- sowie Form- und Lagetoleranzen ;
- *Überprüfe,* sofern funktionstechnisch zulässig, bei allen Entwicklungsaufgaben die Anwendung des Maximum-Material-Prinzips.

6 Formtoleranzen

6.1 Geradheitstoleranz

Die Geradheitsabweichung bzw. deren zulässige Größe, die Geradheitstoleranz, ist die einfachste Formtoleranz, die auch in ihrer praktischen Anwendung sehr weit verbreitet ist. Demzufolge soll sie ausführliche Betrachtung finden, da einige grundlegende Aussagen auch sinngemäß auf die anderen Formtoleranzen übertragbar sind. Wird von einem Werkstückelement eine bestimmte Formgenauigkeit in geradliniger Ausdehnung verlangt, dann wendet man die Geradheitstoleranz an.

> Die Geradheitsabweichung ist der Normalenabstand zwischen dem Istprofil und dem Auswerteprofil eines tolerierten Elementes bezüglich seiner Geradheit.

Bei der Betrachtung eines Werkstückes können aus funktionellen Gründen verschiedenartige Anforderungen bestehen, die sich insbesondere in der Ausführungsform des geometrischen Elementes, d.h. der Geraden selbst, wie auch in der Art der Toleranzzone begründen. Dazu sollen im weiteren die wichtigsten Arten erläutert werden (Bild 6.1).

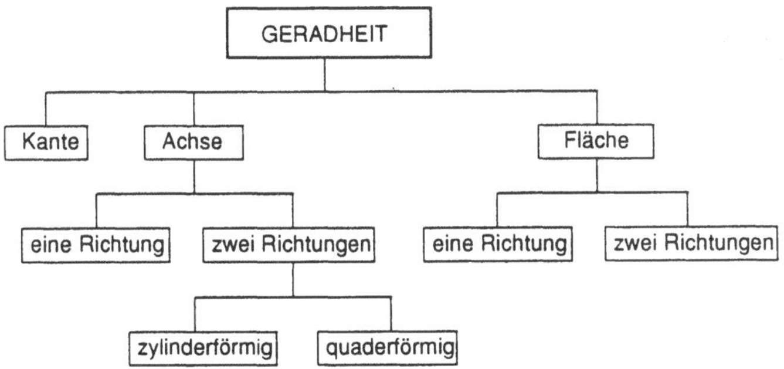

Bild 6.1 Gliederungsschema der Geradheitstoleranz

Hiernach können die Geradheitstoleranzen auf eine vergegenständlichte Kante, auf eine vergegenständlichte Fläche oder eine real nicht antastbare Achse bezogen werden. Sind bei einem Kantenbezug keine weiteren Variationsmöglichkeiten gegeben, so kann bei einem Flächen- und auch Achsenbezug die Geradheit in einer oder auch zwei senkrecht zueinander stehenden Richtungen auftreten. Bei einem Achsenbezug in zwei Richtungen ist dann noch eine quaderförmige oder auch zylinderförmige Toleranzzone zu unterscheiden. Nun einige Ausführungen zur Erläuterung dieser einzelnen Arten. Vorangestellt wird der einfachste und in der Praxis am häufigsten vorkommende Fall der Kantentolerierung, für den nachfolgende Varianten möglich sind:

- Die *Geradheitsabweichung einer vergegenständlichten Kante* bezieht sich stets auf eine am Werkstück real vorliegende Körperkante. Nach der im Bild 6.2 angegebenen Zeichnungseintragung wird von der Schneidkante über ihre gesamte Länge eine Geradheit von 0,05 mm gefordert.

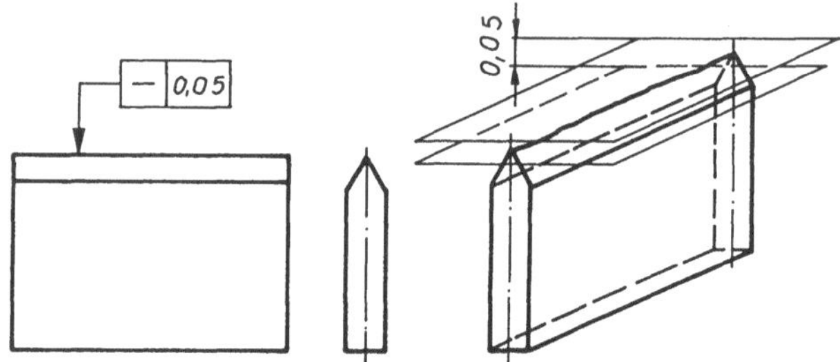

Bild 6.2
Geradheit einer Kante

Die im Bild 6.2 gezeigte praktische Deutung besagt, daß jeder Punkt des Istprofils innerhalb zweier paralleler Ebenen liegen muß, deren Abstand maximal 0,05 mm betragen darf.

- Die *Geradheitsabweichung vergegenständlichter Linien einer ebenen Fläche in einer Richtung* bezieht sich auf eine ebene Fläche. Danach wird für die ebene Oberfläche des im Bild 6.3 angegebenen prismatischen Körpers eine Geradheitstoleranz von 0,05 mm verlangt.

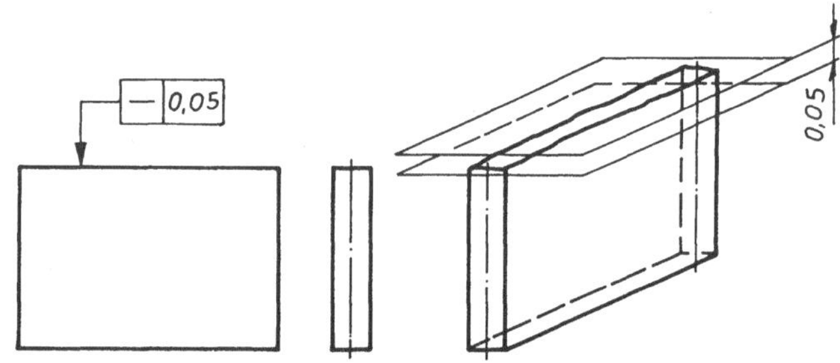

Bild 6.3
Geradheit einer Fläche in einer Richtung

Die praktische Deutung besagt, daß jedes einzelne linienförmig betrachtete Istprofil über die gesamte Stablänge innerhalb zweier, für jede Linie separat zu ermittelnder, paralleler Ebenen liegen muß, deren maximaler Abstand 0,05 mm betragen darf.

- Die *Geradheitsabweichung vergegenständlichter Linien einer Fläche in zwei Richtungen* bezieht sich ebenfalls auf eine ebene Fläche. Eine dementsprechende Zeichnungseintragung geht aus Bild 6.4 hervor. Dabei ist zu bemerken, daß die Vorderansicht identisch ist mit der im vorangegangenen Bild 6.3 angegebenen. In der Seitenansicht wird dagegen zusätzlich eine Geradheitstoleranz von 0,02 mm gefordert. Damit ergibt sich für die Vorderansicht, d.h. für die Längsrichtung der ebenen Oberfläche die gleiche Auslegung wie voranstehend. Zusätzlich wird in Querrichtung verlangt, daß jede einzeln betrachtete Ebene die Gerad-heitstoleranz von 0,02 mm einhalten muß.

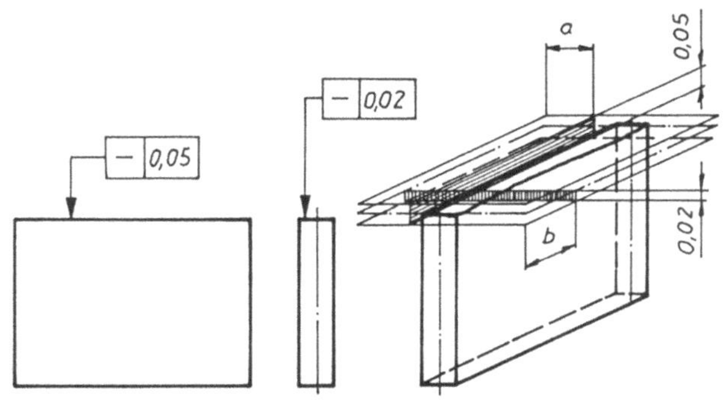

Bild 6.4
Geradheit einer Fläche in zwei Richtungen

- Die *Geradheitsabweichung der Achse eines zylindrischen Formelementes* stellt die Geradheitsabweichung einer Zylinderachse dar. Die Zeichnungseintragung ergibt sich nach Bild 6.5.

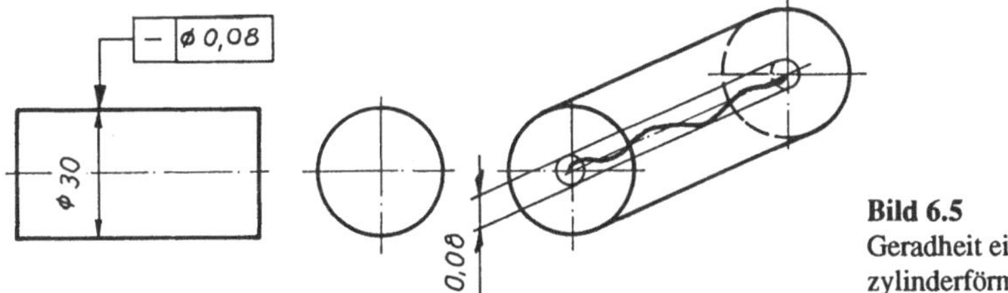

Bild 6.5
Geradheit einer Achse mit zylinderförmiger Toleranzzone

Soll eine Achse mit einer Formabweichung toleriert werden, dann ist prinzipiell erst einmal, unabhängig von der Form des Körpers (zylindrisch, quaderförmig o.ä.), der Bezugspfeil des Toleranzrahmens in Verlängerung des Maßpfeiles anzutragen. Weiterhin ist bei der Tolerierung die Ausprägungsform der Toleranzzone zu beachten. Wird nun eine zylindrische Toleranzzone verlangt, dann ist eine Kenntlichmachung mittels eines Durchmesserkurzzeichens vor dem Toleranzwert notwendig. Damit ergibt sich die praktische Deutung, daß jeder Punkt der Ist-Achse des Zylinders innerhalb einer zylindrischen Toleranzzone mit einem Durchmesser von 0,08 mm liegen muß.

- Die *Geradheitsabweichung der Achse eines quaderförmigen Formelementes in einer Richtung* basiert auf dem im Bild 6.3 dargestellten Fall.

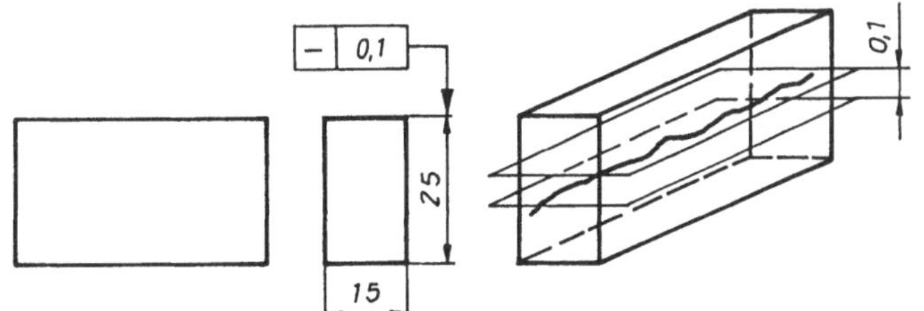

Bild 6.6
Geradheit einer Achse mit eindimensionaler Toleranzzone

Bei der Toleranzangabe wird jedoch der Bezugspfeil des Toleranzrahmens in Verlängerung zur Maßlinie eingetragen. Damit ergibt sich die im Bild 6.6 rechtsseitig gezeigte

Auslegung, d.h. die Istachse des quaderförmigen Körpers in angegebener Längsrichtung muß innerhalb zweier paralleler Ebenen mit einem maximalen horizontalen Abstand von 0,1 mm liegen.

- Die *Geradheitsabweichung der Achse eines quaderförmigen Körpers in zwei Richtungen* verkörpert die zweidimensionale Darstellung des voranstehenden Beispiels. Gemäß der Zeichnungseintragung ergibt sich die im Bild 6.7 rechtsseitig gezeigte Auswirkung. Danach muß jeder Punkt der Ist-Achse innerhalb der quaderförmigen Toleranzzone mit den maximalen Werten von 0,1 mm in vertikaler und 0,2 mm in horizontaler Richtung liegen.

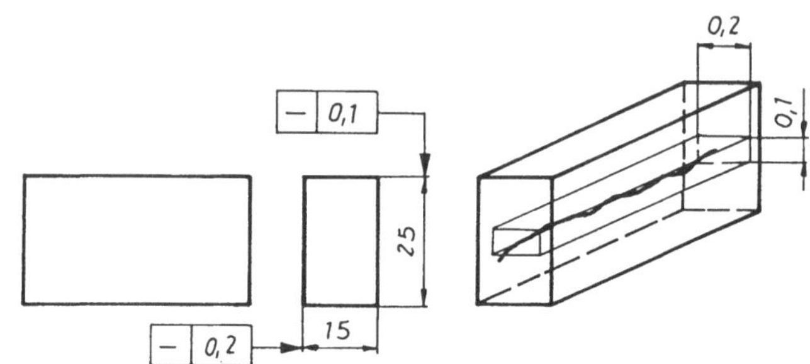

Bild 6.7
Geradheit einer Achse mit quaderförmiger Toleranzzone

Bei der Vorgabe von Geradheitstoleranzen ist prinzipiell neben ihrem funktionstechnischen Erfordernis auch zu überprüfen, inwieweit diese eventuell durch bereits andere übergeordnete (zusammengesetzte) Form- und Lagetoleranzen, wie z.B. Ebenheit, Zylinderform u.a. implizit berücksichtigt worden sind (vgl. auch Bild 6.7). Bei derartigen Fällen wäre eine separate Tolerierung überbestimmt. Es ist jedoch eine exakte Überprüfung derartiger Zusammenhänge erforderlich. Auch hier trifft die Aussage zum Bild 6.7 zu, daß eine Geradheitstoleranz vergegenständlichter Linien einer Fläche in zwei Richtungen bei gleichgroßen Toleranzwerten nicht gleichzusetzen ist mit einer Ebenheitstoleranz. Das begründet sich darin, daß die Geradheitsabweichung stets linienweise, d.h. ohne gegenseitige Bezugnahme der Linien untereinander, zu bestimmen ist. Bei der Betrachtung der Ebenheitsabweichung ist dagegen eine Gesamtbewertung der Oberfläche zu führen, d.h. bei den Auswertungen ist eine feste Zuordnung Linien zu beachten.

6.2 Ebenheitstoleranz

Sollen ebenenhaft ausgeprägte geometrische Flächen hinsichtlich ihrer Form toleriert werden, dann wendet man die Ebenheit an.

Die Ebenheitsabweichung ist der Normalenabstand zwischen dem Istprofil und dem Auswerteprofil eines tolerierten Elementes bezüglich seiner Ebenheit.

Bei einer Ebenheit können in Abhängigkeit von der Art des geometrischen Elementes Tolerierungen von vergegenständlichten Ebenen (Flächen) oder auch nicht vergegenständlichten Ebenen (Mittelebenen) vorgenommen werden. Diese Tolerierungsart soll an einer

Flächentolerierung erklärt werden. Nach Bild 6.8 ergibt sich für die Ebenheitstolerierung der oberen Fläche des prismatischen Körpers folgende Deutung.

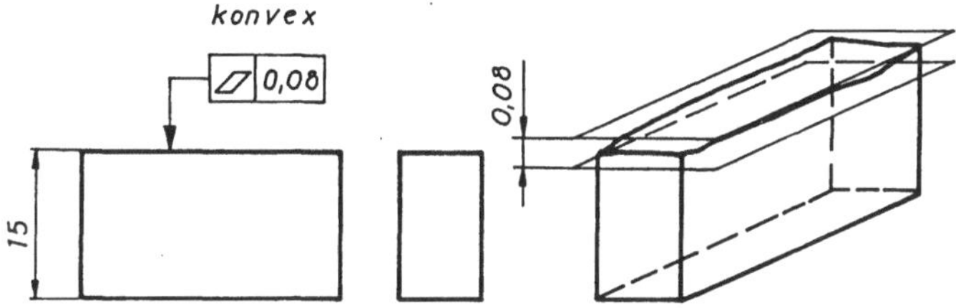

Bild 6.8
Ebenheit einer Fläche

Jeder Punkt der Istoberfläche muß innerhalb zweier paralleler Ebenen mit einem Maximalabstand von 0,08 mm liegen. Auch hierbei sind die Besonderheiten für die Lagebestimmung der Ebenen zu beachten. Darüber hinausgehende speziellere Anforderungen an die Ebenheitstoleranz, wie z.B. an die Ausführungsform, können durch zusätzliche verbale Angaben in der Nähe des Toleranzrahmens, günstigerweise oberhalb des Toleranzrahmens, angegeben werden. Für das Beispiel heißt das, daß die Konvexität der tolerierten Oberfläche die genannte Größe von 0,08 mm nicht überschreiten darf (vgl. auch [6.3] und [6.4]).
Bei der Betrachtung von Zusammenhängen zwischen Ebenheitstoleranz und den anderen Form- und Lagetoleranzen ist auch die bei der Geradheit getroffene Aussage zu beachten. Ergibt sich zwar aus geometrischer Sicht eine Ebene aus zwei Geraden, so weisen ihre Toleranzen jedoch nur einen näherungsweisen Zusammenhang auf. Danach ist festzustellen, daß eine Ebenheitstoleranz im Vergleich zur Geradheitstoleranz, unter der Voraussetzung gleichgroßer Geradheitstoleranzen in den senkrechten Richtungen, eine stets strengere Anforderung darstellt. Werden dagegen von einem Werkstück Lagetoleranzen gefordert, dann ist zu überprüfen, inwieweit die Ebenheitstoleranzen bereits implizit in einer derartigen Vorgabe enthalten sind. Diese Überprüfung ist insbesondere bei Parallelitäts-, Rechtwinkligkeits-, Neigungs- und Positionstoleranzen zu führen (vgl. auch Bild 5.7). Die Ebenheit ist eine zusammengesetzte Toleranz.

6.3 Rundheitstoleranz

Für die Tolerierung kreisförmiger Querschitte, d.h. für Außenkonturen, die sich bei einem Radialschnitt eines Zylinders ergeben, wendet man die Rundheitstoleranz, die als Kreisformtoleranz oder auch nur Rundheit bezeichnet wird, an.

Die Rundheitsabweichung ist der Normalenabstand oder auch die Radiusdifferenz zweier, das Ist-Profil tangierender konzentrischer Kreise nach der Minimum-Bedingung.

Toleranzeintragung und Auswirkungen der Toleranzfestlegung sind im Bild 6.9 für einen Kegel bzw. dessen radialen Ausschnitt angegeben. Danach müssen alle Punkte des Istprofils in der Zeichnung im Abstand a von der linken Stirnfläche entfernt eingetragen, innerhalb zweier konzentrischer Kreise mit einer Radiusdifferenz des Toleranzwert von 0,1 mm liegen. Diese Betrachtungen sind für jeden Querschnitt im beliebigen Abstand von der Stirnfläche des Kegels zu führen (vgl. auch [6.1] und [6.2]).

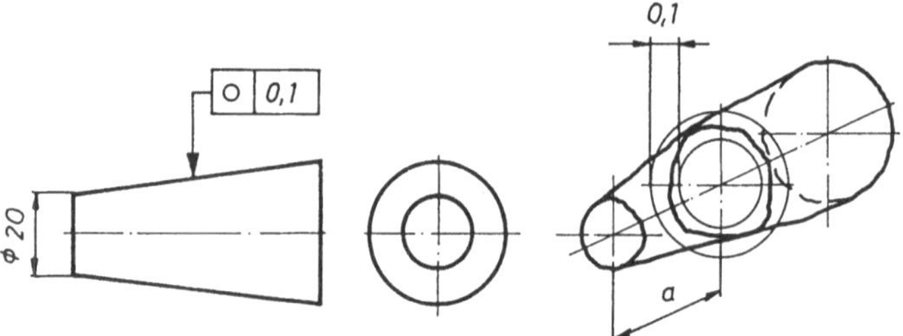

Bild 6.9
Rundheit eines Kegels

Auch bei dieser Tolerierungsart ist zu überprüfen, inwieweit durch andere Form- und Lagetoleranzen die Rundheitstoleranz beeinflußt ist. Das trifft insbesondere bei Zylinderform- und Rundlauftoleranzen zu.

6.4 Zylindrizitätstoleranz

Die Zylindrizitätstoleranz oder auch Zylindrizität wird für die Formtolerierung des geometrischen Elementes eines Zylinders angewendet.

> Die Zylinderformabweichung ist der Normalenabstand oder auch die Radiusdifferenz zweier das Ist-Profil tangierender konzentrischer Zylinder.

Ein Tolerierungsbeispiel und die entsprechende Auslegung zeigt Bild 6.10. Im praktischen Fall muß jeder Punkt des Istzylinders innerhalb zweier konzentrischer Zylinder mit der maximalen Radiusdifferenz von 0,06 mm liegen [6.5].

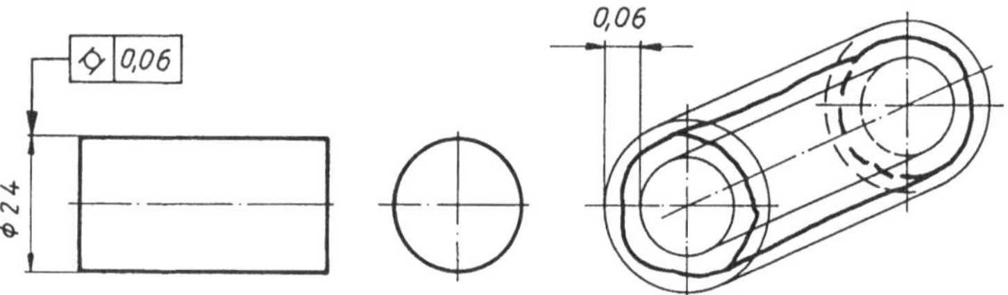

Bild 6.10
Zylindrizität

Zusammenhänge mit anderen Form- und Lagetoleranzen sind im Bild 5.7 aufgezeigt. So ist die Zylindrizität in Zusammenwirkung von Geradheit und Parallelität der Zylindermantellinien sowie der Rundheitstoleranz zu sehen. Auch hierbei gilt, daß bei gleichgroßen Toleranzwerten dieser grundlegenden Toleranzen die Zylindrizität die strengere Anforderung darstellt. Betrachtet man die übergeordneten Lagetoleranzen, so ist bei der Vorgabe einer Rundlauftoleranz stets eine bereits indirekte Zylindrizität inbegriffen. Die Zylindrizität ist ebenso wie die Ebenheit eine zusammengesetzte Toleranz.

6.5 Profil einer vorgegebenen Linie

Die auch als Linien-, Profillienienformtoleranz oder Formtoleranz einer beliebigen Linie bezeichnete Formtoleranz bezieht sich auf derartige geometrische Elemente, die von den bisher genannten einfachen geometrischen Grundformen (Gerade / Kreis) abweichen und größtenteils nur über kompliziertere mathematische Zusammenhänge erfaßbar sind. Mit ihrer Hilfe können alle kurvenmäßig verlaufenden Linienformen erfaßt werden.

Eine Pofillinienformabweichung ist der Normalenabstand zweier äquidistanter Linien, die das Ist-Profil beiderseitig tangieren und nach der Minimum-Bedingung angelegt sind.

Das im Bild 6.11 tolerierte Formelement führt zu folgender Aussage. Hiernach muß jeder Punkt des Istprofils, in jedem einzelnen Schnitt parallel zur Zeichnungsebene, innerhalb zweier Linien liegen, die sich als Tangenten von Kreisen ergeben, deren Durchmesser maximal 0,04 mm beträgt und deren Mittelpunkte auf der theoretisch genauen Linie liegen und die Äquidistanten zum Sollprofil darstellen. Für die Lagefixierung der theoretischen Profillinie sind größtenteils zusätzliche Angaben in Form theoretischer Maße erforderlich.

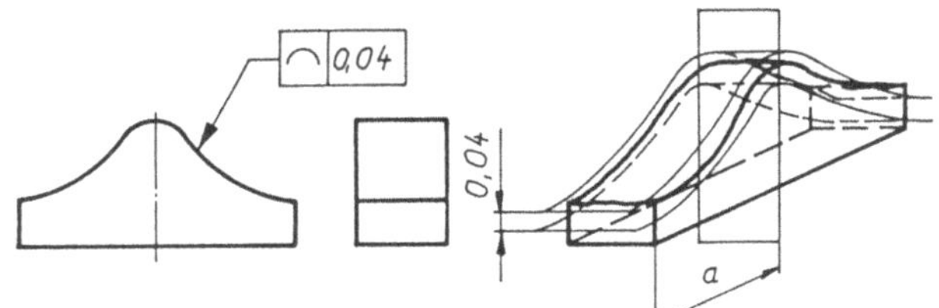

Bild 6.11
Profillinienformtoleranz

Die Beeinflussung derartiger Toleranzen kann entweder durch gleichartige Toleranzen übergeordneter geometrischer Elemente oder auch Profilflächenformtoleranzen erfolgen.

6.6 Profil einer vorgegebenen Fläche

Die als Flächen-, Profilflächenformtoleranz oder Formtoleranz einer beliebigen Fläche bezeichnete Formtoleranz stellt in Analogie zum Übergang von der Geradheit zur Ebenheit die zweidimensionale Ausdehnung der Profillinienformtoleranz dar.

Eine Profilflächenformabweichung ist der Normalenabstand zweier äquidistanter Flächen, die das Ist-Profil beiderseitig tangieren und nach der Minimum-Bedingung angelegt sind.

Bild 6.12 zeigt einen derartigen Tolerierungsfall. Danach muß bei der Deutung jeder Punkt des Istprofils, bezogen auf unendlich viele Schnittlinien bei gemeinsamer Messung und

Auswertung, innerhalb zweier einhüllender Flächen liegen, die als Tangenten von Kreisen bzw. Kugeln mit dem Durchmesser von 0,02 mm gelegt werden, wobei die Durchmessermittelpunkte auf der theoretisch genauen Fläche liegen.

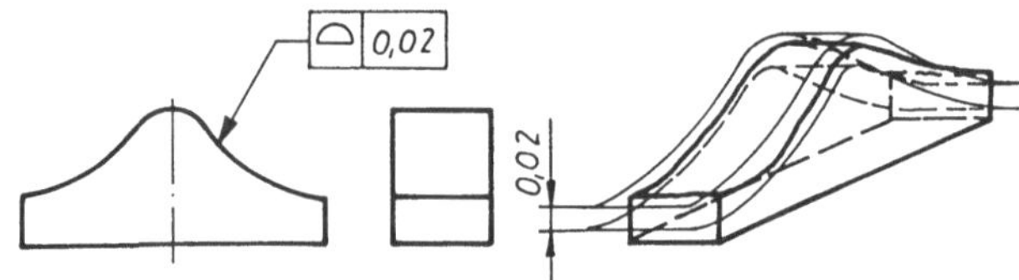

Bild 6.12
Profilflächenformtoleranz

Zur Lagekennzeichnung dieser Fläche sind ebenso wie bei der Profillinienformtoleranz zusätzliche theoretische Maße vorzugeben. Bei der Toleranzfestlegung in Zeichnungen ist zu überprüfen, inwieweit Flächenformtoleranzen bereits implizit durch Linienformtoleranzen begrenzt sind. Auch hierbei gilt, daß die Flächenformtoleranz gegenüber den Linienformtoleranzen bei gleichgroßen Toleranzwerten die strengere Forderung darstellt.

6.7 Regeln

In Ergänzung zu den allgemeinen Regeln für Form- und Lagetoleranzen (Abschnitt 5.5) sollten bei Formtoleranzen folgende Hinweise zusätzliche Beachtung finden:

- *Kennzeichne* das zu tolerierende Element mit Bezugspfeil und Toleranzrahmen sowie dem Toleranzsymbol und dem Toleranzwert;
- *Unterscheide* bei der Auswahl der Toleranzart zwischen grundlegender und zusammengesetzter Toleranz;
- *Wähle* bevorzugt für die Toleranzeintragung in Zeichnungen grundlegende Formtoleranzen, sofern sie funktionell zulässig sind;
- *Beachte,* daß eine zusammengesetzte Toleranz bei gleichem Toleranzwert gegenüber mehreren grundlegenden Toleranzen für ein toleriertes Element stets die strengere Anforderung darstellt;
- *Überprüfe* die Anwendungsmöglichkeit von Allgemeintoleranzen für geometrische Formen;
- *Überprüfe* die Anwendungsmöglichkeit des Maximum-Material-Prinzips bei der Formtolerierung;
- *Überprüfe,* inwieweit grundlegende Toleranzen durch bereits vorgegebene zusammengesetzte Toleranzen oder auch Lagetoleranzen bzw. die Hüllbedingung implizit toleriert sind;
- *Beachte,* daß bei Nichtangabe einer Auswertevorschrift für das Istprofil in Schiedsfällen stets die Minimum-Bedingung gilt.

6.8 Übungsaufgaben

Die nachfolgenden Aufgaben sollen vom Leser eigenständig zur Überprüfung des erworbenen Wissensstandes gelöst werden.

Übung 6.1:
Von einer flächenmäßig ausgebildeten Werkstückoberfläche wird eine Ebenheitstoleranz von 30 μm und eine Geradheitstoleranz von 50 μm gefordert. Diskutieren Sie diese Toleranzfestlegungen!

Übung 6.2:
Von einer abgesetzten Welle wird eine Geradheitstoleranz für die gemeinsame Achse mit einer zylindrischen Toleranzzone und einem Toleranzwert von 20 μm verlangt. Wie ist die Bemaßung in der Konstruktionszeichnung vorzunehmen?

Übung 6.3:
Ein Absatz einer Welle ist mit den Formtoleranzen für die Geradheit 40 μm, für die Kreisform 30 μm und die Zylinderform 35 μm toleriert. Diskutieren Sie diese Toleranzfestlegungen!

Übung 6.4:
Wie ist die Toleranzeintragung an einer Welle l = 100 mm vorzunehmen, wenn die Zylinderform zu tolerieren ist:
a) über einen Längenbereich von 50 mm?
b) für einen herausragenden Bereich von 60 mm über die linke Stirnfläche?

Übung 6.5:
Eine Welle soll mit einer Bohrung gepaart werden. In den Unterlagen werden für beide Paßteile Zylinderformtoleranzen gefordert, und es existiert kein Hinweis auf eine Auswertevorschrift. Welche Auswertevorschrift ist in diesem Fall anzuwenden und wie beeinflußt sie den Paarungscharakter? Welche Auswertevorschriften müßten zur vollständigen Gewährleistung des Passungscharakters angegeben werden?

Übung 6.6:
Stellen Sie die Summentoleranzen bei den Formtoleranzen zusammen und geben Sie deren Abhängigkeiten von den grundlegenden Formtoleranzen an!

Übung 6.7:
Welche Arten von Toleranzzonen gibt es, wie werden sie gekennzeichnet und welche Auswirkungen haben sie?

Übung 6.8:
Welche prinzipiellen Möglichkeiten zur meßtechnischen Nachweisführung von Formabweichungen gibt es?

7 Lagetoleranzen

7.1 Richtungstoleranzen

Bestehen an ein Werkstück Genauigkeitsanforderungen, die die Zuordnung gerad- oder ebenenförmiger geometrischer Elemente in Form von Parallelität, Rechtwinkligkeit oder Winkligkeit ausdrücken, dann spricht man von Richtungstoleranzen. Betrachtet man die geometrischen Elemente und die entsprechenden Toleranzzonen, so sind die im Bild 7.1 angegebenen Zuordnungen der Arten der Richtungstoleranzen möglich.

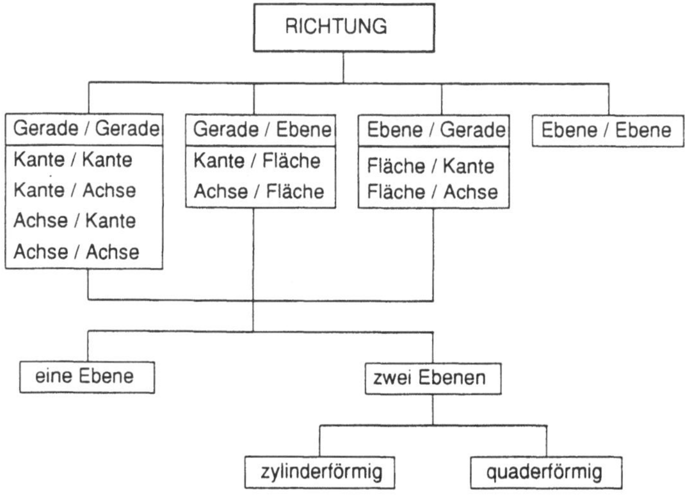

Bild 7.1 Einteilungsschema der Richtungstoleranzen nach den geometrischen Elementen und der Toleranzzone

Im Bild wird ersichtlich, daß eine erste Unterscheidung nach der Art des geometrischen Elementes zu treffen ist. Demnach können sowohl das tolerierte Element, wie auch das Bezugselement die geometrischen Formen einer Geraden oder auch Ebenen annehmen. In einem zweiten Schritt ist dann die Ausführungsform des geometrischen Elementes zu betrachten. Auch hierbei sind zwei Möglichkeiten zu unterscheiden. Danach können sowohl das tolerierte Element, wie auch das Bezugselement, als vergegenständlichte Körperbegrenzungen (Kante, Fläche) oder als unsichtbare Körpermarkierungen (Achse, Mittellinie) ausgeführt sein. Im praktischen Fall treten jedoch unsichtbare Ebenen kaum auf. Eine dritte Beeinflussung ergibt sich aus der Wirkrichtung der Toleranzzone. So können die geometrischen Elemente in einer oder zwei Ebenen (räumlich) wirken. Letztendlich ist in einem vierten Schritt die geometrische Ausprägung der räumlichen Toleranzzone zu beachten. Unterscheidungsmerkmale dabei sind quader- bzw. zylinderförmige Toleranzzonen. Die spezielle Erläuterung dieser Merkmale, ihre funktionstechnische Bedeutung und die dazu erforderliche Zeichnungseintragung wird bei den detaillierten Lagetoleranzen vorgenommen.

7.1.1 Parallelitätstoleranz

Das Grundanliegen der Parallelitätstoleranz besteht in der Zuordnungsvorschrift von geometrischen Elementen bezüglich einer parallelen Anordnung zueinander. Für die Parallelitätsabweichung gilt nachfolgende Definition.

Die Parallelitätsabweichung ist der Normalenabstand zwischen dem Ist-Profil eines tolerierten Elementes und dem abweichungfreien Bezugselement.

Unter Berücksichtigung von Bild 7.1 ergibt sich eine Vielzahl von Abhängigkeiten und Variationsmöglichkeiten, von denen im weiteren einige ausgewählte und in der Praxis häufig vorkommende vorgestellt werden sollen. Dazu soll die Parallelitätstoleranz zweier Geraden betrachtet werden. In einem ersten Fall seien die Geraden durch Kanten verkörpert. Im Bild 7.2 ist ein Beispiel für die Parallelitätstoleranz zweier Kanten in Längsrichtung eines Werkstückes angegeben.

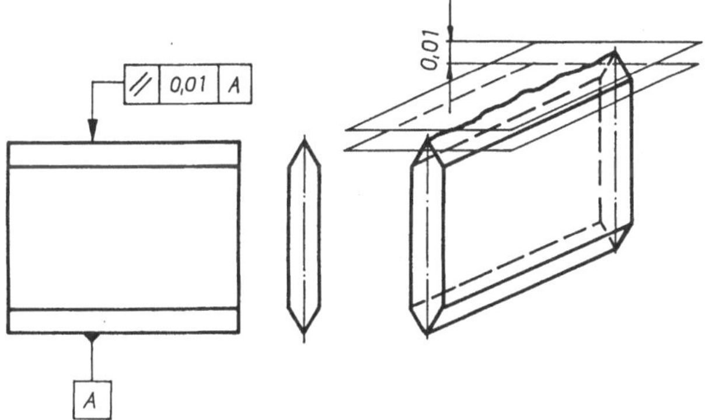

Bild 7.2
Parallelitätstoleranz zweier Werkstückkanten in Längsrichtung

Danach muß das Istprofil der oberen tolerierten Körperkante zwischen zwei parallelen Ebenen liegen, die sich als Äquidistante zur Basisebene der unteren Körperkante ergeben und einen maximalen Abstand von 0,01 mm aufweisen. Die Lage der Ebenen resultiert aus der Festlegung des Bezugselementes bzw. Bezugspfeiles für die Eintragung der Parallelitätstoleranz in der Zeichnung. In diesem Fall verkörpert sie eine waagerechte Lage. Es ergibt sich eine Parallelitätsabweichung in der Ebene. Im 2. Fall wird dagegen die Zeichnungseintragung nach Bild 7.3 vorgenommen, d.h. die Parallelitätstoleranz in der Draufsicht des

Werkstückes von der oberen Kante gegenüber der unteren Werkstückkante (Basis B) gefordert. Es ergibt sich dann die Parallelitätstoleranz in Querrichtung. Dabei muß das Istprofil mit jedem Punkt innerhalb zweier paralleler Ebenen mit einem Maximalabstand von 0,02 mm liegen. Die Lage der Ebenen wird über die Bezugsebene durch die untere Werkstückkante in Querrichtung festgelegt. In diesem Fall nimmt sie eine senkrechte Lage zur Zeichnungsebene ein.

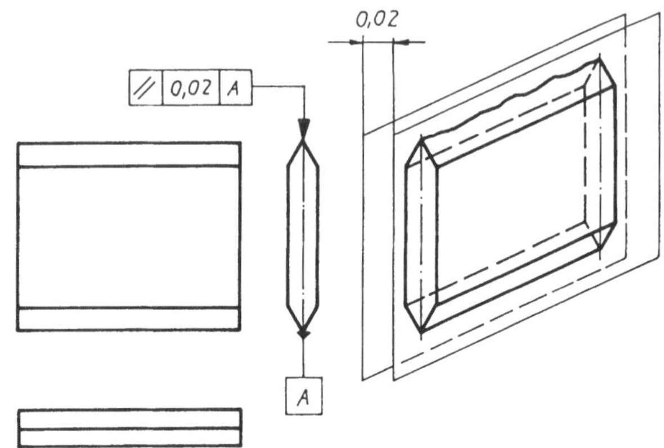

Bild 7.3
Parallelitätstoleranz zweier Werkstückkanten in Querrichtung

Führt man nun die beiden voranstehend genannten Tolerierungen gemeinsam an einem Werkstück aus, dann ergibt sich der im Bild 7.4 gezeigte Fall.

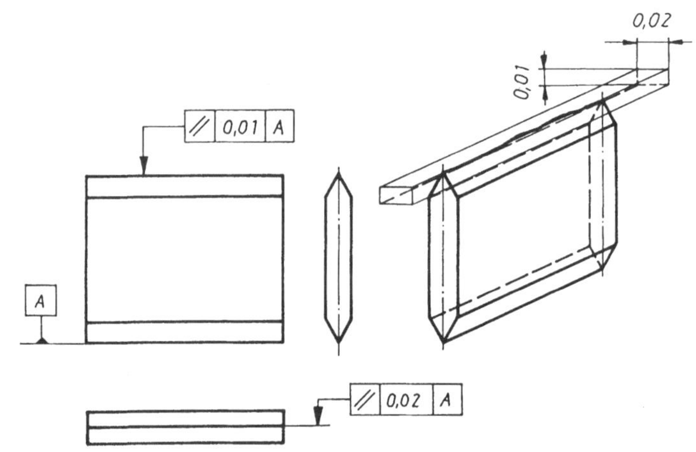

Bild 7.4
Parallelitätstoleranz zweier Werkstückkanten mit quaderförmiger Toleranzzone

Damit ergibt sich eine Parallelitätstoleranz im Raum mit einer quaderförmigen Toleranzzone. Das Istprofil muß also mit jedem Punkt in waagerechter Richtung innerhalb der Ebenen mit dem Abstand von 0,02 mm und in senkrechter Richtung innerhalb der parallelen Ebenen mit dem Abstand von 0,01 mm liegen. Letztendlich sind auch Funktionsanforderungen möglich, die in Anlehnung an das erläuterte Beispiel anstelle der quaderförmigen eine zylindrische Toleranzzone erfordern. Die im Bild 7.5 angegebene Zeichnungseintragung stellt den vierten. Fall dar. Sie ähnelt im wesentlichen der im Bild 7.2 angegebenen Tolerierungsart, unterscheidet sich jedoch durch das Hinzufügen des Durchmesserzeichens vor dem Toleranzwert im Toleranzrahmen. Die Deutung beinhaltet dann, daß jeder Punkt des Istprofils innerhalb einer zylindrischen Toleranzzone liegen muß, wobei die Lage der Zylinderachse durch die Bezugskante der Basis A bestimmt ist.

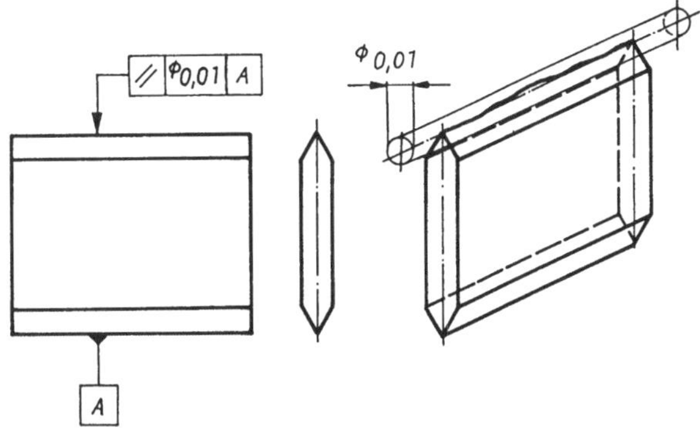

Bild 7.5
Parallelitätstoleranz zweier Werkstückkanten mit zylinderförmiger Toleranzzone

Bei der Parallelitätstoleranz eines vergegenständlichten tolerierten Elementes zu einem unsichtbaren Bezugselement sind verschiedenartige Auslegungen möglich, von denen allerdings nur die eine weitere Betrachtung finden, die sich von den vorhergehenden unterscheiden. Dazu wird gemäß Bild 7.6 in den bisher betrachteten Körper zusätzlich eine Längsbohrung eingebracht (5.Fall).

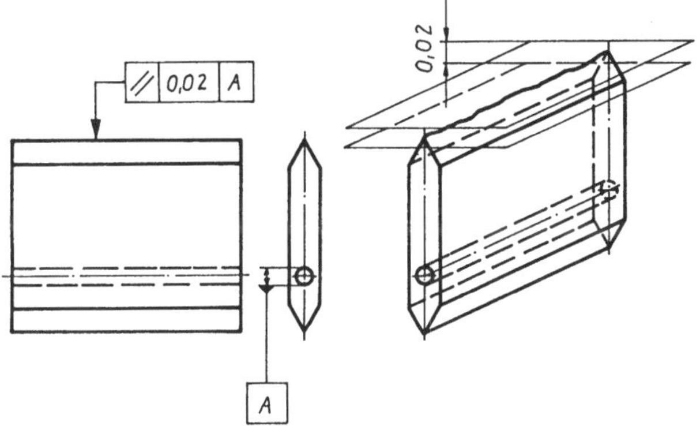

Bild 7.6
Parallelitätstoleranz einer Kante zu einer Mittellinie (Achse)

Bei der Tolerierung einer Achse ist die bereits bei den voranstehenden Abweichungen erläuterte Achsenkennzeichnung zu berücksichtigen. Diese Tolerierung besagt, daß jeder Punkt der oberen Werkstückkante innerhalb zweier paralleler Ebenen mit einem Abstand von 0,02 mm liegen muß, wobei die Lage der Ebenen durch die Bohrungsachse festgelegt ist.

Die weiteren Möglichkeiten der Parallelitätstolerierung zweier Geraden, wie die Parallelitätstoleranz einer Kante zu einer Achse oder umgekehrt und die Parallelitätstoleranz zweier Achsen zueinander, besitzen ähnliche Informationsgehalte, so daß sie an dieser Stelle nicht weiter erläutert werden sollen.

7.1.2 Rechtwinkligkeitstoleranz

Die Rechtwinkligkeitstoleranz beschäftigt sich mit der Lagezuordnung zweier geometrischer Elemente zueinander unter besonderer Beachtung eines rechten Winkels [7.2].

> Die Rechtwinkligkeitsabweichung ist die Abweichung des Ist-Profils eines tolerierten Elementes zu seinem abweichungsfreien Bezugselement bezüglich des rechten Winkels.

Hinsichtlich der Einflußgrößen und der damit zusammenhängenden Auslegevarianten trifft auch hierbei der Inhalt des Bildes 7.1 zu. Die prinzipiellen Zusammenhänge sollen am Beispiel der Rechtwinkligkeitstoleranzen zweier Geraden zueinander erläutert werden. Dazu ist das Beispiel eines Haarwinkels im Bild 7.7 angegeben.

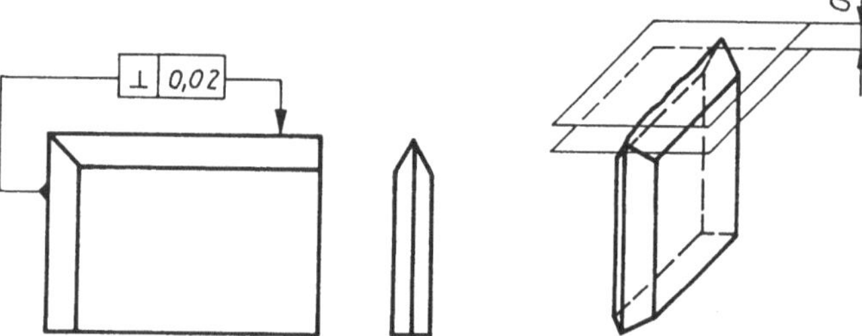

Bild 7.7
Rechtwinkligkeitstoleranz am Haarwinkel

Die in der Zeichnung mit dem Bezugsdreieck versehene linke Winkelkante, die auch durch das separate Eintragen mit einem Bezugsbuchstaben gekennzeichnet sein kann, bildet die Basis. Zu ihr sind nun senkrecht die beiden parallelen Ebenen mit dem Abstand des Toleranzwertes (0,02 mm) einzutragen und die Bewertung des Istprofils vorzunehmen. An dieser Stelle soll noch bemerkt werden, daß die Rechtwinkligkeitstoleranz einen Spezialfall der nachfolgend erläuterten Neigungstoleranz darstellt.

7.1.3 Neigungstoleranz

Schließen geradlinig oder flächenhaft ausgeprägte geometrische Elemente einen bestimmten Winkel zueinander ein, der ungleich einem rechten Winkel ist, und sollen diese Elemente bezüglich ihrer Lage zueinander toleriert werden, dann bedient man sich der Neigungstoleranzen.

> Die Neigungsabweichung ist die Abweichung des Ist-Profils eines tolerierten Elementes zum abweichungsfreien Bezugselement bezüglich der Winkligkeit.

Da es sich bei der Neigungsabweichung ebenfalls um die Zuordnung zweier geometrischer geradenförmiger oder flächenhaft ausgeprägter Elemente handelt, treffen die im Bild 7.1

genannten Einflußfaktoren und die daraus resultierenden Möglichkeiten von Variationen für die Neigungstoleranzen zu. Im Bild 7.8 ist ein Tolerierungsbeispiel angegeben.

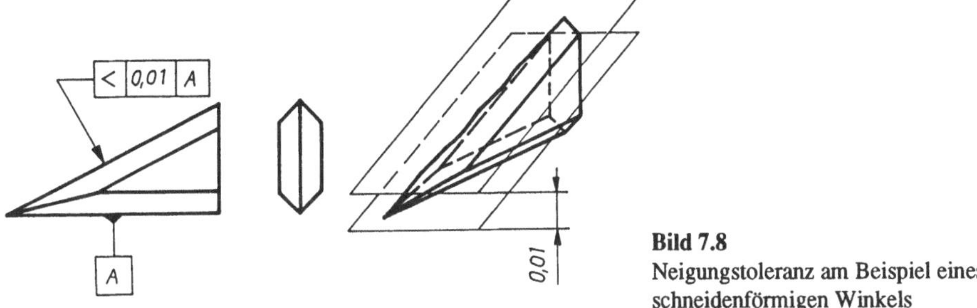

Bild 7.8
Neigungstoleranz am Beispiel eines schneidenförmigen Winkels

Dabei muß jeder Punkt des Ist-Profils zwischen zwei parallelen Geraden mit dem Maximalabstand der Toleranz liegen, wobei die Richtung dieser Geraden durch die Grundfläche festgelegt wird. Die Neigungstoleranz stellt den allgemeinen Fall für die Rechtwinkligkeitstoleranz dar. An dieser Stelle sei noch ein Hinweis zum Unterschied zu den eingangs genannten Winkelmaßen und seinen entsprechenden Toleranzen angegeben. Zur Erläuterung siehe Bild 7.9.

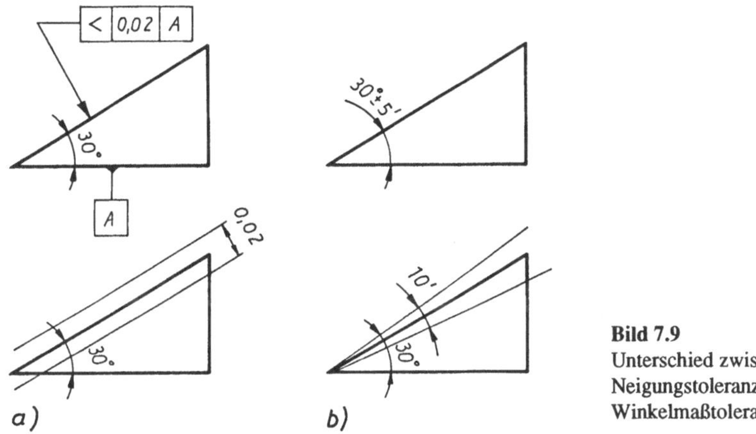

Bild 7.9
Unterschied zwischen: a) Neigungstoleranz und b) Winkelmaßtoleranz

Im Bild a) wird der bereits im Bild 7.8 gezeigte Tolerierungsfall wiedergegeben, wobei im Bild b) durch die winklig ausgeprägte Toleranzzone deutlich der Unterschied zur Winkelmaßtolerierung herausgestellt wird. Hiernach muß jeder Punkt des Ist-Profils zwischen zwei Geraden liegen, die einen gemeinsamen Schnittpunkt im Scheitelpunkt des eingetragenen Winkels haben. Das geforderte Winkelmaß von 30° darf maximal um den eingetragenen Winkeltoleranzwert von 5' über- bzw. unterschritten werden. Neben der unterschiedlichen Wirkung dieser Tolerierungsart ergibt sich für die Größe der Toleranzzone der doppelte Betrag gegenüber dem in die Zeichnung eingetragenen Toleranzwert. Derartige unterschiedliche Auswirkungen sind sowohl bei der Umsetzung der funktionellen Anforderungen in die Toleranzangaben wie auch bei der meßtechnischen Nachweisführung in entsprechender Form zu berücksichtigen.

7.2 Ortstoleranzen

Sollen an einem Werkstück Aussagen über die Zuordnung eines geometrischen Elementes zu einem definierten Ort getroffen werden, die sich durch eine bestimmte Position, Konzentrizität bzw. Koaxialität oder auch Symmetrie ausdrücken lassen, dann werden die Ortstoleranzen angewendet. Auch bei den Ortstoleranzen gibt es, wie bei den Richtungstoleranzen, eine Vielzahl von Einflußfaktoren zu berücksichtigen. Eine Systematisierung dieser Größen ist jedoch nicht möglich. Deshalb werden bei den konkreten Toleranzbetrachtungen derartige Hinweise mit einbezogen.

7.2.1 Positionstoleranz

Für die Bestimmung einer definierten Lage eines geometrischen Elementes, d.h. seiner Position gegenüber einer Soll-Lage, die durch seine theoretische Position oder ein Bezugselement bestimmt ist, wird die Positionstoleranz angewendet (vgl. auch [7.1] und [7.3]).

> Die Positionsabweichung ist die Abweichung der Ist-Position eines tolerierten Elementes gegenüber seinem abweichungsfreien Bezug.

Für die prinzipielle Erläuterung wird im Bild 7.10 von der mit der Positionstoleranz versehenen Paßbohrung gefordert, daß sie eine definierte Lage zur unteren und zur linken Werkstückkante einnimmt.

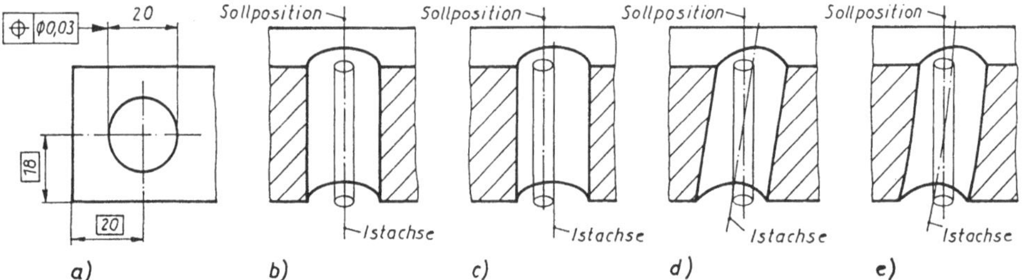

Bild 7.10 Tolerierungsbeispiel und Auslegungsvarianten für eine Positionstoleranz: a) Tolerierung; b) Nennposition; c) Parallelversatz; d) Winkelabweichung; e) reale Abweichung nach [7.1]

Danach wird die Nennlage durch die in die Quadrate eingetragenen theoretischen Maße vorbestimmt. Das Herüberziehen des Bezugspfeiles zum Toleranzrahmen in Verlängerung der Maßhilfslinie zum Durchmesser besagt, daß von der Bohrungsachse die Positionstoleranz gefordert wird. Außerdem gibt das Durchmesserzeichen vor dem Toleranzwert die Art der Toleranzzone, in diesem Fall eine zylindrische Toleranzzone, an. Diese Zusammenhänge sind in der zweiten Darstellung b) des Bildes 7.10 angegeben. Betrachtet man weiterhin, welche möglichen Istlagen die Bohrungsachse bei Einhaltung der Toleranzanforderungen einnehmen kann, dann ergeben sich folgende Varianten. In der Darstellung des Bildes 7.10 c wird die Möglichkeit eines ausschließlichen Parallelversatzes der Ist- gegenüber der Sollachse gezeigt, der bei einem toleranzhaltigen Werkstück die Größe des Toleranzwertes annehmen kann. Die vierte Darstellung d) zeigt eine Neigung der Istachse gegenüber der Sollachse. Die Toleranzhaltigkeit des Werkstückes ist solange gegeben, wie die Differenzen an oberer und unterer Werkstückseite die geforderten Toleranzwerte nicht überschreiten. In der fünften Darstellung (Bild 7.10 e) wird von einer ausschließlich gekrümmten Istachse ausgegangen. Auch hierbei gilt voranstehende Aussage zur Toleranzeinschätzung. Im praktischen Fall werden allerdings Überlagerungen der einzelnen angegebenen Variantendarstellungen auftreten (vgl. Bild 7.10 f), die dann durch eine Positionstoleranz berücksichtigt werden können. An dieser Stelle ergibt sich die berechtigte Frage nach dem Unterschied zwischen der erläuterten Tolerierungsart und der Vorgabe von Maßtoleranzen. Als Antwort ist die Ausprägung der Toleranzzonen zu nennen, die bei der Maßtolerierung ausschließlich quadratisch sein können; bei der Positionstoleranz dagegen auch zylindrisch.

Bei der weiteren Betrachtung der Positionstoleranzen sind, wie auch bei den bereits erläuterten Form- und Lagetoleranzen, die vielfältigsten Einflußfaktoren zu berücksichtigen. Wurde einleitend bei den Ortstoleranzen von den Schwierigkeiten einer Systematisierung dieser Faktoren gesprochen, so ergibt sich für die Positionstoleranzen in Anlehnung an die Richtungstoleranzen die im Bild 7.11 vorgenommene Einteilung.

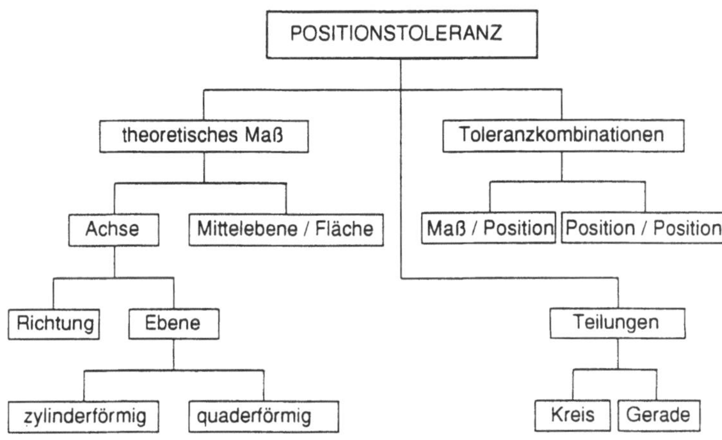

Bild 7.11 Einteilungsschema der Positionstoleranzen nach den Arten der geometrischen Elemente und den Toleranzzonen

Danach sind in den einzelnen Ebenen Unterscheidungen nach der Art des Bezuges, des geometrischen (tolerierten) Elementes, der Wirkrichtung und der Art der Toleranzzone zu treffen. Zur Wahrung der Übersichtlichkeit soll an dieser Stelle jedoch auf eine weitere Spezifizierung verzichtet und diesbezüglich auf die detaillierteren Ausführungen in [5.3] sowie weiterführende Fachliteratur verwiesen werden.

7.2.2 Koaxialitäts- und Konzentrizitätstoleranz

Sollen Flächen oder deren Achsen insbesondere von rotationssymmetrischen Elementen in ihrer Lagezuordnung zueinander toleriert werden, dann wendet man die Koaxialitäts- bzw. Konzentrizitätstoleranzen an.

Die Koaxialitätsabweichung ist die Abweichung zwischen einer oder mehrerer Istachsen von rotationssymmetrischen geometrischen Elementen und dem Bezugselement.

Die Variantenvielfalt der Einflußfaktoren auf die unterschiedlichen Arten von Koaxialitätstoleranzen läßt sich auf die im Bild 7.12 angegebenen Möglichkeiten beschränken. Zum Unterschied zwischen Koaxialitäts- und Konzentrizitätstoleranz ist zu bemerken, daß sie im wesentlichen inhaltliche Identität aufweisen und demzufolge auch durch die gleiche Symbolangabe in der Zeichnung gekennzeichnet werden. Eine Unterscheidung beider Toleranzarten begründet sich ausschließlich in der jeweiligen axialen Längenausdehnung des zu tolerierenden Elementes. So wendet man in Beispielen bei kleiner Breitenausdehnung (wenn der Abstand der beiden, die Achse beschreibenden Punkte sehr klein ist) der rotationssymmetrischen Paßfläche den Begriff Konzentrizität und im allgemeinen Fall den Begriff Koaxialität an. Die praktisch am häufigsten vorkommende Auslegungsart einer Koaxialitätstoleranz ist in der Fluchtung, d.h. in der koaxialen Ausrichtung zweier gegenüberliegender Gehäusebohrungen zu sehen.

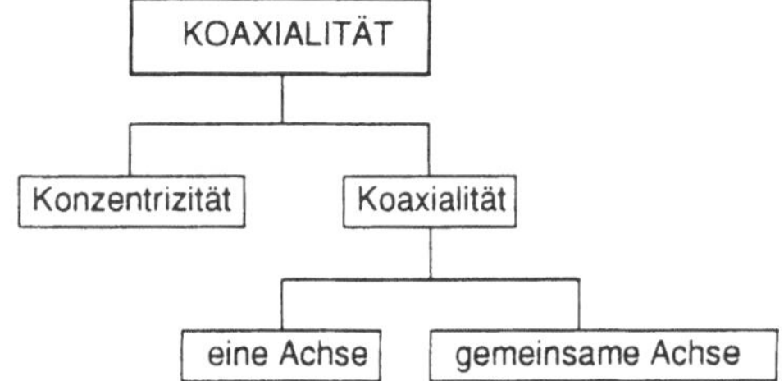

Bild 7.12
Einteilungsschema der Koaxialitätstoleranzen

Zur praktischen Anwendbarkeit sind in den nachfolgenden Bildern zwei Beispiele für die Koaxialitätstoleranz, bezogen auf die gemeinsame Achse sowie einzelne Achsen der Wellensitzflächen, angegeben. Diese unterschiedlichen Tolerierungsarten werden ausschließlich durch die Art ihrer Bezüge bewirkt. So ist der Bezug im Bild 7.13 auf die gemeinsame Achse beider Bohrungen gerichtet, was durch die Eintragung A in die Zeichnung gekennzeichnet ist. Für die Funktionsauslegung ist dieser Fall in etwa identisch mit der Paarung einer Welle in einer Gehäusebohrung mit entsprechendem Winkelausgleich in den Lagerungen. Die Tolerierung, bezogen auf eine Achse (Bild 7.14), entspricht dem Funktionsfall der Paarung einer starren Welle in den Gehäusebohrungen ohne eine entsprechende Winkelausgleichsmöglichkeit innerhalb der Lagerstellen. Bei einem Vergleich beider Tolerierungarten ist festzustellen, daß die Tolerierung mit dem Bezug auf eine Achse die wesentlich strengere Anforderung aus der Sicht der Genauigkeit bei gleichgroßen Toleranzwerten darstellt. Hierbei wird die gemeinsame Achse aus den Istlagen der rechten und der linken Bohrung bestimmt.

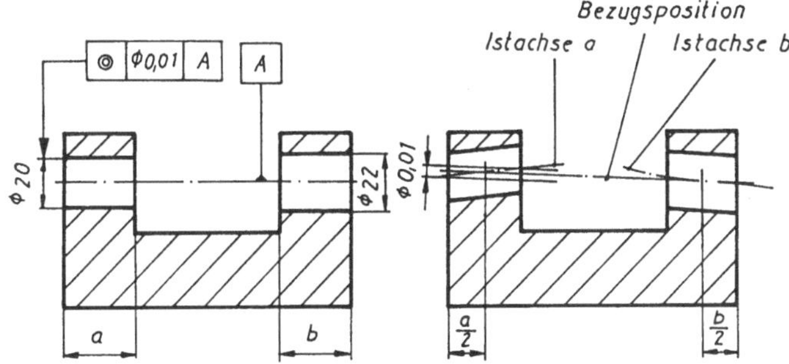

Bild 7.13
Koaxialitätstoleranz bezogen auf die gemeinsame Achse

Bei diesem Fall des direkten Achsenbezugs werden die Istachsen über die Gehäusebreite extrapoliert, und es wird der maximale Abstand als Koaxialitätsabweichung bestimmt.

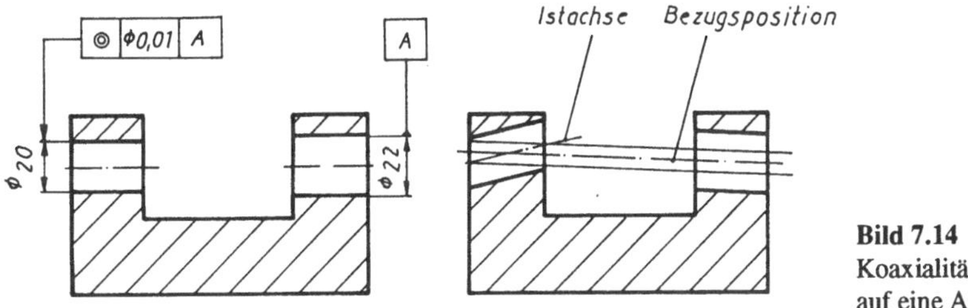

Bild 7.14
Koaxialitätstoleranz bezogen auf eine Achse

Eine Unterscheidung dieser Fälle ist äußerst wichtig, da eine Nichtbeachtung dieser Unterschiede zur Funktionsuntüchtigkeit des Bauteils bzw. des Erzeugnisses schon bei der Entwicklung oder auch im Ergebnis des Prüfprozesses führen kann. Die fertigungs- und prüftechnischen Aufwendungen werden ebenfalls durch diese unterschiedlichen Arten des Bezuges wesentlich beeinflußt.

7.2.3 Symmetrietoleranz

Sollen an einem Werkstück die Lagezuordnungen geometrischer Elemente bezüglich ihrer symmetrischen Anordnung zu einem Bezugselement getroffen werden, dann finden die Symmetrietoleranzen (auch als Mittigkeitstoleranzen bezeichnet) Anwendung.

Die Symmetrieabweichung ist die Abweichung zwischen der Istachse eines geometrischen Elementes und der durch das abweichungsfreie Bezugselement bestimmten Sollage bezüglich ihrer symmetrischen Zuordnung.

Bild 7.15 gibt einen Überblick über mögliche Einflußfaktoren bei Symmetrietoleranzen. Danach können für die geometrischen Elemente (toleriertes Element/Bezugselement) Zuordnungen zwischen Achse und Mittelebene oder auch Mittelebene und Mittelebene getroffen werden. Bei der Zuordnungsvariante Achse/Mittelebene ist eine weitere Unter-

scheidung nach der Wirkrichtung möglich, die sich entweder auf eine (ebenenhaft) oder auch auf zwei Mittelebenen (räumlich) beziehen kann. Bei der Zuordnung Mittelebene/Mittelebene ist ausschließlich eine räumliche Wirkrichtung möglich.

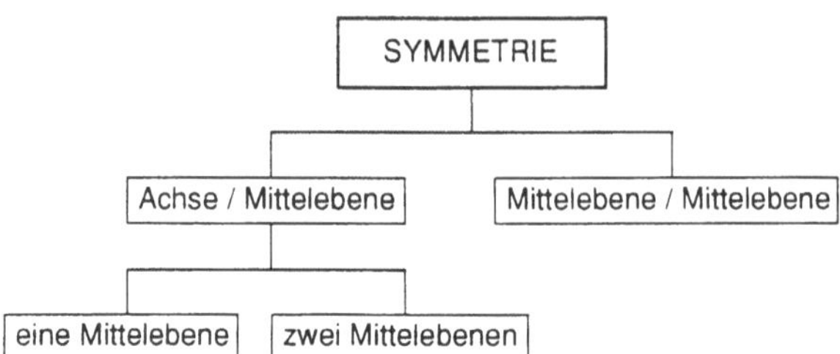

Bild 7.15
Einteilungsschema für Symmetrietoleranzen

In der betrieblichen Praxis treten die Symmetrietoleranzen nur in vereinzelten Fällen auf. Ein Tolerierungsbeispiel der Symmetrietoleranz zwischen einer Achse und einer Mittelebene an einem Lagerblock ist im Bild 7.16 angegeben.

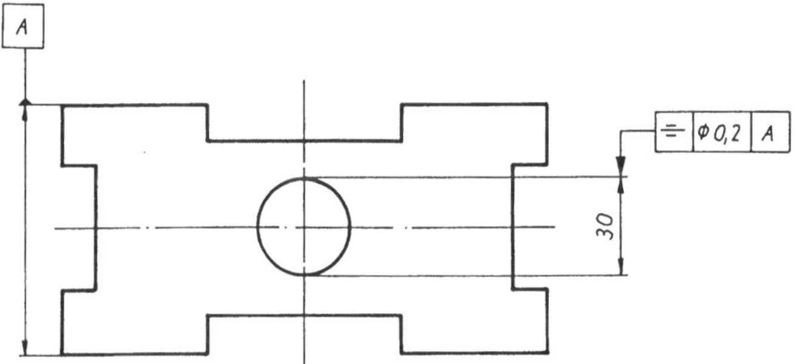

Bild 7.16
Symmetrietoleranz am Beispiel eines Lagerblockes

Danach muß die Istachse der Bohrung zwischen zwei parallelen Ebenen mit dem Abstand von 0,2 mm liegen. Die Lage der Ebenen wird durch die Mittelebene aus oberer und unterer Kante des Werkstückes bestimmt.

7.3 Lauftoleranzen

Wurde der Schwerpunkt bei den bisherigen Betrachtungen auf Form- und Lagetoleranzen von Werkstücken im statischen Verhalten konzentriert, so beschäftigen sich die Lauftoleranzen mit den geometrischen Abweichungen beim dynamischen Werkstückverhalten. Daraus resultierend, sind diese Toleranzen vorrangig auf ihre Anwendung bei rotierenden Werkstücken konzentriert. Betrachtet man ein derartiges Werkstück, so können zwei wesentliche Grundtypen der geometrischen Toleranzen unterschieden werden. Ist die eine Kategorie dadurch gekennzeichnet, daß ihre Wirkrichtung senkrecht auf die Rotationsachse gerichtet ist, so wirkt die andere Kategorie in einem definierten Abstand parallel zur Rotationsachse. Der erste Fall kennzeichnet die Gruppe der Rundlauftoleranzen, der zweite Fall die Gruppe der Stirnlauftoleranzen. Hierbei werden rotationssymmetrische Werkstücke mit zylinderförmigen geometrischen Elementen betrachtet. Bei nichtzylindrischen Werkstücken wendet man die Lauftoleranzen in beliebige oder auch vorgegebene Richtung an. Eine derartige Erweiterung berücksichtigt neben der Erfassungsmöglichkeit verschiedenartiger geometrischer Elemente auch die Variation der Antastrichtung dieser Elemente. Ein Versuch der Systematisierung führt zu dem im Bild 7.17 angegebenen Ergebnis.

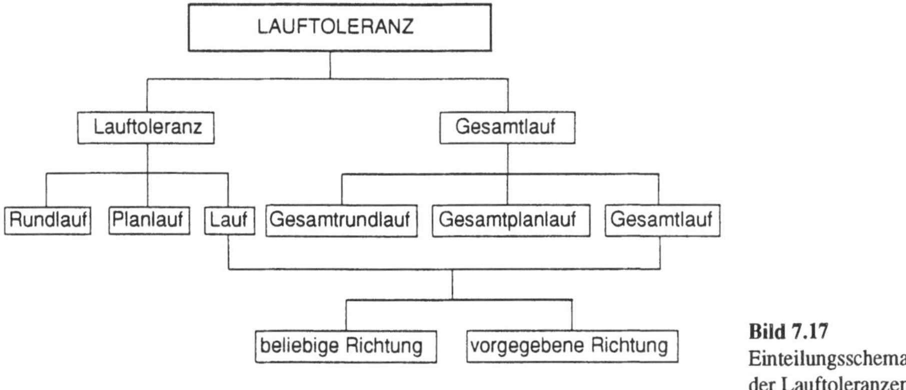

Bild 7.17 Einteilungsschema der Lauftoleranzen

Von prinzipieller Bedeutung bei den Lauftoleranzen im weiteren Sinne, die auch als kombinierte Form- und Lagetoleranzen bezeichnet werden können, ist folgendes zu beachten. Einerseits schließen sie, wie auch bei den bereits erläuterten Lagetoleranzen (Richtungs- und Ortstoleranzen) festgestellt, die Formabweichungen der tolerierten Elemente in ihrer vollen Größe ein, andererseits ist die Formabweichung des Bezugselementes zu selektieren. Dazu kann entweder eine separate Formabweichungserfassung des Bezugselementes geführt und bei der Meßauswertung berücksichtigt werden oder auch eine separate Formtolerierung mit kleinen Toleranzwerten des Bezugselementes vorgenommen werden ([7.5]).

7.3.1 Rundlauftoleranz

Wird von einer rotationssymmetrischen Fläche bei Drehbewegung eine Begrenzung des sogenannten Radialschlages oder auch der Unwucht bzw. der Exzentrizität verlangt, dann wendet man Rundlauftoleranzen an (vgl. auch [7.4]).

Die Rundlaufabweichung ist die Differenz zwischen Maximal- und Minimalwert eines kreisförmigen Istprofiles einer rotationssymmetrischen Fläche hinsichtlich seines Bezugselementes bei mindestens einer vollen Werkstückumdrehung, gemessen in jedem achsensenkrechten, untereinander unabhängigen Schnitt.

Zur Erläuterung der Rundlauftoleranz dient das im Bild 7.18 angegebene Beispiel. Bei der im Bild dargestellten Welle wird von der Zylindermantelfläche des mittleren Absatzes gefordert, daß bei deren Aufnahme im rechten Wellenabsatz (Basis A) und Rotation der Welle um ihre eigene Achse die radiale Differenz zwischen Maximal- und Minimalwert des Istprofils (M) den Toleranzwert von 0,01 mm nicht überschreiten darf.

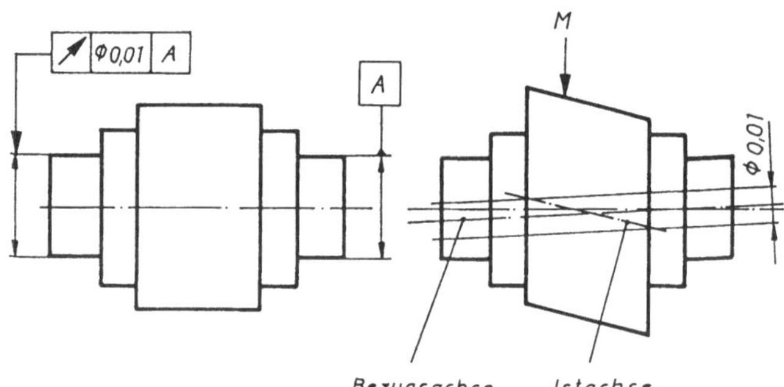

Bild 7.18
Beispiel einer Rundlauftoleranz

Bei der Lagerung der Welle ist darauf zu achten, daß sie theoretisch auf dem abweichungsfreien Profil zu erfolgen hat. Die sich anschließenden Auswertungen sind für jeden einzelnen Radialschnitt separat zu führen. Hieraus ergibt sich die Schlußfolgerung, daß z.B. Parallelitätsabweichungen der gegenüberliegenden Zylindermantelflächen oder auch Zylinderformabweichungen des betreffenden Wellenabsatzes (toleriertes Element) keinen Einfluß auf die Rundlaufabweichung haben. Sind also aus funktioneller Sicht für diese Abweichungen Eingrenzungen erforderlich, so sind diese extra zu tolerieren.
Wird allerdings für eine Zylinderform- und für eine Rundlauftoleranz ein gleichgroßer Toleranzwert gefordert, dann ist zu überprüfen, ob der Gesamtrundlauf diese Anforderung exakter widerspiegelt. Andererseits ist festzustellen, daß die Rundlauftoleranz gleichzeitig die Rundheitstoleranz als auch die Koaxialitätstoleranz begrenzt und somit eine separate Vorgabe dieser Abweichungen nur in den Fällen erforderlich ist, wenn sie aus funktioneller Sicht kleiner sein müssen als die Rundlauftoleranz.

7.3.2 Planlauftoleranz

Wird von einem rotationssymmetrischen Werkstück, bei Drehung um seine Rotationsachse, verlangt, daß eine zu dieser Achse senkrecht angeordnete Ebene (Plan- bzw. Stirnfläche) winkelmäßig nur in bestimmten Grenzen abweichen darf, dann spricht man von der Planlauftoleranz, die auch als Stirnlauftoleranz bzw. Stirn- oder Planschlag bezeichnet wird.

> Die Planlaufabweichung ist die Differenz zwischen Maximal- und Minimalwert eines kreisförmigen Istprofils einer ebenen Stirnfläche hinsichtlich seines Bezugselementes bei mindestens einer Werkstückumdrehung, gemessen in jedem achsenparallelen, untereinander unabhängigen koaxialen Kreis.

Bei der Planlauftoleranz ist eine ähnliche Vorgehensweise zu beachten wie bei der Rundlauftoleranz. Der wesentliche Unterschied ist ausschließlich in der Art des tolerierten Elementes zu sehen. In diesem Fall ist das zylinderförmige Element bei der Rundlaufabweichung durch ein ebenes Element bei der Planlaufabweichung zu ersetzen. Anders ausgedrückt wird die radial anzutastende Zylinderlinie durch eine axial anzutastende Kreislinie ersetzt. Die im Bild 7.19 angegebene Tolerierung besitzt folgende Bedeutung. Hierbei wird von der rechten Stirnfläche des rechten Wellenabsatzes gefordert, daß bei Basierung des

Werkstückes am linken Zapfen und einer Umdrehung des Werkstückes um seine Rotationsachse die Differenz zwischen Maximal- und Minimalwert des Istprofils den Wert von 0,02 mm nicht übersteigt.

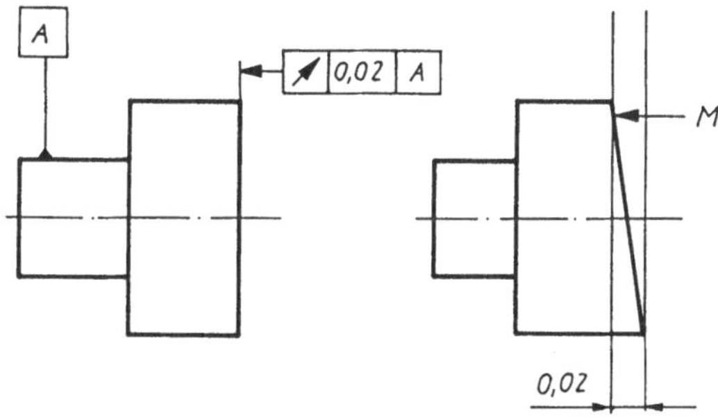

Bild 7.19
Planlauftoleranz an einem Bolzen

Diese Betrachtungen sind für jeden radialen Kreisring separat zu führen. Infolge dieser Betrachtungsweise wird eine Ebenheitstoleranz hiervon nicht betroffen. Bei funktionellen Erfordernissen wäre demzufolge die Ebenheitstoleranz gesondert zu tolerieren. Auch hierbei ist zu überprüfen, ob durch eine Festlegung der Gesamtplanlauftoleranz diese Anforderung zu erfüllen ist. Das trifft insbesondere bei gleichgroßen Werten für die Planlauf- und Ebenheitstoleranz zu. Abschließend sei noch bemerkt, daß bei der Rund- und Planlauftoleranz gleiche Symbole für die Zeichnungseintragung Anwendung finden. Eine Unterscheidung zwischen beiden ist jedoch durch die Zuordnung des tolerierten Elementes zum Bezugselement eindeutig zu treffen.

7.3.3 Lauftoleranz

Die bisher erläuterten Rund- und Planlauftoleranzen legen als toleriertes Element entweder eine Ebene oder einen Zylinder zugrunde. Da es jedoch noch weitere, darüber hinausgehende Formen tolerierter Elemente gibt, konnten diese bisher keine Berücksichtigung finden. Demzufolge führte man die Lauftoleranzen im engeren Sinne (übrige Lauftoleranzen) ein.

Die Laufabweichung ist die Differenz zwischen Maximal- und Minimalwert eines kreisförmigen Istprofils hinsichtlich seines Bezugselementes bei mindestens einer Werkstückumdrehung, gemessen in jeder untereinander unabhängigen Richtung.

Es gibt Lauftoleranzen in vorgegebener Richtung und Lauftoleranzen in beliebiger Richtung, die am Beispiel eines Hyperboloiden erläutert werden. Die im Bild angegebene Lauftoleranz besagt, daß jeder Punkt des Istprofils innerhalb zweier konzentrischer Kreise mit einer Radiusdifferenz von 0,15 mm, bei mindestens einer Umdrehung des Werkstückes um seine Rotationsachse, liegen muß.

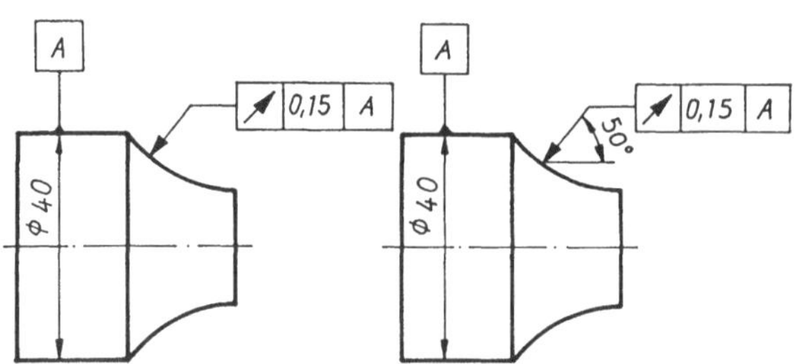

Bild 7.20
Lauftoleranz am Beispiel eines Hyperboloiden

Das Istprofil wird stets in Normalenrichtung, d.h. senkrecht zur jeweiligen Profiltangente, angetastet. Die in den einzelnen Radialschnitten geführten Betrachtungen sind separat auszuwerten. Bei der Betrachtung der Lauftoleranz in vorgegebener Richtung ergibt sich als einziger Unterschied zu der erläuterten Variante, daß die Abweichungsbetrachtung nicht senkrecht zur Oberfläche des tolerierten Elementes geführt wird, sondern eine beliebig zu wählende und in die Zeichnung einzutragende Richtung betrachtet wird.

7.3.4 Gesamtlauftoleranz

Bei den Gesamtlauftoleranzen können in Abhängigkeit von der Art des tolerierten Elementes die Gesamtrundlauftoleranz, die Gesamtstirnlauftoleranz und die Gesamtlauftoleranz im speziellen unterschieden werden. Einige Tolerierungsbeispiele dazu sind im Bild 7.21 angegeben. Vom Grundanliegen her ähneln sie weitestgehend den bereits erläuterten Rund-, Stirnlauf- und Lauftoleranzen im engeren Sinn. Ihr wichtigster Unterschied besteht, in Analogie zum Übergang von den Geradheits- auf die Ebenheitstoleranzen, in der Gesamtbetrachtung der Oberfläche des tolerierten Elementes. Werden bei den Lauftoleranzen stets einzelne Ausschnitte einer Fläche des tolerierten Elementes betrachtet und separat ausgewertet, so sind bei den Gesamtlauftoleranzen die tolerierten Elemente stets im Zusammenhang zu betrachten. Damit stellen sie auch sogenannte Summentoleranzen (zusammengesetzte Toleranz) dar, die eine definitionsgerechte Messung nicht gestatten. Aus der Sicht des Zusammenwirkens mit anderen Form- und Lagetoleranzen gelten folgende Hinweise:

- Die Gesamtrundlauftoleranzen begrenzen die Kreisform-, Zylinderform-, Geradheits-, Parallelitäts- und Rundlauftoleranzen.
- Bei den Gesamtstirnlauftoleranzen werden die Ebenheits- und Stirnlauftoleranzen begrenzt.
- Die Gesamtlauftoleranzen beschränken die Profilform- und die Lauftoleranz im engeren Sinne.

Damit ist die separate Toleranzvorgabe für die grundlegenden Toleranzen nur in den Fällen sinnvoll, wenn sie kleiner als die Summentoleranz sein müssen. Aus der Sicht der Komplexität dieser Gesamtlauftoleranzen wäre es sehr einfach, im Konstruktionsprozeß derartige und insbesondere sehr kleine Toleranzen vorzuschreiben. Es ist jedoch der allgemeingültige Grundsatz der Auswahl möglichst großer Toleranzen zu beachten.

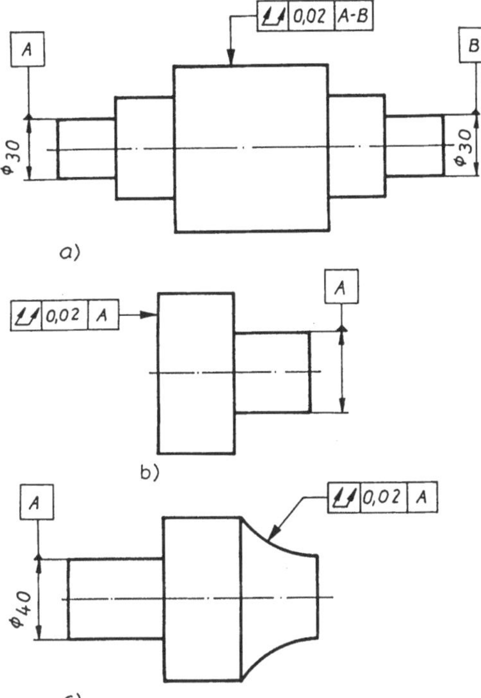

Bild 7.21
Tolerierungsbeispiele für Gesamtlauftoleranzen: a) Gesamtrundlauf; b) Gesamtstirnlauf; c) Gesamtlauf

Die Einhaltung von Gesamtlauftoleranzen ist für die Herstellung mit sehr großen Aufwendungen verbunden. Sie sind auch meßtechnisch nicht definitionsgemäß nachweisbar.

7.4 Regeln

In Ergänzung zu den im Abschnitt 5.5 angegebenen allgemeingültigen Regeln sind folgende Hinweise bei der Anwendung der Lagetoleranzen zu beachten:

- *Berücksichtige,* daß die tolerierten Elemente bei Lagetoleranzen grundsätzlich mit den Formabweichungen überlagert sind, die Bezugselemente dagegen stets als abweichungsfreie Größen zu betrachten sind;
- *Vermeide* die separate Vorgabe von Formtoleranzen, die bereits durch das tolerierte Element von Lagetoleranzen begrenzt sind; toleriere sie ausschließlich in den Fällen, wenn ihre Toleranzwerte kleiner sein müssen als die Lagetoleranzen;
- *Beachte* bei der Zeichnungseintragung die Festlegung des Bezuges entweder durch Maßhilfslinieneintragung oder separater Bezugsbuchstabenangabe;
- *Lege* bei mehreren Bezügen Rangfolgen über primären, sekundären usw. Bezug fest;
- *Toleriere* Bezugselemente untereinander, wenn sie als Mehrfachbezüge von tolerierten Elementen genutzt werden;
- *Vermeide* überbestimmte Toleranzfestlegungen, überprüfe inwieweit grundlegende Lagetoleranzen bereits durch zusammengefaßte Lagetoleranzen erfaßt sind;

- *Beachte,* daß bei einigen Lagetoleranzen die Toleranzzone gleich dem doppelten Betrag des entsprechenden Toleranzwertes ist.

7.5 Übungsaufgaben

Die nachfolgenden Übungsbeispiele dienen zur Überprüfung des erreichten Kenntnisgrades zum Themenkomplex der Lagetoleranzen.

Übung 7.1:
Welche Bedeutung haben die theoretischen Maße und wie werden sie gekennzeichnet?

Übung 7.2:
Stellen Sie die Summentoleranzen zusammen und legen Sie deren Abhängigkeiten von den Formtoleranzen und den grundlegenden Lagetoleranzen fest!

Übung 7.3:
Welcher Unterschied besteht zwischen Rechtwinkligkeits- und Neigungstoleranz?

Übung 7.4:
Welcher Unterschied besteht zwischen Planlauf- und Gesamtplanlauftoleranz?

Übung 7.5:
Wie werden die Bezüge bei Lauftoleranzen gekennzeichnet?

Übung 7.6:
Wie werden Koaxialitätstoleranzen bezogen auf eine bzw. auf die gemeinsame Achse gekennzeichnet und welche Bedeutung hat diese Unterscheidung?

Übung 7.7:
Durch welche Lauftoleranz kann die Unwucht einer abgesetzten Welle begrenzt werden? Erläutern Sie die Auswahl!

Übung 7.8:
Welche Lagetoleranzart ist zur Tolerierung der Fluchtung von Gehäusebohrungen anzugeben?

Übung 7.9:
Welcher Unterschied besteht zwischen der Tolerierung mittels Maßtoleranzen und Positionstoleranzen?

Übung 7.10
Wie verhalten sich die Größen von Toleranzwert und Toleranzzone bei Ortstoleranzen zueinander?

8 Oberflächenrauheit

8.1 Grundlagen

In den voranstehenden Abschnitten wurden die geometrischen Abweichungen, die sich auf die Makrogestalt des Werkstückes beziehen, betrachtet. Nach [3.2] sind sie den Maß- und Lageabweichungen sowie den Gestaltsabweichungen 1. Ordnung zuzuteilen. Gegenstand dieses Abschnittes sind die Gestaltsabweichungen 3. bis 5. Ordnung, die sich auf die Mikrogestalt eines Werkstückes beziehen und als Rauheiten oder auch Oberflächenrauheiten bezeichnet werden. Diese Kenngrößen werden überwiegend an einem Ausschnitt einer Oberfläche bestimmt (siehe auch Bild 8.1). Die Betrachtung eines derartigen Ausschnittes soll dann allerdings eine repräsentative Aussage über die gesamte Oberfläche gestatten. Damit können die Rauheiten wie folgt beschrieben werden.

Die Oberflächenrauheit erfaßt die geometrischen Unregelmäßigkeiten einer Werkstückoberfläche in relativ kleinen Abständen, die durch das Fertigungsverfahren und / oder andere Einflüsse verursacht werden.

Es gilt auch hier der allgemein bekannte Zusammenhang, je kleiner die Abweichung, desto kleiner oder auch besser die Oberflächenrauheit. An einem metallischen Körper kann man auch sagen, je besser der Spiegeleffekt der Oberfläche ist, um so kleiner ist seine Rauheit.
Für die speziellere Bewertung einer Oberfläche bieten sich in Abhängigkeit von den Genauigkeitsanforderungen verschiedenartige Möglichkeiten an:

- Eine erste Variante ist auf der Basis des bereits genannten Spiegeleffektes eine subjektive visuelle Bewertung, deren Ergebnis spiegelnd, matt oder ähnliche Einschätzungen verbaler Art beinhalten kann;
- Eine zweite Variante, die ebenfalls auf einer subjektiven Bewertung beruht, ist ein Vergleich zweier Oberflächen, von denen die eine bekannte Oberflächenrauheitskennwerte besitzt (sogenannte Oberflächenvergleichsmuster) und die andere vergleichsweise zu bewerten ist. Wird dabei ein taktiles Abtasten mit dem Finger durchgeführt, dann spricht man von der sogenannten "Nagelprobe";
- Soll dagegen eine quantitative Bewertung erfolgen, dann ist eine messende Prüfung durchzuführen, die ein detailliertes Erfassen der zu betrachtenden Oberfläche voraussetzt. Dazu sind vorab weitere Erläuterungen zu Begriffen und Vereinbarungen erforderlich.

Die nachfolgenden Erläuterungen stützen sich in Ergänzung zu den Ausführungen im Abschnitt 3 vordergründig auf die gegenwärtig verbindlichen nationalen Normen, die gleichermaßen die wesentlichen Inhalte der internationalen Normen berücksichtigen ([8.1]). Ein allgemeiner Vergleich beider Normenwerke führt zu dem Ergebnis, daß bei annähernd gleichen Zielstellungen teilweise unterschiedliche Vorgehensweisen und damit auch unterschiedliche Begriffsdefinitionen gewählt werden. Das trifft insbesondere für den Komplex der gemittelten Rauheit zu, u.zw. für die Festlegung der Teilmeßstrecken des auszuwertenden Profils. So wird in DIN die Auswertelänge des Profils (l_n) in fünf gleichgroße Teilmeßstrecken (l_i) vorgenommen, während in ISO die Unterteilung der Auswertelänge des Profils nur indirekt vorgenommen wird, was in der Mehrzahl der Fälle zu Abweichungen der Ergebnisse untereinander führt. Demzufolge existieren gegenwärtig neben diesen Unterscheidungen auch verschiedenartige Begriffe für ähnliche Sachverhalte. Auf die wesentlichen soll im weiteren eingegangen werden.

Vorab ist dazu entsprechend Bild 8.1 die Betrachtungsrichtung des jeweiligen Oberflächenausschnittes festzulegen. Dabei wird von der zu betrachtenden Oberfläche ausgehend, in senkrechter Richtung der *Senkrechtschnitt*, in paralleler Richtung der *Horizontalschnitt* und, in einer Mischform zwischen beiden, der *Schrägschnitt* definiert.

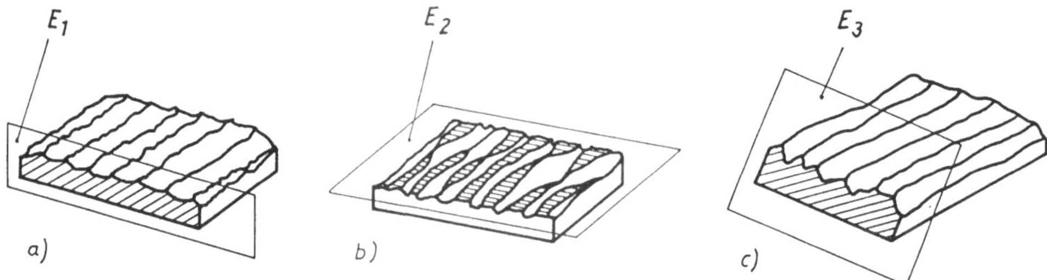

Bild 8.1 Oberflächenausschnitte zur Profilfestlegung: a) Senkrechtschnitt; b) Horizontalschnitt; c) Schrägschnitt nach [8.1]

Die im Bild eingetragenen Schnittebenen mit der Oberfläche erzeugen dann das Istprofil der auszuwertenden Oberfläche. Beim Senkrecht- und Schrägschnitt ist unter Beachtung der Bearbeitungsspuren eine weitere Unterscheidung in das *Längs-* und *Querprofil* zu beachten. Überträgt man nun das im Senkrecht- oder Schrägschnitt erzeugte Profil maßstabsgerecht in ein Diagramm, dann erhält man das Istprofil. Im Bild 8.2 ist ein derartiges periodisches Istprofil angegeben.

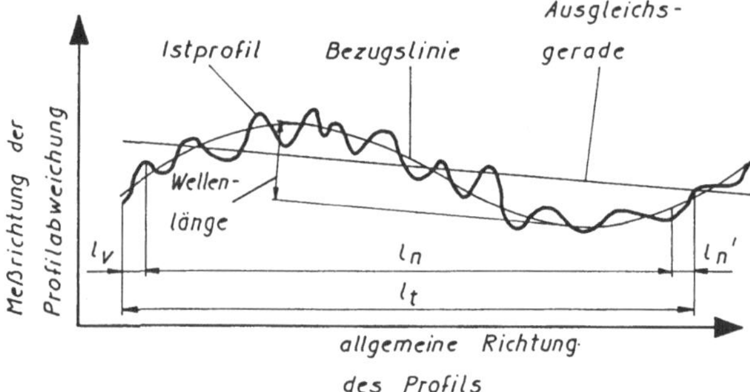

Bild 8.2 Ausgewählte Grundbegriffe für Oberflächenkenngrößen am Istprofil

Darin wird das Istprofil durch die Taststrecke (l_t), die auch als Gesamtmeßstrecke (l_m) bezeichnet wird, in horizontaler Richtung begrenzt. Diese setzt sich zusammen aus der Vorlaufstrecke (l_v), der Nachlaufstrecke (l_n') und der Auswertelänge (l_n). Mit diesen

Kenngrößen ist der Bereich des zu betrachtenden Profils abgegrenzt. Für die sich anschließende Rauheitsbewertung ist dann das vorliegende Profil, von dem weiterhin grundsätzlich die Auswertelänge (l_n) zugrundegelegt wird, in senkrechter Richtung zu betrachten. Eine Bewertung kann auf zwei Wegen vorgenommen werden:

- Das reale Profil, d.h. das Istprofil, wird der Auswertung zugrundegelegt. Eine Profilauswertung kann dann grafisch oder auch rechnerisch durchgeführt werden. Die rechnerische Auswertung basiert auf der Anwendung der linearen Regressionsrechnung, mit deren Hilfe die Abstände des Istprofils zur allgemeinen Richtung des Profils bestimmt werden. Inhaltlich gleichartig, jedoch wesentlich einfacher, wird die grafische Auswertung durchgeführt. In diese Bestimmung gehen allerdings auch Anteile aus längerwelligen periodischen Profilabweichungen ein. Da diese Anteile, entsprechend der eingangs genannten Definition, aus den Rauheitskenngrößen zu selektieren sind, ist eine derartige Auswertestrategie größtenteils sehr unsicher. Diese Aussage trifft nicht zu für die ausschließliche Betrachtung von Istprofilen ohne längerwellige Profilabweichungen (Formabweichungen), die praktisch jedoch kaum auftreten. Die Verringerung der Auswerteunsicherheit kann demnach erreicht werden, wenn eine gewisse "Begradigung" des Istprofils geführt wird.
- Die zweite Möglichkeit der Bezugsfestlegung besteht darin, daß eine Linie so in das Istprofil gelegt wird, daß sie sich optimal in jedem Punkt an das Istprofil anpaßt, d.h. der allgemeinen Richtung des Istprofils folgt. Eine Möglichkeit dazu ist in der Herausfilterung der Wellenlänge der höherwelligen Profilanteile, die auch als sogenannte Grenzwellenlänge (cut off) bezeichnet wird, zu sehen. Das nach "Herausdrücken" der Grenzwellenlänge erhaltene, weitestgehend einer geradförmigen Richtung folgende Profil wird dann als Rauheitsprofil bezeichnet.

Die zweite Variante mit der Bezugnahme auf das Rauheitsprofil findet sehr breite Anwendung bei der Festlegung und Bestimmung von Oberflächenrauheiten.

Das Rauheitsprofil einer Oberfläche ist das um die längerwelligen Abweichungen gefilterte Istprofil einer Oberfläche, das der Bestimmung der Oberflächenrauheiten zugrundegelegt wird.

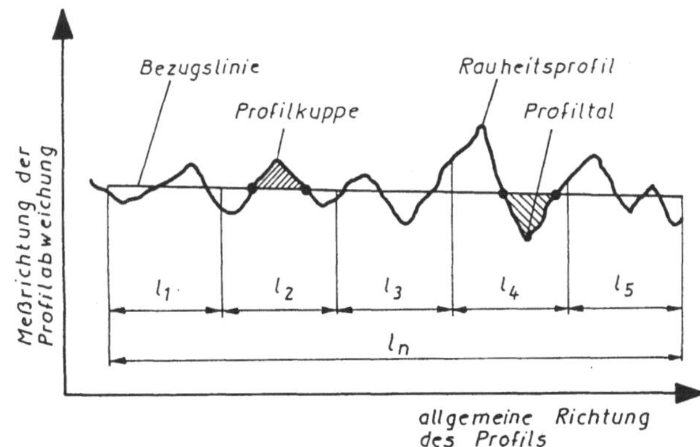

Bild 8.3
Grundbegriffe zur Rauheit an einem überhöht dargestellten Istprofil

Gemäß [8.1] werden die Begriffe Profiltal und Profilkuppe (Bild 8.3) eingeführt. Eine *Profilkuppe* ist der höchste Punkt eines Teilbereiches im Oberflächendiagramm, wobei sich der Teilbereich aus zwei Schnittpunkten des Oberflächenprofils mit der Bezugslinie ergibt. Die Betrachtungsrichtung ist von der werkstofffreien Seite her zu führen. Analog ergibt sich das *Profiltal* mit der Betrachtungsrichtung von der Werkstoffseite. In [8.1] werden zusätzlich zur gleichmäßigen Unterteilung der Auswertelänge die *Einzelmeßstrecken* (l_i; l_e) eingeführt. Um ein Profil zahlenmäßig auswerten zu können, ist die *Bezugslinie* einzuführen. Bei näherer Betrachtung der Bezugslinie bieten sich für deren Festlegung in Analogie zu den Form- und Lagetoleranzen verschiedenartige Varianten an, von denen zwei Möglichkeiten in den Bildern 8.4 und 8.5 vorgestellt sind.

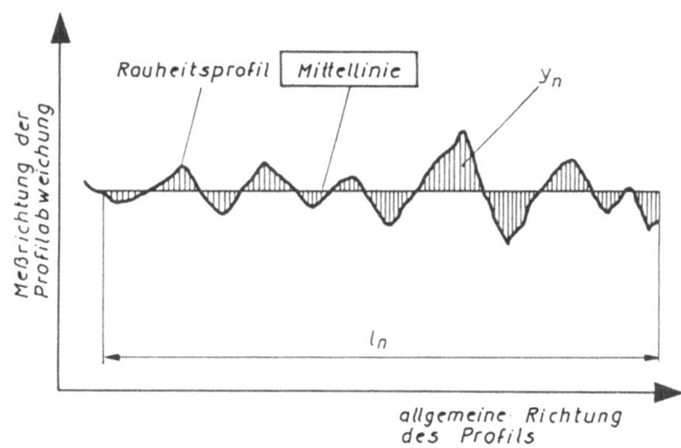

Bild 8.4
Darstellung der Mittellinie (Regressionsgerade) m als Bezugslinie

Die Festlegung der *Mittellinie* basiert auf der Methode der kleinsten Abstandsquadrate (siehe auch Gleichung (5.1)). Sie sollte unter Beachtung ihres hohen Informationsgehaltes und der meist vorhandenen Auswertebaugruppen der entsprechenden Meßgeräte vorrangige Anwendung finden. Eine zweite Möglichkeit zeigt Bild 8.5.

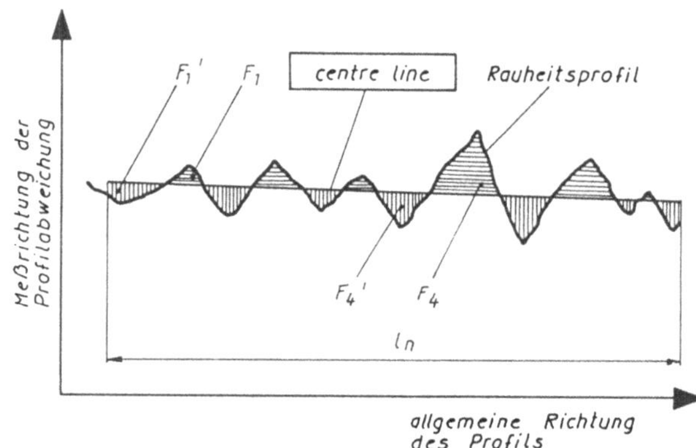

Bild 8.5
Darstellung der centre line (Flächenausgleichende) als Bezugslinie

Die insbesondere in der Vergangenheit oft genutzte *centre line* (arithmetische mittlere Linie des Profils), die auch als Ausgleichende oder Flächenausgleichende bezeichnet wird, ergibt sich dann, wenn eine Gleichheit der Flächen zwischen dem Istprofil und ihr selbst sowohl oberhalb als auch unterhalb der Bezugslinie besteht. Sie dient gegenüber der Mittellinie als angenäherte Lösung und wurde insbesondere in der Vergangenheit als relativ einfache manuelle Methode zur Auswertung von Oberflächenprofilen angewendet. Das könnte visuell oder auch unter Zuhilfenahme eines Planimeters geschehen.

$$\sum_{i=1}^{n} F_i = \sum_{i=n+1}^{m} F'_i \tag{8.1}$$

Die Frage nach der speziellen Abgrenzung der Formabweichungen von den Oberflächenrauheiten wird, wie voranstehend genannt, durch die Bezugnahme auf das Rauheitsprofil der Oberfläche beantwortet. Zur Unterscheidung der Makro- von den Mikrogestaltsabweichungen wird ein Verhältnis zwischen den Abständen und den Tiefen des Istprofils getroffen. Nehmen diese Verhältnisse Größenordnungen von 100 : 1 bis 5 : 1 an, so liegen Oberflächenrauheiten vor. Um bei der meßtechnischen Auswertung, der das mit Formabweichungen und Oberflächenrauheiten überlagerte Profil (Istprofil) zugrunde liegt, eine derartige Trennung vornehmen zu können, wird die Grenzwellenlänge genutzt. Diese unterdrückt bei der Profilauswertung die längerwelligen Gestaltsabweichungen, d.h. die Formabweichungen, und es ergibt sich das Rauheitsprofil. Aus dieser Kenntnis folgt die Konsequenz, daß Rauheitsprofile, d.h. Meßschriebe von Oberflächenmeßgeräten mit ausgegebenem Rauheitsprofil, nicht genutzt werden können, um Formabweichungen auszuwerten. Detaillierte Werte für die Festlegung der Grenzwellenlänge sind in [8.2] angegeben. Hiermit sind die Voraussetzungen geschaffen, um dem jeweiligen Funktionszweck entsprechend, Toleranzen für Oberflächenrauheiten im Sinne des Grundanliegens zu verstehen. Um spezielle Arten und Größen von Oberflächenrauheiten auswählen und festlegen zu können, wird in den weiteren Betrachtungen, insbesondere unter Beachtung der Wirkrichtung der Oberflächenrauheiten, auf die in der Praxis am häufigsten genutzten Senkrechtkenngrößen sowie überblicklich auf die weniger betrieblich angewendeten sowie bekannten Waagerechtkenngrößen und Profilunregelmäßigkeiten eingegangen.

8.2 Senkrechtkenngrößen

Unter den Senkrechtkenngrößen der Oberflächenrauheiten faßt man all die Parameter zusammen, die sich aus dem Profilbild in senkrechter Richtung zur allgemeinen Richtung des Profils ergeben oder einfacher ausgedrückt, die senkrecht zu der zu betrachtenden Werkstückoberfläche liegen. Sie werden auch teilweise als Amplitudenparameter bezeichnet.

> Die Senkrechtkenngrößen einer Oberfläche stellen die senkrecht zur Oberflächenausdehnung wirkenden Rauheiten, ermittelt am Rauheitsprofils, dar.

Zur Quantifizierung der Abstände des Istprofils von der Bezugslinie bieten sich verschiedene mathematische Möglichkeiten an, die dann auch die Art der Oberflächenrauheit charakterisieren. Es sind:

- Auswertung nach den beiden Extremwerten des Istprofils;

- Auswertung nach gemittelten Extremwerten, denen eine zu vereinbarende Anzahl von Extremwerten zugrundezulegen ist;
- Auswertung nach einem arithmetischen Mittelwert.

Dementsprechend haben sich historisch betrachtet in gleicher Reihenfolge die Qualitätskenngrößen:

- maximale Rauheit;
- gemittelte Rauheit;
- arithmetische Mittenrauheit;

eingebürgert. Diese Begriffe und die entsprechenden Kenngrößen sind in [8.1] bis [8.4] definiert und sollen im weiteren speziellere Betrachtung finden. Ergänzung finden sie durch weiterführende Rauheitskenngrößen, die allerdings in der Praxis nur in Spezialfällen und damit relativ geringe allgemeine Anwendung finden.

8.2.1 Maximale Rauheit

Die maximale Rauheit ist eine Kenngröße zur Beschreibung von Oberflächenrauheiten unter Beachtung von Extremwerten des Rauheitsprofils:

Die maximale Rauheit ist die Differenz zweier Extremwerte des Rauheitsprofils innerhalb einer Bezugsstrecke.

Ausgewählte Bestimmungsmöglichkeiten für die Festlegung der maximalen Rauheit, für die auch die allgemeine Bezeichnung R_t-Werte angewendet wird, sind im Bild 8.6 angegeben.

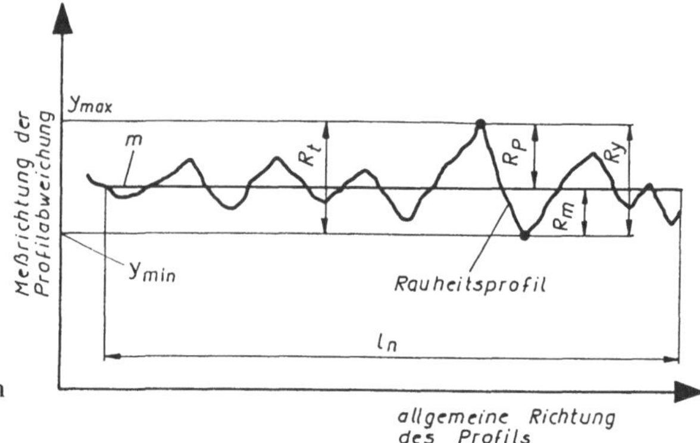

Bild 8.6
Darstellungsvarianten zur Bestimmung der maximalen Rauheit

Danach werden unter Beachtung der Festlegung der Auswertelänge für das Profil die Extremwerte bestimmt und ausgewertet. Von den vielfältigen Varianten der Definitionen maximaler Rauheiten sollen die weiteren vier Arten vorgestellt werden:

- Eine erste Möglichkeit ist durch die Bestimmung der *maximalen Rauhtiefe* R_t gegeben, die allerdings mit Zurückziehung der Vorgängernorm zu [8.1] keinen verbindlichen Charakter mehr besitzt. Danach wurde sie aus dem Abstand der Linien der Erhebungen (y_{max}) und der Vertiefungen (y_{min}) des Rauheitsprofils bestimmt (Gl. 8.2).

$$R_t = |y_{max} - y_{min}| \tag{8.2}$$

- Eine zweite Möglichkeit basiert auf der in [8.1] definierten *maximalen Profilhöhe* R_y. Sie ist festgelegt nach Gleichung (8.3) als Summe aus der maximalen Profilkuppenhöhe (R_p) und der maximalen Profiltaltiefe (R_m).

$$R_y = R_p + R_m \tag{8.3}$$

Unter Beachtung der Definitionen der Einflußgrößen und der im Bild 8.5 angegebenen Zusammenhänge ist eine Identität dieser beiden Größen (R_t, R_y) erkennbar.

- Eine dritte Möglichkeit bildet die in [8.2] und Bild 8.7 a angegebene *Einzelrauhtiefe* Z_i. Sie wird ebenfalls, wie die vorhergehenden Kenngrößen, aus der Differenz zwischen Maximal- und Minimalwert des Rauheitsprofils bestimmt, bezieht sich allerdings nur auf einzelne Teilbezugsstrecken (l_e; l_i) als Bestandteil der Auswertelänge (l_n).
- Bei der vierten Möglichkeit, der Festlegung der maximalen *Einzelrauhtiefe* R_{max}, erfolgt ebenfalls die Berechnung der Differenz aus Maximal- und Minimalwert. In diesem Fall werden jedoch die Einzelrauhtiefen für alle Bezugsstrecken der Auswertelänge berechnet und deren Maximalwert als Einzelrauhtiefe festgelegt (vgl. auch Bild 8.7 a und Gl. (8.4)).

$$R_{max} = \max \{ Z_i \} \tag{8.4}$$

Ein Vergleich der betrachteten vier Möglichkeiten zur Definition und Nachweisführung der maximalen Rauheiten führt nach Gleichung (8.5) tendenziell zum Ergebnis.

$$R_t = R_y > R_{max} > Z_i \tag{8.5}$$

Darüber hinausgehend existieren weiterführende firmenspezifische Normen, in denen davon abweichende Kenngrößen zur Festlegung der maximalen Rauheit definiert sind. Als eine dementsprechende Auswertestrategie sei die Differenzbildung der dritthöchsten und drittiefsten Punkte des Rauheitsprofils genannt (Einzelrauhtiefe R_{3z}). Ihre Einordnung nach Gleichung (8.5) würde näherungsweise eine Zuordnung zur Einzelrauhtiefe (Z_i) gestatten. Hinsichtlich der Anwendung bzw. bevorzugten Auswahl konkreter Kenngrößen zur Beschreibung der maximalen Rauheit ist zu bemerken, daß sie infolge der Berücksichtigung zweier Extremwerte sehr empfindlich auf geringfügige Oberflächenveränderungen in Teilbereichen reagiert und demzufolge für eine Gesamtbewertung einer Oberfläche nur in wenigen Fällen geeignet ist. Sollten jedoch aus Sicherheitsgründen Anforderungen an Dichtheiten von Flächen bestehen, ist ihre Anwendung zu überprüfen. Für eine Auswertung besitzt sie andererseits den Vorteil, daß sie mit relativ einfachen Rechenmitteln bestimmbar ist. Sie ist auch historisch gesehen die am längsten bekannte Rauheitskenngröße. Darin begründet sich auch die Empfehlung, bevorzugt Kenngrößen der gemittelten Rauheit oder den arithmetischen Mittenrauhwert, sofern es die Funktion zuläßt, für die Beschreibung von Oberflächen anzuwenden.

8.2.2 Gemittelte Rauheit

Das Grundanliegen der Festlegung von Toleranzen zur gemittelten Rauheit besteht darin, auf der Basis der maximalen Rauhtiefe sowie unter Berücksichtigung von mathematischen Mittelwertbestimmungen, Möglichkeiten zu schaffen, die bei einfachen rechentechnischen Auswertungen einen erhöhten Informationsgehalt gegenüber der maximalen Rauheit besitzen. Sie werden auch als R_z-Werte bezeichnet.

Die gemittelte Rauheit ist eine aus mehreren maximalen Rauheiten von Teilmeßstrecken gemittelte Größe innerhalb des Rauheitsprofils.

Für die Erfassung der Einzelwerte sowie die Bildung der Mittelwerte finden gegenwärtig zwei unterschiedliche Definitionsmöglichkeiten Anwendung (Bild 8.7), die sich in der DIN- und ISO-Normung begründen.

- Die gemittelte Rauhtiefe (R_{zDIN}) nach [8.2] ergibt sich als arithmetisches Mittel aus den Einzelrauhtiefen (Z_i) von fünf aneinander angrenzenden, gleichlangen Bezugslängen (Einzelmeßstrecken), die die Auswertelänge (Gesamtmeßstrecke) bilden (Bild 8.7 a).

$$R_{zDIN} = \frac{1}{5}(Z_1 + Z_2 + Z_3 + Z_4 + Z_5) \quad (8.6)$$

  Eine ähnlicher Kennwert ist in [8.1] unter dem Begriff Mittelwert der Rauheitskenngröße ($\bar{R}$) definiert. Wenn auch die Einflußgrößen zur Bestimmung dieses Wertes andere Bezeichnungen aufweisen und damit die Bestimmungsgleichungen ein verändertes Aussehen besitzen, führen sie auch bei zusätzlicher Berücksichtigung mehrerer gleichgroßer Teilmeßstrecken zu gleichen Ergebnissen. Darüber hinausgehend wurde auch die mittlere maximale Rauhtiefe (R_{tm}) definiert, die ebenfalls zu gleichen Ergebnissen führt.

$$R_{zDIN} = \bar{R} = R_{tm} = R_{y5} \quad (8.7)$$

  Die in Gleichung (8.7) zusätzlich gegenüber den bisherigen Erläuterungen auftretende Rauheitsgröße (R_{y5}) ist die aus der maximalen Profilhöhe (R_y) abgeleitete Bezeichnung. Sie berücksichtigt die nach [8.2] vorgeschriebene Festlegung von fünf Bezugsstrecken und stellt einen Sonderfall vom Mittelwert der Rauheitskenngröße ($\bar{R}$) dar.

- Eine zweite Variante nach [8.1] basiert auf der Berücksichtigung von Profilkuppen und Profiltälern zur Bestimmung der sogenannten Zehnpunkthöhe (R_{zISO}). Dabei wird die Auswertelänge (Gesamtmeßstrecke) berücksichtigt. Die Zehnpunkthöhe wird dann aus der Summe der Mittelwerte der auf die Mittellinie bezogenen absoluten Höhen der fünf höchsten Profilerhebungen und der absoluten Tiefen der fünf tiefsten Profilvertiefungen gebildet (Gleichung (8.8)).

Vergleicht man nun die Größenordnungen der Rauheitskenngrößen (R_{zDIN} und R_{zISO}), dann kommt man zu folgenden Ergebnissen.

$$R_{zISO} = \frac{1}{5}\left(\sum_{i=1}^{5} y_{pi} + \sum_{i=1}^{5} y_{vi} \right) \tag{8.8}$$

Direkte Umrechnungsgleichungen zwischen R_{zDIN} und R_{zISO} existieren nicht, wobei die Unterschiede der Werte mit Erhöhung des Gleichförmigkeitsgrades des Rauheitsprofils abnehmen und letztendlich ineinander übergehen.

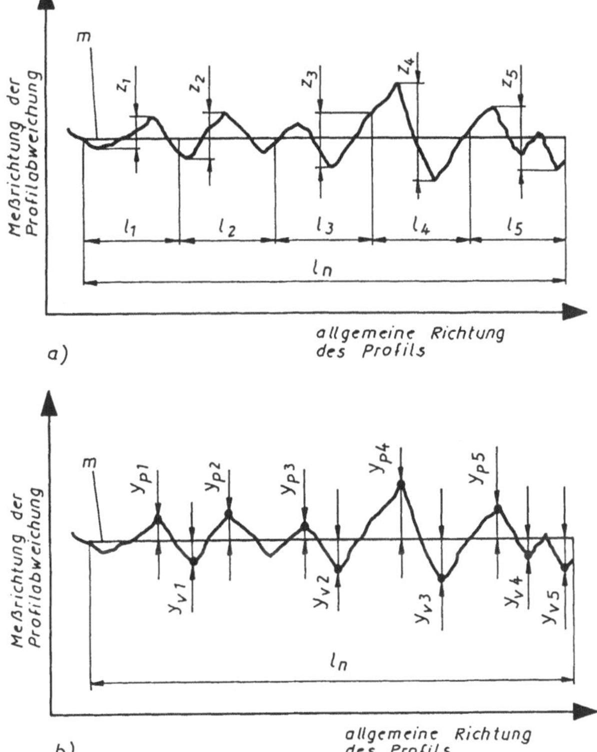

Bild 8.7
Varianten zur Bestimmung der gemittelten Rauhtiefe:
a) gemittelte Rauhtiefe (R_{zDIN});
b) Zehnpunkthöhe (R_{zISO})

Zur Verdeutlichung dieser Aussage sind in den Bildern 8.8 und 8.9 zwei unterschiedliche Profile dargestellt und nach ISO und DIN betrachtet. Im Bild 8.8 wird deutlich, daß die für R_{zISO} erforderlichen fünf Maxima und fünf Minima des Rauheitsprofils innerhalb der Teilmeßstrecken l_2 und l_3 liegen. Damit werden strenggenommen bei der ISO-Auswertung auch nur diese Teilmeßstrecken berücksichtigt, und es ergibt sich der aus diesen Werten bestimmte arithmetische Mittelwert für R_{zISO}. Bei der DIN-Auswertung dagegen werden ausschließlich die Maximalwerte aus den Teilmeßstrecken (l_2 und l_3) ausgewählt und zusätzlich die wesentlich kleineren Z_1, Z_4 und Z_5 aus den Teilmeßstrecken (l_1, l_4 und l_5) in die Berechnung des arithmetischen Mittelwertes einbezogen. Dadurch wird bei diesem unregelmäßigen Profil der R_{zISO}-Wert wesentlich größer als der R_{zDIN}-Wert.

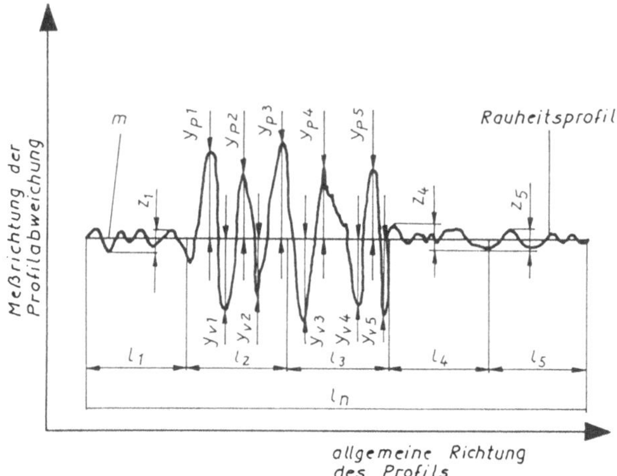

Bild 8.8
Vergleich von DIN- und ISO-Auswertungen zur Bestimmung der gemittelten Rauheit am unregelmäßigen Rauheitsprofil

Beim regelmäßigen Rauheitsprofil nach Bild 8.9 liegen dagegen die Extremwerte für die R_{zISO}-Bestimmung jeweils innerhalb der gleichen Teilmeßstrecken l_i, die auch für die R_{zDIN}-Bestimmung ($Z_i = y_{Pi} + y_{Vi}$) verwendet werden, so daß in diesem Fall Gleichheit beider Werte auftritt ($R_{zISO} = R_{zDIN}$).

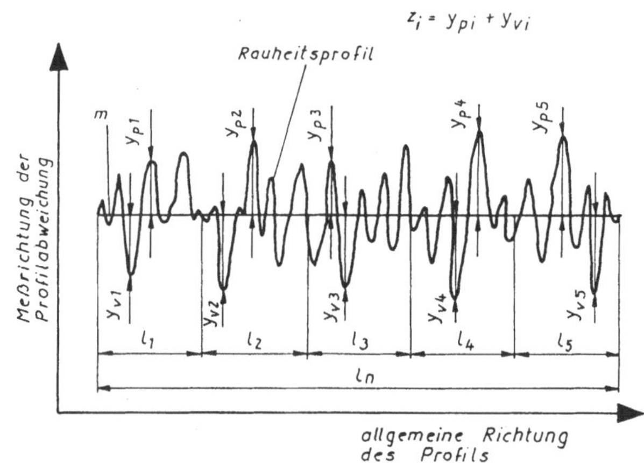

Bild 8.9
Vergleich von DIN- und ISO-Auswertungen zur Bestimmung der gemittelten Rauheit am regelmäßigen Rauheitsprofil

Auch zu dieser Kategorie von Oberflächenrauheiten sind unternehmensspezifische Größen, wie z.B. die Grundrauhtiefe (R_{3z}) festgelegt worden. Im Vergleich zu den maximalen Rauheiten sind die Werte der gemittelten Rauheiten stets betragsmäßig kleiner, da sie arithmetisch gemittelte Größen von einer definierten Anzahl maximaler Rauheiten nach bestimmten Teilmeßstrecken darstellen.

8.2.3 Arithmetischer Mittenrauhwert

Eine möglichst objektive und das gesamte Rauheitsprofil beschreibende Kenngröße bildet der arithmetische Mittenrauhwert.

> Der arithmetische Mittenrauhwert ist ein aus dem gesamten Rauheitsprofil abgeleiteter arithmetischer Mittelwert.

Nach dem im Bild 8.10 angegebenen Profildiagramm stellt er die Höhe des Rechteckes dar, das Gleichheit mit der Fläche des Rauheitsprofildiagramms aufweist.

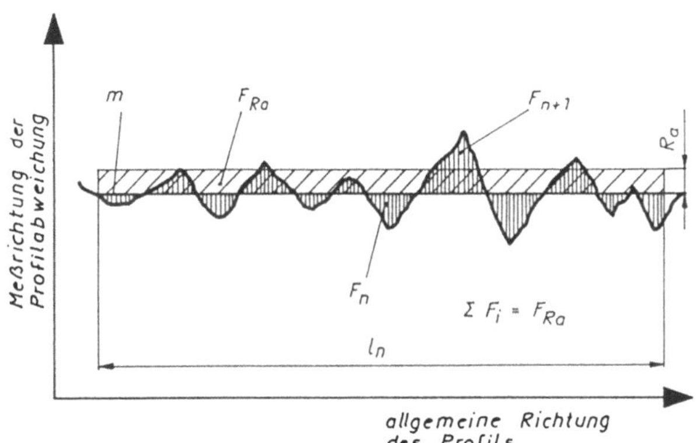

Bild 8.10
Darstellung des arithmetischen Mittenrauhwertes R_a

Nach der Darstellung verkörpert der arithmetische Mittenrauhwert also das arithmetische Mittel der absoluten Werte der Profilabweichungen innerhalb der Bezugsstrecke. Quantitativ wird er nach Gleichung (8.9) berechnet.

$$R_a = \frac{1}{l} * \int_0^l f(x)\, dx \tag{8.9}$$

Zur Berechnung dieser Größen sind Meßgeräte mit separaten Rechnerbaugruppen ausgerüstet. Bei einer vereinfachten Auswertung kann auch die in Gleichung 8.10 angegebene Näherungslösung angewendet werden.

$$R_a \sim \frac{1}{n} * \sum_{i=1}^{n} y_i \tag{8.10}$$

Für den Fall, daß in dieser Gleichung n = 5 wird, geht diese Näherungsgleichung in den gemittelten Rauheit R_{zDIN} (nach Gl. (8.6)) über. In vielen Fällen ergibt sich die Frage nach einer allgemeingültigen Umrechnungsmöglichkeit von Werten der gemittelten Rauheit (R_z) in Werte des arithmetischen Mittenrauhwertes (R_a) und umgekehrt. Für eine derartige Aufgabe gibt es keine gesicherten Zusammenhänge, wobei allerdings Näherungslösungen bekannt sind. Dazu wird u.a. in [8.3] der im Bild 8.11 angegebene Vorschlag unterbreitet.

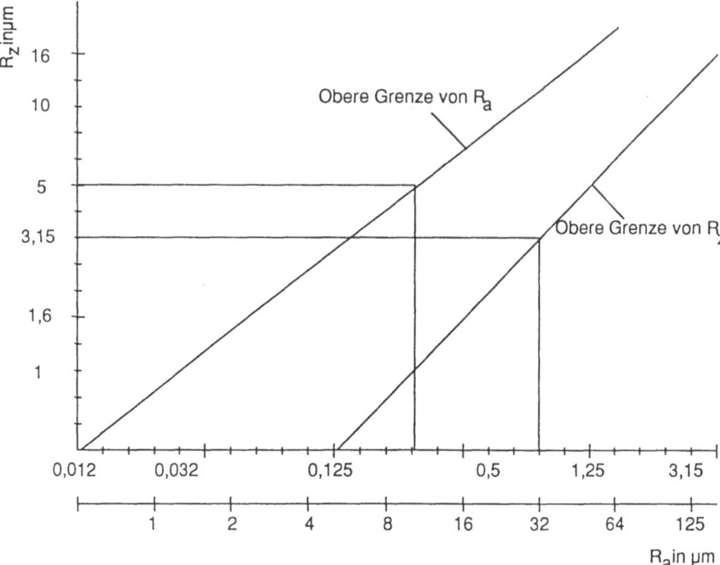

Bild 8.11
Umrechnung von R_z- in R_a-Werte und umgekehrt (Näherungsbetrachtung) nach [8.3]

Es wird ersichtlich, daß bei der Umrechnung ein relativ breiter Streubereich zu beachten ist und demzufolge die Ergebnisse sehr unsicher sind. Ist man dennoch bestrebt, gesicherte, dann allerdings teilweise überspitzte Anforderungen zu erhalten, dann arbeitet man mit den oberen Grenzen für die jeweilige Umrechnungsart. Abschließend seien weitere Senkrechtgrößen genannt: Mittlere Höhe der Profilunregelmäßigkeiten (P_c), quadratischer Mittenrauhwert (R_q; RMS), Glättungstiefe (R_p), mittlere Glättungstiefe (R_{pm}) für die Auswertung des Rauheitsprofils, Profiltiefe (P_t) sowie die Wellentiefe (W_t) für die Auswertung des Istprofils. Auf spezielle Erklärungen wird in [8.1] und [8.2] verwiesen. Resümierend ist zu bemerken, daß insbesondere unter Beachtung des Informationsgehaltes der Rauheitskenngrößen diejenigen, die eine gemittelte Rauheit ausdrücken, verstärkte Anwendung finden sollen. Demzufolge sind R_a- und R_z-Kenngrößen bevorzugt anzuwenden. Zum Vergleich der Größenordnungen dieser beiden Rauheitsgrößen sei allgemein bemerkt, daß bei unregelmäßigen Profilen für den arithmetischen Mittenrauhwert die kleinsten Ergebnisse zu erwarten sind. Konkrete theoretische und auch empirische Werte sind zum Umrechnen nicht bekannt. Es gibt jedoch einige Näherungsgleichungen, auf deren Basis tendenzielle Zusammenhänge erkennbar sind (vgl. auch vorhergehende Gleichungen und [8.3]).

8.3 Waagerechtkenngrößen und Profiltraganteile

Zu den *Waagerechtkenngrößen* von Oberflächenrauheiten gehören die Kenngrößen, die sich in einem Profildiagramm waagerecht zur allgemeinen Richtung des Profils ausbilden. Sie wirken parallel zur zu betrachtenden Werkstückoberfläche. Demzufolge werden sie auch teilweise als Distanzparameter bezeichnet.

Die Waagerechtkenngrößen einer Oberfläche stellen die in Richtung der Oberflächenausdehnung wirkenden Rauheiten, ermittelt am Rauheitsprofil, dar.

Diese Angaben sind jedoch in der Mehrzahl der betrieblichen Anwendungsmöglichkeiten von untergeordneter Bedeutung. Ihre Anwendung bleibt größtenteils speziellen Aufgaben bzw. speziellen Einsatzbereichen, wie z.B. der Wälzlagerindustrie u.a. vorbehalten, so daß sich die nachfolgenden Ausführungen auf die wesentlichen Merkmale beschränken sollen. Zur Bewertung dieser Eigenschaft sind nach Bild 8.12 zu unterscheiden:

- Eine erste Gruppe, die die waagerechten Profilbetrachtungen berücksichtigt;
- eine zweite Gruppe, die zu vereinbarende Waagerechtgrößen auf Senkrechtgrößen bezieht und somit relativierte Betrachtungen ermöglicht.

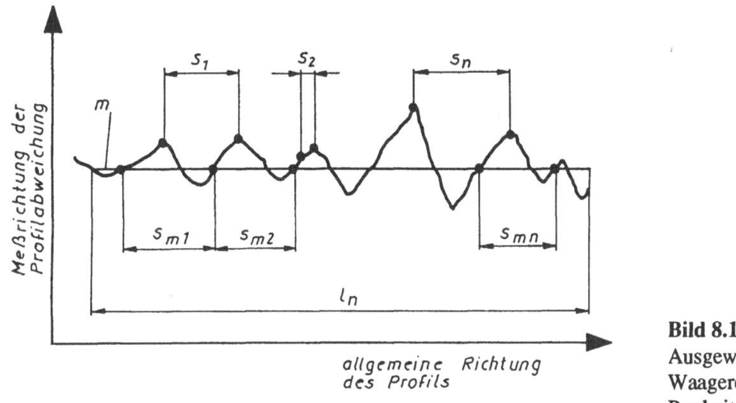

Bild 8.12
Ausgewählte Waagerechtkenngrößen der Rauheit

Auch hierbei werden in Analogie zu den Senkrechtkenngrößen Extremwertbetrachtungen als auch Festlegungen zu gemittelten Größen geführt. Danach ergeben sich:

- Für die erste Hauptgruppe der Abstand der Profilunregelmäßigkeiten (S_{mi}), der mittlere Abstand zwischen den Profilunregelmäßigkeiten (S_m) sowie der Abstand der örtlichen Profilspitzen (S_i) und der mittlere Abstand der örtlichen Profilspitzen (S);
- für die zweite Hauptgruppe die mittlere Wellenlänge des Profils (λ_a), die mittlere quadratische Wellenlänge des Profils (λ_q) und die Dichte der Profilkuppen (D).

Detailliertere Angaben zur Definition und zur Berechnung dieser Größen sind [8.1] zu entnehmen.
Die *Profiltraganteile* stellen Kenngrößen dar, die eine Aussage über mögliche Kontaktflächen bzw. -linien mit dem zu paarenden Gegenstück als geometrisch idealer Körper gestatten. Sie werden auch teilweise als Hybridparameter bezeichnet.

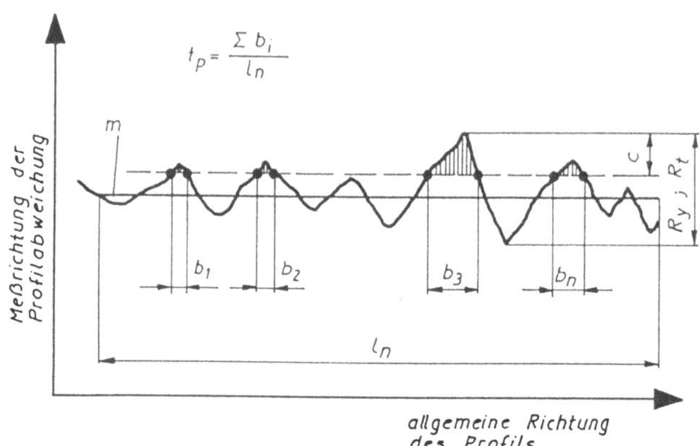

Bild 8.13
Zusammenstellung einiger Profiltraganteile

Dazu werden am Istprofil "Abflachungen" vorgenommen und Verhältnisse zwischen den so entstandenen Linien bzw. Flächen und der gesamten Profillänge bzw. -fläche als prozentuale Werte gebildet.

Die Profiltraganteile einer Oberfläche bestimmen den Anteil eines Rauheitsprofils, der bei Annahme eines festzulegenden Spitzenabtrages eine Aussage über die Kontaktierung mit dem formidealen Gegenstück in Richtung der Oberflächenausdehnung gestattet.

Auch diese Größen werden vorrangig zur Erfüllung spezieller Funktionsanforderungen und damit in ausgewählten Unternehmen angewendet. Als Qualitätskenngröße ist dazu in [8.1] der Profiltraganteil (t_p) definiert, der teilweise auch als Materialanteil (M_r) bezeichnet wird. In Abhängigkeit vom jeweils betrachteten Profil wird darüber hinausgehend beim Rauheitsprofil der Mikroprofiltraganteil (t_{pi}) und beim Istprofil der Makroprofiltraganteil (t_{pa}) bestimmt.

8.4 Funktionsgerechtheit

Die Umsetzung der Funktionsanforderungen in zulässige Werte für die Oberflächenrauheiten ist natürlich günstigerweise, wie auch bei den anderen Toleranzen, auf der Basis der Anwendung von mathematischen Berechnungsvorschriften durchzuführen (vgl. dazu auch [8.11]). Dabei ist zu bemerken, daß die mathematischen Vorgehensweisen größtenteils aufgabenspezifisch, umfangreich sowie relativ aufwendig in ihrer Handhabung sind. Demzufolge sollten sie auch weitestgehend nur in derartigen Fällen Anwendung finden, wenn hohe

Genauigkeitsanforderungen bestehen und keine empirischen Erfahrungswerte vorliegen. Das trifft insbesondere bei Funktionsanforderungen, die aus Dicht- oder Gleiteigenschaften resultieren, zu. Da es gegenwärtig jedoch keine allgemeingültigen und auch einfach anwendbaren Berechnungsmodelle zur Festlegung von Oberflächenrauheiten gibt, ist auf einen betriebspraktischen Erfahrungsschatz bzw. verallgemeinerungsfähige Hinweise zurückzugreifen (vgl. auch [8.9]). Dazu ist in [8.4] und in [8.5] eine breit angelegte Vorgehensweise in Form eines sogenannten "Oberflächenatlas" angegeben. Dieser sehr umfangreiche Atlas faßt die Ergebnisse einer Umfrage in einer Vielzahl von Industrieunternehmen zusammen und beinhaltet betriebspraktisch erprobte sowie praktisch bestätigte Beispiellösungen. Eine ähnlich angelegte, allerdings vom Umfang kürzere Zusammenfassung ist in [3.1] angegeben. Hier wird von einer Funktionseinteilung der zu betrachtenden Flächen in Paßflächen, Strömungsflächen, Schmiergleitflächen sowie statisch und dynamisch beanspruchte Spannungsflächen ausgegangen. Für die Flächen, die einer spanenden Bearbeitung unterliegen, werden dann Hinweise zur Auswahl der Arten der Rauheitskenngrößen gegeben. Ergänzt werden sie durch Empfehlungen für die Auswahl von R_{zDIN}-Werten für ausgewählte Funktionsflächen (vgl. Bild 8.14).

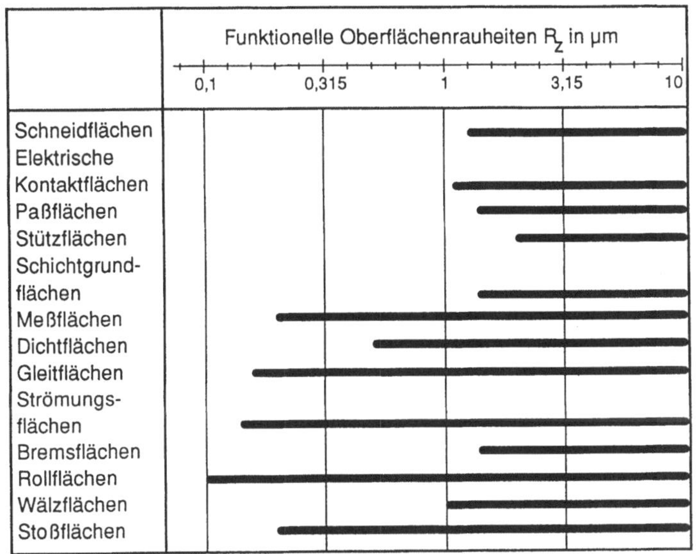

Bild 8.14 Beispiele zur funktionsorientierten Auswahl von Rauheitskenngrößen nach [3.1]

Eine Einteilung von Oberflächen an Teilen für den Maschinenbau und der Feinwerktechnik, allerdings ohne Zuordnung für die zu wählenden Rauheitskenngrößen, ist in [8.9] angegeben. Eine weitere Möglichkeit besteht darin, eine Zuordnung zu den Toleranzklassen der Maßtoleranzen zu treffen. Dazu empfehlen [8.4] und [8.13], die gemittelte Rauhtiefe in etwa der halben Größe der Maßtoleranz zuzuordnen. Dieser Wert sollte jedoch als oberer Grenzwert in grober Näherung betrachtet werden.

$$\boxed{R_z = \frac{1}{2} T_M} \qquad (8.11)$$

Speziellere Werte ergeben sich in Zuordnung zu entsprechenden Nennmaßstufen und in Abhängigkeit von der jeweiligen Toleranzklasse, wobei deutlich auch auf davon abweichende Festlegungen hingewiesen wird [8.3]. Die Vielfalt der Kennzeichnungsmöglichkeiten von Oberflächen stellt den Konstrukteur vor die Schwierigkeit, die Arten der Oberflächenkenngrößen auszuwählen, die die Funktionsanforderung der Erzeugnisentwicklung gewährleisten.
Zusammenfassend ist zu bemerken, daß für allgemeine Funktionsanforderungen die Angabe von R_a- bzw. R_z-Werten ausreichend und auch zu bevorzugen ist. Beim Auftreten erhöhter Funktionsanforderungen, die u.a. gekennzeichnet sein können durch Dichtheiten, Bildung von Schmierfilmen in Lagern, hohe Anforderungen an die Lebensdauer usw. ist auf zusätzliche Oberflächenkenngrößen zurückzugreifen.

8.5 Fertigungs- und Prüfgerechtheit

Die *Fertigungsgerechtheit* wird im wesentlichen über die Vorbereitung der Fertigung beeinflußt. Um in der Fertigungsplanung die richtigen Bedingungen für die Gewährleistung der in der Konstruktionszeichnung geforderten Oberflächenrauheiten auswählen und vorschreiben zu können, müssen die fertigungsspezifischen Einflußparameter auf Oberflächenkenngrößen bekannt sein. Derartige Einflußfaktoren resultieren aus der Art des Fertigungsverfahrens, der Auswahl der Bearbeitungsbedingungen, der zu beachtenden Umweltbedingungen, dem Altersgrad der eingesetzten Fertigungstechnik und nicht zuletzt der Wirtschaftlichkeit. Zur Berücksichtigung dieser Anforderungen bieten sich zwei Möglichkeiten an:
- Eine erste besteht darin, daß allgemeingültige Aussagen genutzt werden;
- die zweite besteht in der Anwendung unternehmensspezifischer Aussagen. Diese exaktere Vorgehensweise erfordert jedoch detaillierte und auch umfangreiche betriebliche Analysetätigkeiten.

Eine Überprüfung auf Fertigungsgerechtheit unter Nutzung allgemeiner Aussagen über erreichbare Rauheitskenngrößen in Abhängigkeit von der Art des Fertigungsverfahrens ist nachfolgend angegeben. Dazu ist im Bild 8.15 ein Auszug aus [8.7] und [8.8] für die erreichbaren Mittenrauhwerte und die gemittelten Rauhtiefen angegeben. Dabei ist jedoch zu beachten, daß die so ermittelten Werte nur eine Groborientierung darstellen, die durch speziellere Aussagen der Fertigungsplanung und auch der Fertigung selbst untersetzt werden müssen.
Die *Prüfgerechtheit* hat die im Abschnitt 4.6 angegebenen allgemeinen Hinweise zu berücksichtigen. Darüber hinausgehend sind die besonderen Anforderungen aus der Mikrogestalt der Oberfläche zu beachten. Zur qualitativen Bewertung technischer Oberflächen hinsichtlich ihrer Rauheit finden verschiedenartige Verfahren und Geräteausführungen Anwendung:
- Subjektive Einschätzungen durch Sinneswahrnehmungen mittels verbaler Bewertungen, wie die Oberfläche glänzt, spiegelt, ist glatt, uneben, matt ö. ä.;
- subjektive Einschätzungen durch Vergleichsbetrachtungen (Nagelprobe mittels Oberflächenvergleichsmustern nach [8.12] bis [8.14] und [8.16]);
- quantitative Bewertungen mit Spezialmeßgeräten, sogenannten Oberflächenmeßgeräten.

Bei der Verfahrens- bzw. Geräteauswahl gilt der allgemeine Grundsatz, nach dem kleine Rauheitstoleranzen auch kleine Meßunsicherheiten für die meßtechnische Nachweisführung verlangen. In der voranstehenden Auflistung nehmen die Meßunsicherheiten der aufgeführten Verfahrensbeispiele gemäß ihrer Reihenfolge ab und damit die Genauigkeiten zu. Der meßtechnisch gesicherte Nachweis von Rauheiten kleiner als 0,1 µm stellt gegenwärtig normalen technischen Standard dar. Es sollte jedoch nicht unerwähnt bleiben, daß selbst unter Beachtung der relativ kostenintensiven Geräte, Meßgeräte mit relativ kleinen Abmessungen existieren (Zigarettenschachtelformat), um auch an schwerzugänglichen Stellen Messungen durchführen zu können.

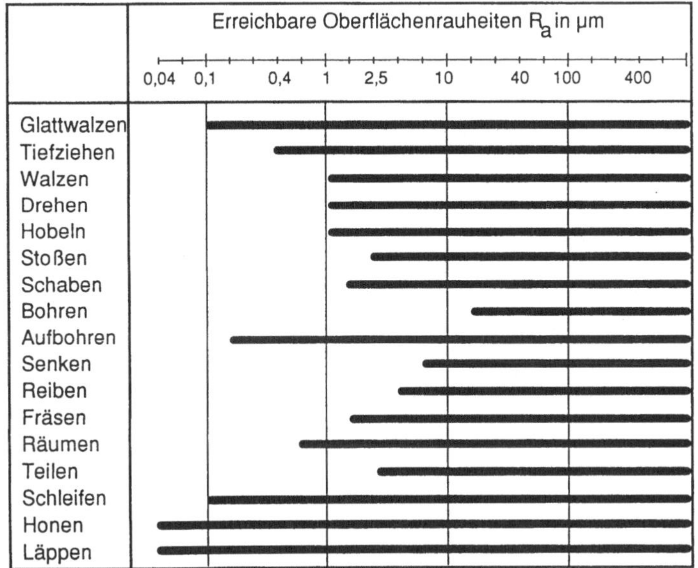

Bild 8.15 Ausgewählte fertigungstechnisch erreichbare Oberflächenrauheiten

Die Oberflächenmeßgeräte sind mit Registriereinrichtungen und Auswerteeinheiten ausgerüstet, um einfach und möglichst schnell messen zu können. Damit kann sowohl im Ergebnis der Messung ein Istprofil bzw. Rauheitsprofil meßtechnisch erfaßt und mittels eines Profilschreibers ausgegeben oder auch eine wahlweise einzustellende Rauheitskenngröße berechnet und angezeigt werden. Für ausgewählte Verfahren, bei denen eine prozeßinterne Regelung der Bearbeitung nach den Rauheitskenngrößen möglich ist, finden auch Maßsteuerungen (z.B. beim Schleifen) Anwendung. Es ist jedoch zu bemerken, daß die Mehrzahl derartiger Prüfungen nur mit größtenteils sehr kostenintensiven Meßgeräten möglich ist. Speziellere Ausführungen sind u.a. [1.11] zu entnehmen.

8.6 Zeichnungseintragung

Die wichtigsten Grundregeln zur Zeichnungseintragung sind in [8.17] sowie [8.18] angegeben. Wesentliche ausgewählte Merkmale sind im Bild 8.16 zusammengefaßt. Dazu werden drei prinzipielle Grundsymbole unterschieden. Das unter a) angegebene Symbol bedeutet, daß die gekennzeichnete Oberfläche zu bearbeiten ist; die Art der Bearbeitung jedoch freigestellt ist. Nach b) wird dagegen das Bearbeitungsverfahren in Form einer materialabhebenden, d.h. einer spanenden Bearbeitung vorgeschrieben. Bei der Anwendung des unter c) angegebenen Symbols ist keine Bearbeitung der Fläche erforderlich, d.h. das Werkstück erfüllt durch den Anlieferungszustand die Funktionsanforderungen. Die nachfolgenden Angaben beinhalten Zusatzinformationen.

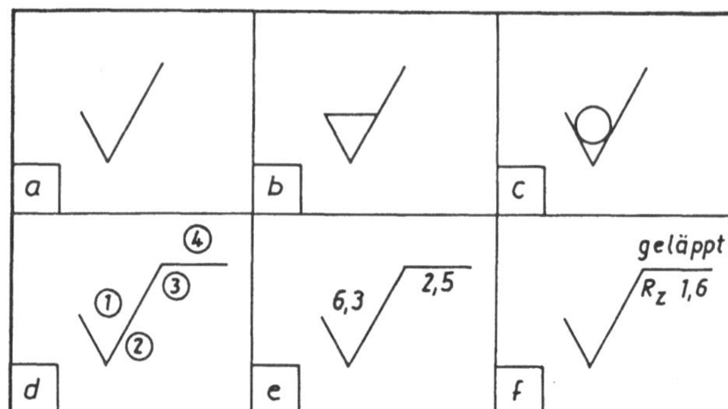

Bild 8.16
Symbole und Eintragungsbeispiele von Oberflächenrauheiten in Zeichnungen

So sind im Bild d) durch eingekreiste arabische Ziffern diejenigen Stellen deutlich gemacht, die für zusätzliche Informationen vorgesehen sind. Dabei wird im Feld 1 der arithmetische Mittenrauhwert ohne Kurzzeichenbezeichnung (R_a) eingetragen. Davon abweichende Eintragungen haben folgende Bedeutung. Die ausschließliche Eintragung eines Wertes, was in der Mehrzahl der Fälle erfolgt, bedeutet, daß dieser Grenzwert nicht überschritten werden darf. Werden dagegen zwei Rauheitswerte übereinanderstehend angegeben, so stellen sie einen Maximal- und einen Minimalwert dar. Letztendlich ist auch die Nichtunterschreitung eines Vorgabewertes angebbar, indem man vor den Rauheitswert die Abkürzung "min" setzt. Im Feld 2 kann eine symbolische Darstellung für eine Forderung an eine bestimmte Rillenrichtung der Oberfläche eingetragen werden. Dazu ist in [8.14] eine Liste von Symbolen zusammengestellt. Es sind Anforderungen wie senkrechte, parallele, gekreuzte und andere Bearbeitungsspuren vorgebbar. Diese Möglichkeit findet jedoch geringe Nutzung. Das Feld 3 findet in den Fällen Anwendung, wenn eine andere Rauheitsgröße als der arithmetische Mittenrauhwert (R_a) gefordert wird. Es ist dann allerdings das Kurzzeichen der geforderten Rauheit zusätzlich zum Toleranzwert anzugeben. Andererseits kann dieses Feld auch für die Vorgabe einer Bezugsstrecke für R_a oder R_z genutzt werden, sofern sie von den in den Normen angegebenen Werten abweichen. Das Feld 4 ist für die verbale Ergänzung zusätzlicher Forderungen, wie z.B. das Fertigungsverfahren, eine Oberflächenbehandlung o.ä. vorgesehen. Die nachfolgenden Darstellungen im Bild 8.17 geben zwei Ausführungsbeispiele an. Zur Vereinfachung bei der Zeichnungseintragung wurden noch weitere Vereinbarungen getroffen. Danach gibt es die Möglichkeit bei mehrfachem Auftreten gleicher Anforderungen diese entweder durch eine abgekürzte Darstellung an die entsprechenden Oberflächen anzutragen und in der Nähe des Schriftfeldes eine Erläuterung zu geben oder diese Anforderungen ausschließlich in der Nähe des Schriftfeldes einmal anzugeben (siehe auch Eintragung des Kurzzeichens z zum Oberflächensymbol im Bild 8.17 a).

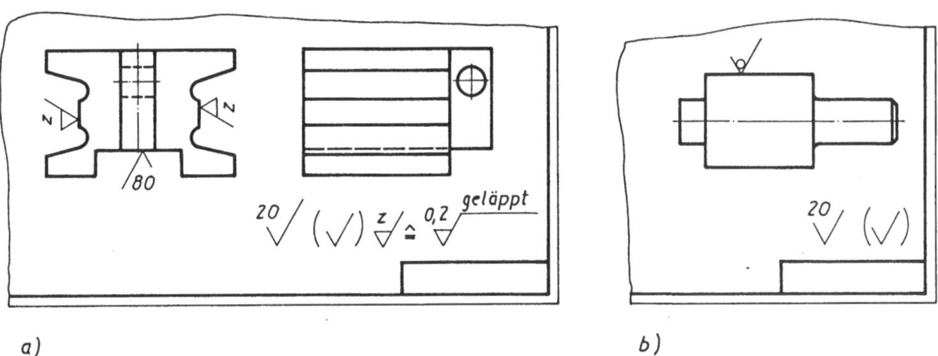

Bild 8.17 Beispiele zur Rauheitseintragung in technische Zeichnungen: a) vollständig bearbeitetes Werkstück; b) teilbearbeitetes Werkstück

Ergänzende Ausführungen sind den genannten Normen zu entnehmen, die weiterführende Hinweise zur detaillierten zeichnerischen Ausführung der Symbole und Erläuterungen beinhalten.

8.7 Regeln

Bei der Auswahl und Festlegung von Oberflächenrauheiten sind auch die prinzipiellen Regeln der Maß- Form- und Lagetoleranzen zu berücksichtigen. Darüber hinausgehend ist zu beachten:

- *Lege* grundsätzlich Oberflächenbeschaffenheiten fest und trage sie in die Konstruktionszeichnung ein;
- *Trenne* die Funktionsanforderungen in langwellige Abweichungen (Formabweichungen) und kurzwellige Abweichungen (Oberflächenkenngrößen);
- *Wähle* die für die Funktion erforderlichen Arten der Oberflächenkenngrößen, unterteilt nach Senkrecht- und Waagerechtkenngrößen sowie nach Profiltraganteilen, aus;
- *Beachte* die Bedeutung des gefilterten Profils (Rauheitsprofil) und des ungefilterten Profils (Istprofil);
- *Überprüfe* die Anwendungsmöglichkeit von empirischen Werten für die Festlegung der Oberflächenrauheiten;
- *Berechne* bei Nichtübertragungsmöglichkeit der empirischen Werte die Größen der Oberflächenrauheiten;
- *Vermeide* die Festlegung von "Angsttoleranzen";
- *Nutze* bei der Auswahl von Senkrechtkenngrößen bevorzugt mittlere bzw. gemittelte Größen der Oberflächenrauheit (R_a- und R_z-Werte);
- *Vermeide* möglichst die Angabe von Toleranzen zur Kennzeichnung der maximalen Rauhtiefe R_t, R_{max} u. ä. (ausgenommen unbedingt funktionserforderliche Fälle, wie Dichtheiten u.ä.);
- *Beachte* die hinreichenden Kriterien der Toleranzfestlegung, wie Fertigungs- und Prüfgerechtheit;
- *Kennzeichne* bei der Zeichnungseintragung auch die Flächen, die unbearbeitet bleiben;

- *Unterscheide* die spanend zu bearbeitenden Flächen von denen die nicht spanend zu bearbeiten sind und kennzeichne sie durch entsprechende Symbole;
- *Gebe* bei funktionstechnischem Erfordernis auch die notwendigen Bearbeitungs- bzw. Behandlungsverfahren und die Bearbeitungsspuren an;
- *Beachte* die Regeln zur vereinfachten Zeichnungseintragung, wie z.B. allgemeine Kennzeichnung mehrerer gleicher Anforderungen in der Nähe des Schriftfeldes der Konstruktionszeichnung, Angabe einer Kurzfassung der Symbolik u. ä..

9 Allgemeintoleranzen

9.1 Grundlagenbetrachtungen

Die Hauptaufgaben einer Konstruktionszeichnung sind, über die Gewährleistung der Funktions-, Fertigungs-, Prüf- und Austauschbaugerechtheit hinausgehend, auch in der inner- und überbetrieblichen Dokumentation zu sehen. Wird die innerbetriebliche Dokumentation vordergründig zur Analysetätigkeit genutzt, so dient die überbetriebliche insbesondere zum Nachweis der Qualitätsfähigkeit des Unternehmens und damit auch zur vorbeugenden Produkthaftung. Um all diesen Anforderungen gerecht zu werden, wäre eine Vielzahl von Maßen sowie von Form- und Lagetoleranzen in die Konstruktionszeichnungen einzutragen. Die Gesamtheit dieser Angaben hätte weiterhin eine Unübersichtlichkeit der Zeichnung zur Folge und wäre andererseits unter Beachtung der allgemeinen betrieblich erreichbaren Genauigkeiten nicht unbedingt erforderlich. Als negative Folgen der Unübersichtlichkeit sind hohe Aufwendungen für das Zeichnungslesen durch den Fertiger, Prüfer und anderer sowie ein Ansteigen der Fehlerwahrscheinlichkeit infolge der Unübersichtlichkeit anzusehen. Andererseits würde auch ein Ablenken von den funktionswichtigen "engtolerierten Maßen" provoziert werden. Deshalb wurden bereits vor langer Zeit Überlegungen angestellt, wie man derartige allgemein übliche Genauigkeiten in einfacher Art und Weise in einer Zeichnung angeben kann. Im Ergebnis dessen führte man nach [9.1] und [9.2] die sogenannten "Freimaßtoleranzen" für Längen- und Winkelmaße ein, die auch als "Maße ohne Toleranzangabe" bezeichnet wurden. Diese Vorschriften fanden ihre Weiterentwicklung und Vereinheitlichung nach [9.3] und [9.4], so daß gegenwärtig für Maße und für Form- und Lagetoleranzen derartige Vorschriften für die Anwendung existieren. Mit der fachlichen Erweiterung auf die Form- und Lagetoleranzen war nun zwangsläufigerweise auch der Begriff Freimaßtoleranzen in Frage gestellt, so daß der neue Begriff der "Allgemeintoleranzen" für dieses Sachgebiet geprägt wurde. Die Vereinfachung für die Zeichnungseintragung besteht dann darin, daß an einer zentralen Stelle, z.B. in Schriftfeldnähe, ein Hinweis auf die Anwendung der Allgemeintoleranzen gegeben wird.

Allgemeintoleranzen sind Toleranzen für Maße sowie Form- und Lageabweichungen, die die werkstattübliche Herstellgenauigkeit ausdrücken und durch einen zentralen Hinweis auf der Zeichnung verankert werden.

In manchen Funktionsfällen kann es jedoch möglich sein, größere Werte als die Allgemeintoleranzen zuzulassen. Dann trifft wieder die Regel des speziellen Zeichnungseintrages zu. Eine Abweichung von den Allgemeintoleranzen sollte dennoch weitestgehend vermieden werden, da bei ihrer Zusammenstellung ein repräsentativer Querschnitt erreichbarer werkstattüblicher Genauigkeiten zugrunde gelegt wurde und eine Vergrößerung derartiger Toleranzen größtenteils mit keinen wirtschaftlichen Verbesserungen bei der Herstellung einhergeht. Deshalb sind Abweichungen von den Allgemeintoleranzen nur bei erkennbaren Fertigungsvorteilen anzustreben.

GENAUIG-KEITS-GRAD	ALLGEMEINTOLERANZEN			
	Maße		Form und Lage	
	DIN 7168 T1	ISO 2768 T1	DIN 7168 T2	ISO 2768 T2
fein	f	f	R	(H)
mittel	m	m	S	H
grob	g	c	T	K
sehr grob	sg	v	U	L

Bild 9.1
Zusammenstellung der Symbolik der Allgemeintoleranzen nach DIN und ISO

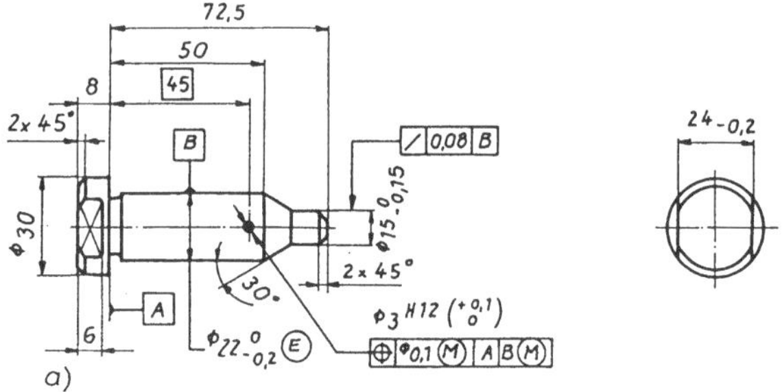

Tolerierung ISO 8015

Allgemeintoleranzen ISO 2768-mH

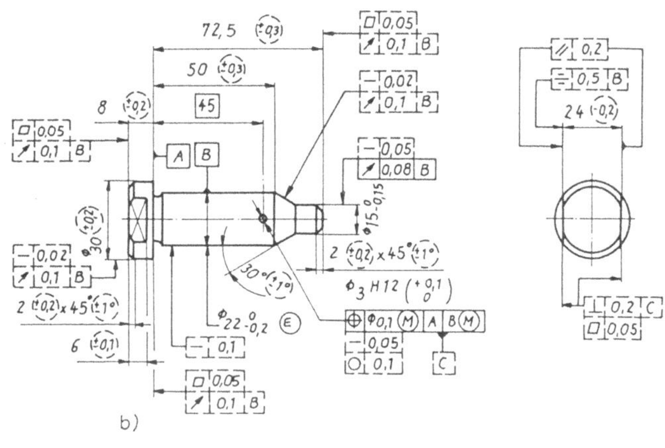

Bild 9.2
Gegenüberstellung zweier Bemaßungsarten für identische Anforderungen:
a) bei Anwendung von Allgemeintoleranzen;
b) ohne Berücksichtigung von Allgemeintoleranzen nach [9.3]

Tolerierung ISO 8015

Ein allgemeiner Vergleich der ISO- und vorhergehender DIN-Normen ergibt, daß sich neben der Anzahl der Toleranzklassen und deren Symbolik (siehe Bild 9.1) auch die

Toleranzwerte unterscheiden. Da die Toleranzwerte nach dem ISO-System jedoch größer als die nach dem DIN-System sind, wird der Umstellungsaufwand keine wesentlichen Nachteile nach sich ziehen. Andererseits ist aber infolge des relativ jungen Entstehungsdatums des ISO-Systems mit einem etwas längeren Umstellungszeitraum zu rechnen, so daß in der nächsten absehbaren Zeit beide Systeme in den betrieblichen Bereichen parallel wirksam werden. Es empfiehlt sich jedoch bei Neukonstruktionen, das ISO-System anzuwenden, da die zusammengefaßte DIN-Norm für Neuentwicklungen nicht mehr anzuwenden ist. Die sich ergebende Vereinfachung bei der Zeichnungseintragung und auch bei der Zeichnungslesung soll am nachfolgenden Beispiel verdeutlicht werden. Im Bild 9.2 werden die voranstehend genannten Vorteile der Anwendung von Allgemeintoleranzen aufgezeigt. Es ist jedoch darauf hinzuweisen, daß auch die Allgemeintoleranzen einer meßtechnischen Nachweisführung unterliegen. Dazu ist im allgemeinen ein zyklischer Nachweis des Genauigkeitsleistungsvermögens der eingesetzten Fertigungsmittel in zeitlich zu präzisierenden, jedoch relativ großen Zeitabständen als ausreichend zu betrachten. Ergänzend sei noch erwähnt, daß die Allgemeintoleranzen insbesondere eine wesentliche Voraussetzung für die Anwendung der Tolerierungsgrundsätze (Hüllprinzip und Unabhängigkeitsprinzip) bilden. In den Folgeabschnitten werden die Inhalte und die Grundlagen der Allgemeintoleranzen für die Verfahren der spanenden Bearbeitung näher betrachtet. Ergänzende Hinweise für darüber hinausgehende Bereiche sind im Abschnitt 10 angegeben. Bei auftretenden Kundenreklamationen sollte beachtet werden, daß nur derartige Teile beanstandet werden dürfen, die die Funktionserfüllung bzw. die getroffene Vereinbarung verletzen (unabhängig von der Einhaltung der Allgemeintoleranzen).

9.2 Allgemeintoleranzen für Längen- und Winkelmaße

In diesem Abschnitt sollen die wesentlichen Grundlagen von [9.3] wiedergegeben werden. Zum Grundaufbau dieses genormten Systems ist zu bemerken, daß die Arten der zu tolerierenden Maße in drei Gruppen eingeteilt werden.

- Die erste Gruppe beinhaltet alle Längenmaße (außer gebrochene Kanten) für einen Nennmaßbereich von 0,5 mm bis 4000 mm. Dazu zählen z.B. Außen-, Innen- und Absatzmaße sowie Durchmesser, Radien und Abstandsmaße.
- Der zweiten Gruppe werden gebrochene Kanten (z.B. Rundungshalbmesser und Fasenhöhen) für drei Nennmaßbereiche zugeordnet.
- Die dritte Gruppe beinhaltet die Winkelmaße für fünf Schenkellängenbereiche.

Jede dieser Gruppen ist zusätzlich in vier Toleranzklassen eingeteilt. Die Benennungen der Toleranzklassen und die in die Zeichnungen einzutragenden Kurzzeichen, gekennzeichnet durch einen arabischen Kleinbuchstaben, sind (siehe auch Bild 9.1):

f - fein
m - mittel
c - grob
v - sehr grob

Einschränkend ist zu bemerken, daß dieses Toleranzsystem nicht für in Klammern stehende Hilfsmaße und rechteckig eingerahmte theoretische Maße gilt. Eine Zusammenstellung der

Toleranzgrößen ist den Tabellen in [9.3] zu entnehmen. Bei der Zeichnungseintragung wird günstigerweise in der Nähe des Schriftfeldes der Hinweis auf die Bezugsquelle und die ausgewählte Toleranzklasse, jeweils durch Bindestrich getrennt, angebracht.

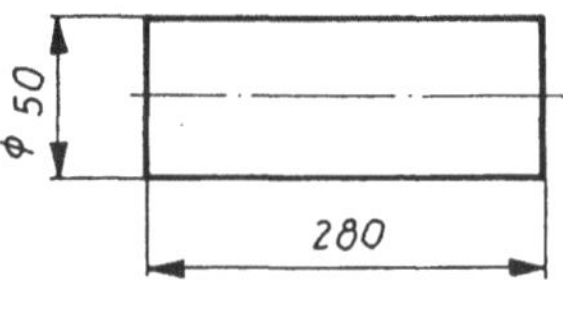

Bild 9.3
Beispiel der Angabe von Allgemeintoleranzen für Maße und Winkel

DIN ISO 2768 - m

Ein Beispiel für die Anwendung einer groben Toleranzklasse lautet also: "ISO 2768 - c". Auch der zusätzliche Hinweis auf eine "Allgemeintoleranz" ist möglich.

9.3 Allgemeintoleranzen für Form und Lage

Unter Bezugnahme auf [9.3] sind die Allgemeintoleranzen für Form und Lage vordergründig für die Anwendung in Bereichen der spanenden Fertigung angelegt. Eine Nutzung für andere Bereiche wird nicht ausgeschlossen, bedarf aber einer speziellen Überprüfung. Zum Grundaufbau der Norm sind folgende Hinweise zu geben. In ihr sind in einer ersten Kategorie für vier Gruppen von Form- und Lagetoleranzen speziell anzuwendende Toleranzwerte zusammengestellt. Es sind:
- Geradheits- und Ebenheitstoleranzen;
- Rechtwinkligkeitstoleranzen;
- Symmetrietoleranzen;
- Lauftoleranzen.

Bei näherer Betrachtung der Zuordnung der Toleranzwerte wird ein ähnlicher Grundaufbau wie bei den Allgemeintoleranzen für Längen- und Winkelmaße deutlich. Für die dimensionelle Abgrenzung wird bei den Geradheits-, Ebenheits-, Rechtwinkligkeits- und Symmetrietoleranzen der Nennmaßbereich bis 3000 mm in unterschiedliche Nennmaßzwischenbereiche eingeteilt. Bei den Lauftoleranzen wird eine vom Nennmaß unabhängige Aufteilung vorgenommen. Als zweite Abhängigkeit wird die Toleranzklasse gewählt. Diese wird in drei Gruppen eingeteilt:

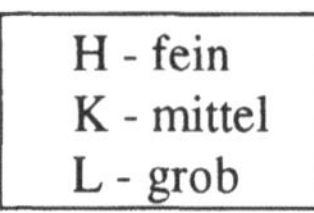
H - fein
K - mittel
L - grob

Damit sind bereits die Voraussetzungen für die Einteilung der Allgemeintoleranzen gegeben. Für eine zweite Kategorie, d.h. die Rundheits- und Parallelitätstoleranz, werden verbale Hinweise gegeben, die besagen, daß diese Toleranzen innerhalb der entsprechenden Maßtoleranzen liegen müssen oder die Rundheitstoleranz die Werte der übergeordneten Rundlauf- bzw. die Parallelitätstoleranz die Werte der sie bestimmenden Geradheits- bzw. Ebenheitstoleranzen nicht überschreiten dürfen. Für die Zylinderform-, Neigungs- und Koaxialitätstole-

ranz sind keine Allgemeintoleranzen vorgegeben. Eine Eintragung in die Zeichnung für den Fall der Anwendung von Allgemeintoleranzen für Form und Lage in der Toleranzklasse grob lautet dann: "ISO 2768 - K".
Bei der betrieblichen Anwendung werden allerdings Funktionsfälle des gemeinsamen Wirkens der beschriebenen Allgemeintoleranzen auftreten. Ein dementsprechendes Bezeichnungsbeispiel für das gemeinsame Berücksichtigen von Allgemeintoleranzen für Längen- und Winkelmaße sowie Form- und Lagetoleranzen der Toleranzklassen "grob" lautet dann: "ISO 2768 - cL" oder "Allgemeintoleranzen ISO 2768 - cL".

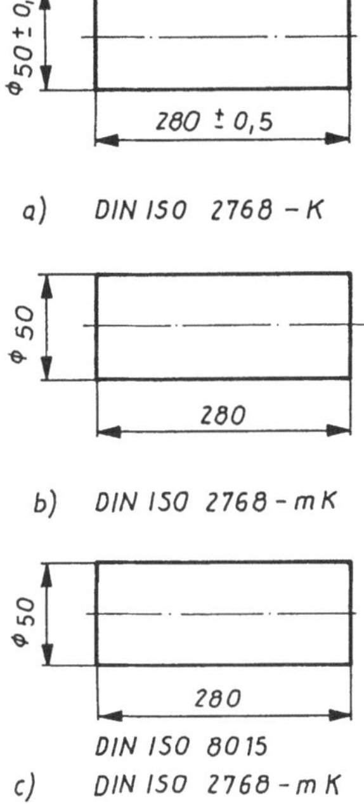

Bild 9.4
Beispiele der Angabe von Allgemeintoleranzen:
a) Allgemeintoleranzen für Maße; b) Allgemeintoleranzen für Maße, Form und Lage; c) Allgemeintoleranzen für Maße, Form und Lage in Verbindung mit dem Unabhängigkeitsprinzip

Auch die zusätzliche Berücksichtigung des Hüllprinzips durch das vereinbarte Symbol E kann entsprechende Anwendung finden (vgl. auch Abschnitt 11). Die Zeichnungseintragung lautet dann: "ISO 2768 - cL - E". Nähere Erläuterungen und Anwendungsbeispiele sind in [9.4] angegeben. Zusammenfassend sei noch einmal bemerkt, daß die Anwendung der Allgemeintoleranzen zu wesentlichen Vorteilen bei fachlich richtiger Anwendung führt und demzufolge auch verbreitete betriebliche Nutzung erlangen sollte.

9.4 Allgemeine Toleranzangaben für Oberflächenrauheiten

Für Maß-, Form- und Lagetoleranzen sind die werkstattüblichen Genauigkeiten durch die entsprechenden Allgemeintoleranzen systematisiert zusammengefaßt und Vorschriften für die Maßeintragung vereinheitlicht. Einige der hierbei genannten Vorteile wären natürlich auch für die Anwendung der Oberflächenrauheiten übertragbar. Dazu wurden für die maximalen Rauhtiefen Toleranzklassen der N-Reihen aufgestellt, die allerdings mit der abnehmenden Bedeutung dieser Kenngröße auch wieder zurückgenommen worden sind und demzufolge keine weitere Anwendung mehr finden sollten. Wenn es für die anderen Oberflächenrauheiten gegenwärtig keine derartig definierten Allgemeintoleranzen gibt, sollte doch folgender Hinweis zur allgemeinen Toleranzangabe beachtet werden. Eine erste Voraussetzung dazu ist die Aufstellung von Toleranzklassen. Dazu ist in [8.4] ein Vorschlag für die gemittelten Rauheiten und den Mittenrauhwert angegeben, der auf einer reinen mathematischen Einteilung ohne Verfahrensbezug basiert. Vor seiner Anwendung sollten jedoch erst die betriebsspezifischen Bedingungen betrachtet und dann eine Entscheidung über seine Anwendung getroffen werden. Betrachtet man nun weiterhin die Eintragungsmöglichkeit der überwiegenden Anzahl der Rauheitskennwerte in der Nähe des Schriftfeldes der Zeichnung, dann entspricht diese Vorgehensweise in etwa dem Grundanliegen der Allgemeintoleranzen.

10 Werkstückspezifische Toleranzen

10.1 In der Zerspanungstechnik

Im Abschnitt 3 wurde bereits auf die vielfältigen Möglichkeiten und Einsatzbereiche von Toleranzen hingewiesen. Dementsprechend wurde auch in den Bildern 3.5 und 3.6 (Seite 15) hervorgehoben, daß die geometrischen Toleranzen sowohl in der Metallbranche als auch in anderen Bereichen eine breite Anwendung finden. Die sich daran anschließenden Betrachtungen konzentrieren sich im wesentlichen auf Toleranzen an Rund- und Flachpassungen bei den Fertigungsverfahren der Zerspanung. Dem Grundgedanken der Einführung von Vereinheitlichung mit einem möglichst breiten Anwendungsspektrum gerecht werdend, wurden diese Toleranzen unabhängig vom Verwendungszweck der jeweiligen Werkstücke festgelegt. Die praktische Anwendung des Toleranz- und Paßsystems hat aber gezeigt, daß für spezielle Baugruppen und Einzelteile Sonderregelungen günstig sind. Unter Beachtung der bisherigen Ausführungen, insbesondere zum ISO-Toleranzsystem, können dabei zwei Hauptgruppen derartiger Toleranzen unterschieden werden (vgl. Bild 10.1):

- In der ersten Gruppe finden einige ausgewählte bevorzugte Toleranzen des normierten ISO-Toleranzsystems Anwendung;
- in der zweiten Gruppe werden sogenannte "Sondertoleranzen" festgelegt, d.h. Toleranzen die nicht der bevorzugten Stufung des ISO-Toleranzsystems entsprechen, sich dennoch als praktisch bewährte Toleranzen herausgebildet und bestätigt haben.

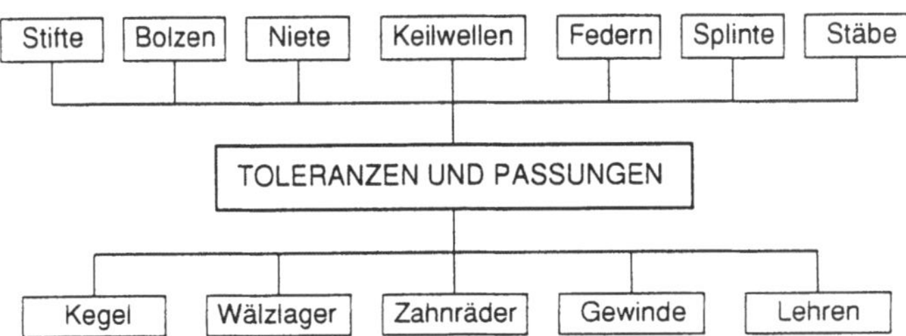

Bild 10.1 Einteilungsschema der werkstückspezifischen Toleranzen und Passungen nach Anwendung ausgewählter ISO-Toleranzen (obere Zeile) und speziell festgelegter Toleranzen (untere Zeile)

Nach einer werkstückbezogenen Einteilung sind die in der oberen Zeile des Bildes auswahlmäßig angegebenen Werkstückarten der ersten Gruppe zuzuordnen. Da die entsprechenden Vorschriften zur Toleranzauswahl noch eine weitere zusätzliche Abhängigkeit von der speziellen Ausführungsform der jeweiligen Werkstücke beinhalten, die zu einer Vielzahl

anzuwendender Vorschriften und DIN-Normen führt, wird an dieser Stelle auf das entsprechende Normenwerk verwiesen und stellvertretend auf die Toleranzen bei Paßfederverbindungen nach [10.1] überblicksweise eingegangen.
Ausgehend von der Kenntnis der weit verbreiteten Anwendung von Paßfederverbindungen zur Kraftübertragung bei Welle- / Nabenverbindungen (vgl. Bild 10.2), ist es zweckmäßig, diese Verbindungselemente durch Spezialbetriebe herstellen zu lassen. Derartige Unternehmen können dann günstige Fertigungsvoraussetzungen und -bedingungen schaffen, wie z.B. eine hochautomatisierte Fertigung mit Großseriencharakter, und sind damit in die Lage versetzt, bei kostengünstiger Fertigung, einen wirtschaftlich günstigen Preis zu gestalten.

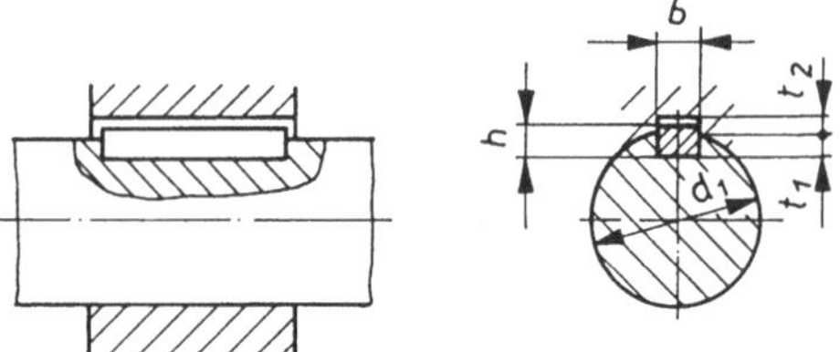

Bild 10.2
Schematische Darstellung einer Paßfederverbindung

Das setzt allerdings die Einschränkung der nach dem ISO-Toleranzsystem vielfältigen Möglichkeiten zur Toleranzfestlegung beim Einsatz von Paßfederverbindungen voraus. Betrachtet man die verschiedenen funktionellen Anforderungen an derartige Verbindungen, so sind drei Arten von Funktionsfällen mit entsprechenden Graduierungen möglich. Es sind Gleitsitze, Übergangssitze wie auch feste Sitze denkbar. Eine Vereinheitlichung kann in Anlehnung an das System Einheitswelle (vgl. Abschnitt 11.2.2) erfolgen. Dieser Gedanke liegt auch [10.1] zugrunde, wonach die Paßfederbreite grundsätzlich mit dem Toleranzfeld h9 toleriert ist. In Abhängigkeit vom jeweils zu erzielenden Passungscharakter werden dann folgende "Einbaubedingungen" empfohlen:

- Zur Erzielung eines Gleitsitzes sind die Nutenbreiten für Wellen mit H9 und für Naben mit D10 bei Wellendurchmessern g6 und Nabendurchmessern H7;
- zur Erzielung eines Übergangssitzes sind die Nutenbreiten für Wellen N9 (P9) und für Naben JS9 (P9) bei Wellendurchmessern h7 (j6) und Nabendurchmessern H8 (H7);
- zur Erzielung eines festen Sitzes sind die Nutenbreiten der Wellen und Naben P9 bei Wellendurchmessern k6 und Nabendurchmessern H7.

Nach ähnlichen gedanklichen Vorgehensweisen sind die weiteren werkstückspezifischen Toleranzen zusammengestellt. Es sind dabei folgende weiterführende Literaturstellen zu beachten:

- Keile und Federn in [10.2] bis [10.10];
- Stifte in [10.11] bis [10.14];
- Bolzen in [10.15] bis [10.16];
- Niete in [10.17] bis [10.20];
- Keilwellen in [10.21] bis [10.23];
- Sicherungsringe in [10.24] bis [10.25];
- Wälzlager-Einbaubedingungen in [10.26];

Für die zweite, im Bild 10.1 in der unteren Zeile genannte Gruppe, d.h. diejenigen Sondertoleranzen, die nicht dem ISO-Toleranzsystem zuzuordnen sind, ergeben sich nachfolgende Hinweise, die am Beispiel der Gewinde verdeutlicht werden sollen. Auch hierbei soll nicht die Vielzahl aller möglichen Gewindearten in den Vordergrund gerückt werden, sondern ausschließlich das metrische ISO-Gewinde beleuchtet werden. Dazu ist im Bild 10.3 ein Auszug der Definitionsgrößen eines Gewindes angegeben. Betrachtet man die Hauptkenngrößen eines Gewindes, so ist es durch seine fünf Hauptbestimmungskenngrößen (Außen-, Innen- und Flankendurchmesser sowie Flankenwinkel und Steigung) definiert. Wenn diese Größen auch durch die geometrische Gestaltung untereinander in einem Zusammenhang stehen, so besitzen der Flankendurchmesser, der Flankenwinkel und die Steigung eine dominierende Bedeutung für die Paarung, d.h. für das Zusammenschrauben von Bauteilen mit Gewinden. Demzufolge bezieht man die Durchmesser in Anlehnung an den Grundaufbau des ISO-Toleranzsystems in das Gewindetoleranzsystem nach [10.27] ein. Es gelten folgende vier Restriktionen:

- Zur Festlegung der Größe bzw. Breite des Toleranzfeldes werden die *Genauigkeitsgrade* angewendet. Dabei werden zur allgemeinen Anwendung für die Flanken- und Kerndurchmesser des Innengewindes die Grade 4 bis 8, für die Außendurchmesser des Außengewindes die Grade 4 bis 6 und 8 sowie für die Flanken- und Kerndurchmesser des Außengewindes die Grade 3 bis 9 zur Anwendung empfohlen.
- Zur Festlegung der *Toleranzfeldlagen* nutzt man die Grundabmaße und empfiehlt die bevorzugte Anwendung der Buchstabensymbole G und H für Innengewinde sowie a bis h für Außengewinde.
- Zur Festlegung des allgemeinen Verwendungszweckes werden die *Toleranzklassen* eingeführt. Dabei sollten die Klassen fein (f), mittel (m) und grob (g) genutzt werden.
- Zur weiteren Festlegung des Verwendungszweckes werden die *Einschraublängen* mit S (short - kurz), N (normal) und L (long - lang) definiert.

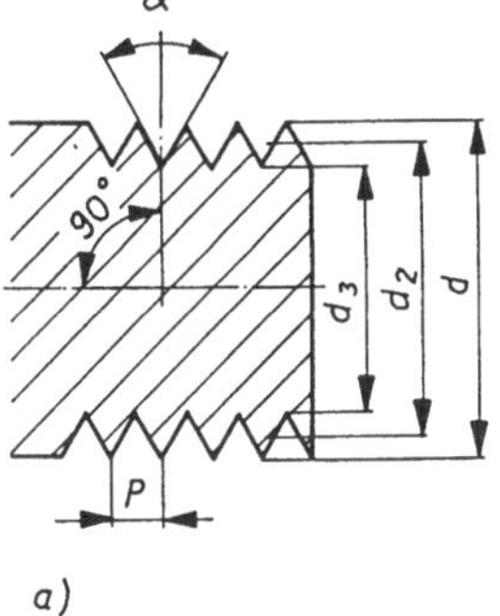

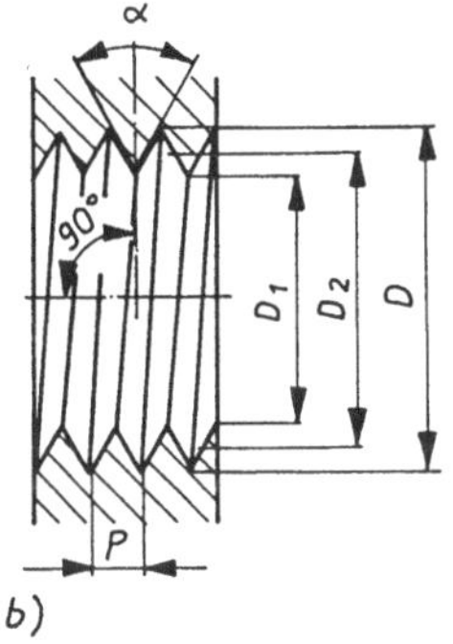

Bild 10.3
Größen am metrischen ISO-Gewinde (P-Steigung, α-Flankenwinkel):
a) Außengewinde (d-Aussendurchmesser, d_2-Flankendurchmesser, d_3-Kerndurchmesser);
b) Innengewinde (D-Außendurchmesser, D_2-Flankendurchmesser, D_1-Kerndurchmesser)

Bei der Mehrzahl der Anwendungsfälle sollte eine vorrangige Anwendung für Regelgewinde erfolgen, die gekennzeichnet sind durch normale Einschraublänge (N) und mittlere Toleranzklasse (m), eine Toleranzfeldauswahl bei Durchmessern > 1,4 mm für Innengewinde 6H und für Außengewinde 6g. Diese Arten der Toleranzkenngrößen sind weitestgehend mit den im ISO-Toleranzsystem angegebenen vergleichbar. Betrachtet man jedoch die mathematischen Bildungsgesetze zur Berechnung der Größe und der Lage der Toleranzen, so ist nach [10.27] insbesondere eine Bezogenheit auf die Steigung zu erkennen. Detailliertere Ausführungen sind [10.27] zu entnehmen.

Bei der Zeichnungsangabe sind folgende Besonderheiten zu berücksichtigen:

- Bei Regelgewinden, die den Normalbedingungen entsprechen, wird nur die Gewindeangabe vorgenommen (z.B. M 10 oder M 10 x 2).

- Bei einheitlichen Toleranzfeldern für Flanken- und Außen- bzw. Kerndurchmesser, die vom Regelgewinde abweichen, erfolgt die durch Bindestrich vom Gewinde getrennte Angabe derselben (z.B. 5H) sowie die Vorgabe der Einschraublänge (z.B. L) und der Toleranzklasse (z.B. f). Die vollständige Gewindebezeichnung für die in Klammern angegebenen Beispiele eines metrischen Gewindes mit einem Duchmesser von 10 mm und einer Steigung von 2 mm lautet dann M 10 x 2 - 5H - f L.
- Bei unterschiedlichen Toleranzfeldern von Flanken- und Außen- bzw. Kerndurchmessern wird zuerst der Flanken- (4H) und danach der Kern- bzw. Außendurchmesserbezug (5H) angegeben (z.B. M 10 x 2 - 4H 5H - f L).
- Bei Passungsangaben zweier Gewindeteile wird unter Beachtung vorangegangener Aussagen zuerst die Angabe des Innengewindes (6H) und durch Schrägstrich davon getrennt die Angabe des Außengewindes (5g 6g) vorgenommen. Die entsprechende Gewindebezeichnung lautet: M 10 x 2 - 6H / 5g 6g.

Ergänzende Hinweise zu weiteren Gewindearten und deren Toleranzen sind [10.28] bis [10.33] zu entnehmen. Für die Betrachtung weiterer werkstückspezifischer Toleranzen werden nachfolgende grundlegende Literaturstellen empfohlen:

- Kegel in [10.34] bis [10.37];
- Wälzlager in [10.38] bis [10.40];
- Gleitlager in [10.41];
- Verzahnungen in [10.42] bis [10.52];
- Lehren in [10.53] bis [10.55];

10.2 Außerhalb der Zerspanungstechnik

Unter werkstückspezifischen Toleranzen außerhalb der Zerspanungstechnik sind die Toleranzen zu verstehen, die sich ebenfalls am Werkstück widerspiegeln, jedoch in den anderen Stufen der Kette der Fertigungsverfahren neben der Zerspanungstechnik wirksam werden. Diese Kategorie soll am Beispiel der Toleranzen für metallische Gußwerkstücke nähere Erläuterung finden (vgl. auch [10.56] bis [10.67]).

Beim Aufbau dieses Systems war man bestrebt, die Erkenntnisse und Erfahrungen des ISO-Paß- und Toleranzsystems für die Bedingungen der Zerspanungstechnik auf die Bereiche der Urformtechnik zu übertragen. Betrachtet man die Einflußfaktoren auf die Genauigkeit beim Gießprozeß, so ist festzustellen, daß eine Vielzahl von Einflußfaktoren diesen Prozeß beeinträchtigt. Einige wesentliche resultieren aus der Modellherstellung, dem Formverfahren, dem Schmelzverfahren, dem Gießverfahren, der Schwindung, der Putztechnik, der Wärmebehandlung sowie eventuell erforderlicher weiterer Nachbehandlungsverfahren. Nicht zuletzt aus diesen Gründen erweist sich eine nachfolgende Werkstückbearbeitung durch spanende Verfahren als notwendig. Zum Grundaufbau des Toleranzsystems ist zu bemerken, daß unter Bezugnahme auf das Fertigteil-Nennmaß (N_F), das Gußrohteil-Nennmaß (N_G) bei Hinzuziehung der Bearbeitungszugabe (B_Z) festzulegen ist (vgl. Bild 10.4). Aus diesen Zusammenhängen wird deutlich, daß auch die Formschräge (F_S) bei der Toleranzfestlegung zu beachten ist. Da jedoch diese Kenngröße von vielschichtigen, schwer zu vereinheitlichenden Faktoren abhängig ist, wird sie nicht in die Normen aufgenommen. Demnach sind ausschließlich die Bearbeitungszugabe und die Toleranz Gegenstand der Normen. Bei der

Auswahl und der Festlegung derartiger Toleranzen werden die zwei nachfolgenden grundlegenden Modelle betrachtet:

- Das eine Modell basiert auf der Extrapolation der Größen des ISO-Toleranzsystems (theoretisches Modell mit der Gruppenbezeichnung GTA).
- Das andere Modell legt empirische Werte dem Toleranzsystem zugrunde (praktisches Modell mit der Gruppenbezeichnung GTB).

Im internationalen Maßstab wird weitestgehend auf das GTB-Modell orientiert. Nach [10.56] werden die Gußtoleranzgruppen in Gußtoleranzreihen unterteilt und die zugehörigen nennmaßabhängigen Allgemeintoleranzen angegeben. Danach gibt es die Gußtoleranzreihen GTA 14 bis GTA 20 und GTB 15 bis GTB 20. In den Folgenormen [10.58] bis [10.67] werden dann die entsprechenden Bearbeitungszugaben festgelegt. Damit ist eine eindeutige Festlegung der Größe und der Lage der Toleranzen gegeben. Sollen allerdings Toleranzwerte mit höheren Genauigkeiten vorgeschrieben werden, dann sind diese Toleranzen detailliert in die Zeichnung einzutragen. Für die Zeichnungseintragung der Toleranzen gelten die gleichen Grundsätze, die auch bei den ISO-Toleranzen bereits genannt sind, natürlich unter besonderer Beachtung der Gußnormen. Ein dementsprechendes Bezeichnungsbeispiel für ein mit Allgemeintoleranzen konstruiertes Gußwerkstück könnte in der Nähe des Schriftfeldes die Bezeichnung tragen: "DIN 1683 - GTB 19" oder auch "DIN 1683 - GTB 18 - BZ 6".

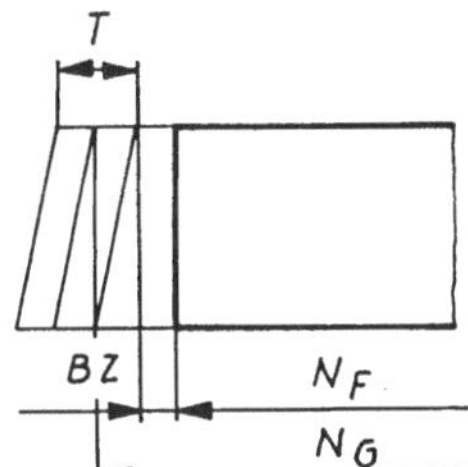

Bild 10.4
Prinzipielle Einflußfaktoren beim Toleranzsystems für Gußwerkstücke

Über die Toleranzen an Gußteilen hinausgehend, sind weitere werkstückspezifische Toleranzen in den aufgeführten Literaturstellen zusammengestellt:

- Toleranzen im Formenbau in [10.68];
- Toleranzen für Schmiedestücke in [10.69] bis [10.70];
- Toleranzen für Stanzteile in [10.71] bis [10.73];
- Toleranzen für Schweißkonstruktionen in [10.74] bis [10.76];
- Toleranzen beim Brennschneiden in [10.77] bis [10.78];
- Toleranzen für Glasflaschen in [10.80];
- Toleranzen für Optikteile in [10.81] bis [10.82];

Die in diesem Abschnitt angegebenen Literaturstellen können natürlich nur einen Auszug aus der Gesamtpalette der grundsätzlich möglichen Tolerierungsaufgaben darstellen. Sie verdeutlichen jedoch, daß bei den verschiedensten Bezugnahmen Tolerierungsvorschriften existieren und ihre Anwendung in der Mehrzahl der Fälle zu Vereinfachungen führt. Für in diesem Abschnitt nicht angegebene Werkstückarten wird auf das DIN-Normenwerk hingewiesen, das ein einfaches Auffinden der Themenkomplexe über das entsprechende Normenverzeichnis ermöglicht.

11 Passungen

11.1 Grundlagenbetrachtungen

Eine Passung kennzeichnet das maßliche Zusammenwirken mehrerer Einzelteile, insbesondere derer Maßabweichungen bzw. Maßtoleranzen ([11.8]). So spricht man, z.B. beim Zusammenbau einer Welle mit einer Bohrung davon, daß die sich dabei berührenden Stellen oder geometrischen Elemente eine Passung bilden. Unter Bezugnahme auf die in den Bildern 2.1 und 11.3 gezeigten einfachen Rund- und Flachpassungen sowie der grundlegenden, im Abschnitt 3 genannten Definition einer Passung, ergibt sich nachfolgende Erklärung für die im Bild 11.1 dargestellten Einfach- und Mehrfachpassungen.

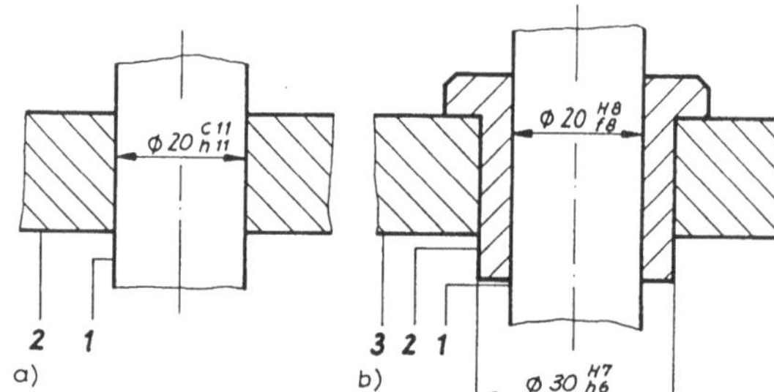

Bild 11.1
Beispiele für Passungen an Lagerungen: a) Einfachpassung; b) Mehrfachpassung

Bei der im Bild a) dargestellten einfachen Passung (aus zwei Paßteilen bestehend) ergeben sich für die im montierten Zustand vorliegende Baugruppe nach Bild b) drei örtliche Stellen, an denen Passungen auftreten (Mehrfachpassung). Die erste ergibt sich zwischen der Gehäusebohrung und dem Außendurchmesser des Wälzlageraußenringes, die zweite zwischen dem Wellenaußendurchmesser und dem Innendurchmesser des Wälzlagerinnenringes und die dritte im Wälzlager (hier nicht separat hervorgehoben) selbst, d.h. zwischen dem Rollbahnaußendurchmesser des Innenringes, dem Rollbahninnendurchmesser des Außenringes und den Wälzkörperkugeln. Um ein Drehen der Welle in der feststehenden Gehäusebohrung zu ermöglichen, müßten die Innenteile maßlich kleiner sein als die entspre-chenden Außenteile oder anders ausgedrückt, an mindestens einer Verbindungsstelle muß freie Bewegungsmöglichkeit zwischen den Paarungsteilen gegeben sein.

Spiel ergibt sich, wenn das Bohrungsistmaß größer als das Wellenistmaß ist.

In einem derartigen Fall spricht man auch vom Vorhandensein von "Spiel". Diese Bedingung wird im Beispiel durch das Wälzlager selbst erfüllt. Von den Passungen des

Wälzlagers mit der Gehäusebohrung und der Welle wird dagegen ein relativ fester Sitz gefordert, d.h. es darf kein Spiel vorhanden sein. In einem derartigen Fall spricht man von einer "Pressung". Man sagt auch die Passung hat Übermaß.

Übermaß ergibt sich, wenn das Wellenistmaß größer als das Bohrungsistmaß ist.

Aus diesen Erläuterungen wird deutlich, daß die Passungen ein Bindeglied zwischen den Funktionsanforderungen und den Maßtoleranzen darstellen. Sie bilden also bei zu paarenden Teilen einerseits die Voraussetzung, um Toleranzen ableiten zu können. Andererseits berücksichtigen sie das Zusammenwirken mehrerer Toleranzen von Einzelteilen in Baugruppen. Einen Überblick über die verschiedenartigen Auslegungsvarianten von Passungen gibt Bild 11.2.

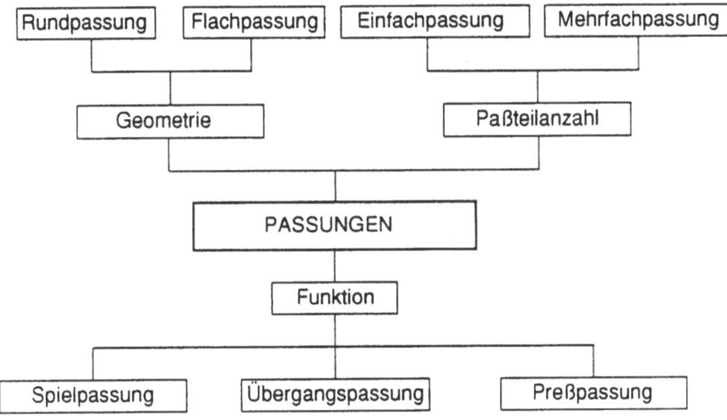

Bild 11.2 Einteilungsprinzip verschiedenartiger Passungsarten

Danach ergeben sich unter Beachtung der geometrischen Gestaltung der die Passung bildenden Einzelteile Rundpassungen (vgl. Bilder 1.3, 2.1 und 11.1), die die Mehrzahl der in der Praxis auftretenden Passungen bilden, und Flachpassungen (vgl. Bild 11.3). Nach der Anzahl der Passungen wird unterschieden in Einfachpassungen (vgl. Bilder 2.1 und 11.3) und Mehrfachpassungen (vgl. Bild 11.1.). Vom jeweiligen Funktionsverhalten der Baugruppe abgeleitet, ist zu unterscheiden in Spielpassung, Übergangspassung und Preßpassung, die im weiteren näher erläutert werden. Bisher wurde angenommen, daß die Gewährleistung einer Passung ausschließlich von den Maßen derjenigen Einzelteile abhängig ist, die eine Passung bilden. Diese Annahme ist jedoch nicht uneingeschränkt zu bestätigen. Das begründet sich insbesondere darin, daß neben den Maßabweichungen auch die Form- und Lageabweichungen den Passungscharakter wesentlich beeinflussen können, was bereits am einfachsten Beispiel einer Rundpassung erkennbar ist. Wird dabei davon ausgegangen, daß eine abweichungsfreie Bohrung mit einer Welle gepaart werden soll und alle örtlichen Istmaße der Welle kleiner sind als der Bohrungsdurchmesser, dann müßte eine leichtgängige Spielpassung, möglich sein. Wird jedoch davon ausgegangen, daß die Welle zusätzlich eine Kreisformabweichung in der Ausführungsform eines Gleichdickes aufweist (vgl. Bild 5.1), dann wird ein Klemmen bzw. eine Nichtfügbarkeit der Baugruppe eintreten. Demzufolge müssen bei der Passungsauswahl die in den Folgeabschnitten erläuterten Grundlagen Berücksichtigung finden.

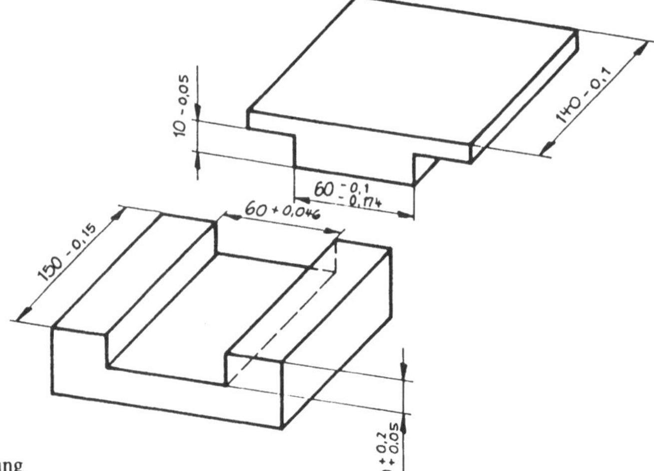

Bild 11.3
Prinzipbeispiel einer Flachpassung

Aus diesem Grunde wurde auch der Taylor'sche Grundsatz [1.9] entwickelt, der u.a. auch im Hüllprinzip seine entsprechende Berücksichtigung findet (vgl. Abschnitt 12). Für das Einhalten derartiger Voraussetzungen sind die Betrachtungen zu den Passungen auch ohne separate Einbeziehung der Form- und Lageabweichungen möglich, wie es nachfolgend in diesem Abschnitt vorgestellt wird. Ergänzend sei noch erwähnt, daß in diesem Abschnitt die Einfachpassungen nähere Betrachtung finden. Aussagen zum Zusammenwirken mehrerer Einzelteile, wie sie u.a. bei Mehrfachpassungen vorliegen sind im Abschnitt Maßketten angegeben. Bei einer Betrachtung der Arten der Passungen unter Zugrundelegung des Funktionsverhaltens bezieht man sich günstigerweise auf die Darstellungsform der Maßtoleranzfelder nach dem ISO-Toleranzsystem (vgl. dazu Bild 4.3). Geht man von der Zuordnung der Toleranzfelder zweier Paßteile aus, so ergeben sich drei prinzipielle Zuordnungsmöglichkeiten (Bild 11.4).

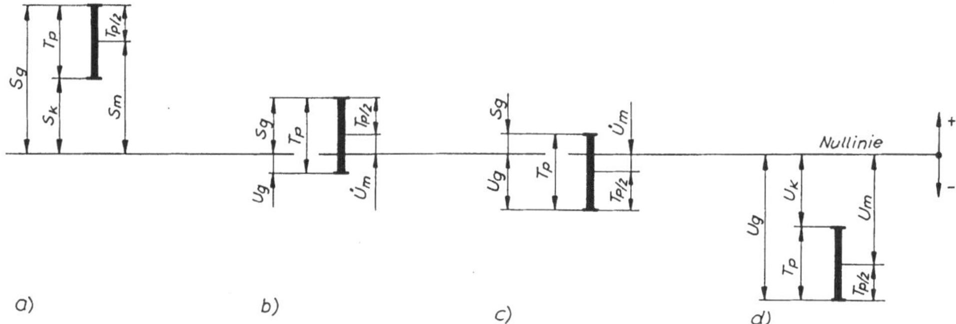

Bild 11.4 Sinnbildliche Darstellungen der Passungsarten: a) Spielpassung; b) Übergangspassung mit ES > es; c) Übergangspassung mit ES < es; d) Preßpassung

- Eine Spielpassung ist dadurch gekennzeichnet, daß ihr Bohrungstoleranzfeld immer oberhalb des Wellentoleranzfeldes liegt (Bild 11.4 a). Bei derartigen Teilen ergibt sich nach deren Paarung immer eine freie Bewegungsmöglichkeit (Spiel). Deshalb nennt man diese Passungen Spielpassungen.

Bei einer Spielpassung weist die Paarung stets einen beweglichen Sitz der Paßteile zueinander auf.

Als kennzeichnende Größen werden das Höchstspiel (früher: Größtspiel S_g) und das Mindestspiel (früher: Kleinstspiel S_k) definiert. Sie bilden die Grenzwerte, innerhalb derer jedes Istspiel liegen muß und sind folgendermaßen zu bestimmen:

$$S_g = |ES - ei| = G_{oB} - G_{uW} \tag{11.1}$$

$$S_k = |EI - es| = G_{uB} - G_{oW} \tag{11.2}$$

In den Gleichungen können auch anstelle der oberen Abmaße die Höchstmaße (G_o) und für die unteren Abmaße die Mindestmaße (G_u) eingesetzt werden. Als Kriterium für eine Spielpassung gilt, daß S_k und S_g größer Null sein müssen.

- Eine Preßpassung ist dadurch gekennzeichnet, daß das Wellentoleranzfeld grundsätzlich oberhalb des Bohrungstoleranzfeldes liegt (Bild 11.4 d). Sollen derartig tolerierte Teile gepaart werden, dann ist dies nur mit zusätzlichen Kraftaufwendungen möglich, da die Welle stets größer ist als die Bohrung. Sie weisen also Übermaß auf und werden dementsprechend auch als Übermaß- oder auch Preßpassungen bezeichnet ([11.9]).

Bei einer Preßpassung weist die Paarung stets einen festen Sitz der Paßteile zueinander auf.

Die dem Höchst- und Mindeststspiel adäquaten Größen sind das Höchstübermaß (früher Größtübermaß U_g) und das Mindestübermaß (früher Kleinstübermaß U_k). Auch in diesen Gleichungen können die entsprechenden Grenzmaße eingesetzt werden.

$$U_g = -|EI - es| = -(G_{uB} - G_{oW}) \tag{11.3}$$

$$U_k = -|ES - ei| = -(G_{oB} - G_{uW}) \tag{11.4}$$

Als Kriterium für eine Preßpassung gilt, daß U_k und U_g kleiner Null sein müssen.

- Eine Übergangspassung stellt eine Zwischenvariante der beiden voranstehend genannten dar, wobei sich die Toleranzfelder der Paarungsteile bei ihrer Darstellung überlappen.

Bei einer Übergangspassung weist die Paarung in Abhängigkeit von den Istmaßen der Paßteile entweder Spiel oder Übermaß auf.

Demzufolge kann nach dem Paaren derartiger Teile, jeweils in Abhängigkeit von den Istmaßen entweder Spiel oder auch Übermaß auftreten. Solche Passungen werden als

Übergangspassungen bezeichnet. Die kennzeichnenden Werte sind das Höchstspiel nach Gleichung (11.1) und das Höchstübermaß nach Gleichung (11.3). Als Kriterium für eine Übergangspassung gilt, daß ihr S_g größer oder gleich und ihr U_g kleiner Null sind.

Bei der Erläuterung der drei Passungsarten wurden diejenigen Kenngrößen angewendet, die den Sollzustand charakterisieren. Um letztendlich im Ergebnis der Fertigung und Prüfung eine Bewertung vornehmen zu können, ist der Istzustand zu beschreiben und mit dem Sollzustand zu vergleichen. Dazu finden das Istspiel (S_i) und das Istübermaß (U_i) Anwendung. Beide ergeben sich aus der Differenz der Istmaße von Bohrung (I_B) und Welle (I_W).

$$S_i = - U_i = I_B - I_W \tag{11.5}$$

Das Istspiel kann jedoch auch empirisch an der Passung selbst, d.h. nach dem Zusammenbau gemessen werden, was allerdings für das Istübermaß nicht exakt möglich ist. Aus einer derartigen Bewertung des Istzustandes kann dann die Einhaltung der Passungsarten wie folgt überprüft werden:

- bei einer Spielpassung gilt: $S_g > S_i > S_k$;
- bei einer Preßpassung gilt: $U_g > U_i > U_k$;
- bei einer Übergangspassung gilt: $S_g > S_i$ bzw. $U_g > U_i$

Die bisherigen Betrachtungen sind stets davon ausgegangen, daß eine Passung durch seine Extremwerte d.h. durch seine Grenzmaße, zu beschreiben ist. Insbesondere in den letzten Jahren verstärkte sich aus mehreren Gründen die Vorgabe einer Kenngröße über eine Mittenkennzeichnung und einen dazu günstigerweise symmetrisch angeordneten zulässigen Schwankungsbereich (vgl. auch Abschnitt Maßketten). Für die Mittenkennzeichnung nutzt man in Abhängigkeit von der Passungsart:

- bei Spielpassungen das mittlere Spiel (S_m);
- bei Preßpassungen das mittlere Übermaß (U_m);
- bei Übergangspassungen den mittleren Übergang ($Ü_m$);

die sich jeweils aus den arithmetischen Mittelwerten der sie bildenden Basiskomponenten ergeben:

$$S_m = \frac{S_g + S_k}{2} \tag{11.6}$$

$$U_m = \frac{U_g + U_k}{2} \tag{11.7}$$

$$Ü_m = \frac{S_g}{2} \text{ (wenn } S_g > |U_g|\text{)} = \frac{U_g}{2} \text{ (wenn } S_g < |U_g|\text{)} \tag{11.8}$$

Für die Kennzeichnung des Bereiches, in dem ein Istspiel bzw. Istübermaß schwanken darf, nutzt man die Paßtoleranz (T_P), die allgemein aus der Summe der Toleranzen von Bohrung und Welle oder aus der algebraischen Differenz zwischen Höchst- und Mindestpassung nach den Gleichungen 11.9 bis 11.11 berechnet wird. Diese Zusammenhänge können in Analogie zu den Maßtoleranzen auch bildlich verdeutlicht werden.

> Die Paßtoleranz ergibt sich aus der möglichen Schwankung des Istspieles bzw. -übermaßes oder aus der Summe von Bohrungs- und Wellentoleranz.

Dabei ist zu beachten, daß die Größen, wie Spiele und Übermaße, in Abgrenzung zu den Maßtoleranzen nicht als Felder, sondern als Linien dargestellt werden (Bild 11.5).

$$T_P = S_g - S_k \tag{11.9}$$

$$T_P = |U_g - U_k| \tag{11.10}$$

$$T_P = S_g - U_g \tag{11.11}$$

Bei der Übergangspassung ist zu beachten, daß nach Gleichung (11.8) für den mittleren Übergang ($Ü_m$), unabhängig von seiner Lage im Spiel-Übergangs-Schaubild gleiche Werte berechenbar sind (vgl. 11.5 b und c). Demzufolge ist bei einer Lagedeutung dieser Größe stets der Vergleich zwischen Höchstspiel und Höchstübermaß zu beachten.

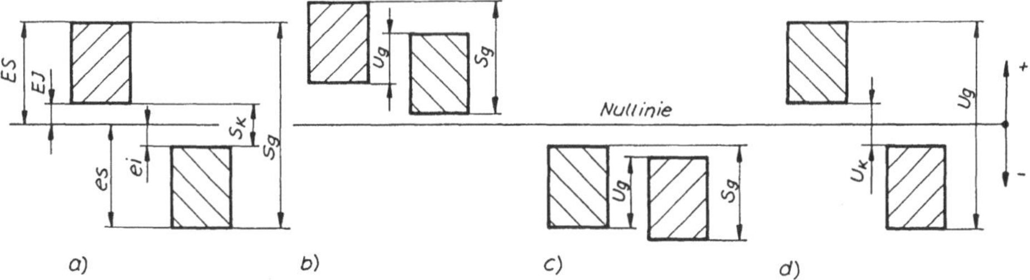

Bild 11.5 Schematische Darstellung der Kenngrößen von Passungen: a) Spielpassung; b) Übergangspassung mit $S_g > |U_g|$; c) Übergangspassung mit $S_g < |U_g|$; d) Preßpassung

Verallgemeinerte Begriffe, wie Höchstpassung (P_o) für Höchstspiel und -übermaß sowie Mindestpassung (P_u) für Mindestspiel und -übermaß finden auch Anwendung.

11.2 Paßsysteme

11.2.1 Vorbemerkung

Voranstehend wurde bereits verdeutlicht, daß einerseits die Passungen das Bindeglied zwischen den Funktionsanforderungen und Fertigungsvorgaben in Form der Maßtoleranzen darstellen und andererseits die Lösungen an eine Vereinheitlichung der Maßtoleranzen in

Form des ISO-Toleranzsystems bestehen. Aus diesen Gründen leiten sich gleichermaßen die Anforderungen an den Aufbau eines Paß- oder auch Passungssystems ab. Diese Aussage soll auch durch das im Bild 11.6 dargestellte theoretisierte Beispiel erläutert werden.

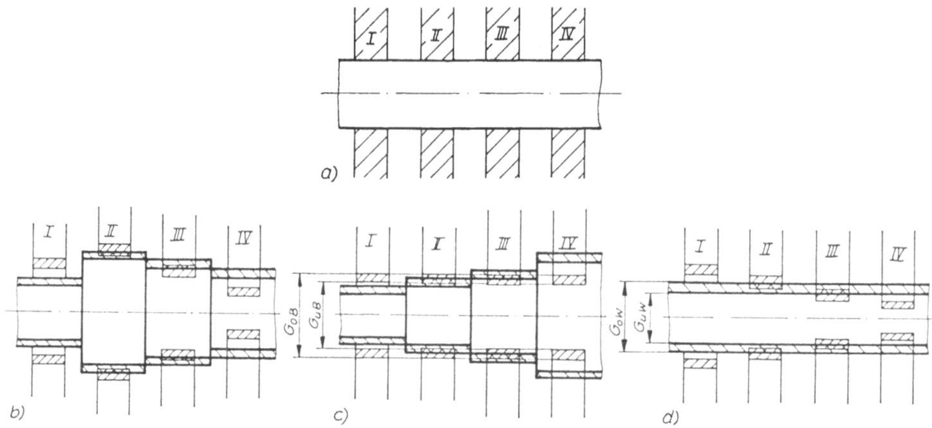

Bild 11.6 Theoretisiertes Beispiel einer Mehrfachpassung: a) Funktionsanforderungen; b) Realisierungsvariante I; c) Realisierungsvariante II; d) Realisierungsvariante III

Von der Welle wird verlangt, daß sie mit 4 Bohrungen gepaart wird, von denen verschiedenartige Funktionen verlangt werden (Paßstelle 1: sehr leichte Beweglichkeit; Paßstelle 2: leichte Beweglichkeit; Paßstelle 3: gleitende Beweglichkeit; Paßstelle 4: fester unbeweglicher Sitz). Betrachtet man Paßstelle 1 spezieller, so bietet sich zur Umsetzung dieser Anforderungen die Auswahl einer Spielpassung an. Das bedeutet, daß die Kenngrößen Höchst- und Mindestspiel festzulegen sind. Daran anschließend ist die Aufteilung auf die Maßtoleranzen vorzunehmen. Dazu bieten sich verschiedene Möglichkeiten an. So kann beispielsweise in einem ersten Schritt die Aufteilung der Paßtoleranz auf die Bohrungs- und Wellentoleranz gleichmäßig oder auch unterschiedlich gewichtet erfolgen. Betrachtet man die unterschiedlichen Fertigungsaufwendungen zur Herstellung von Bohrungen und Wellen, so wird man günstigerweise für die Bohrungen größere Toleranzen anstreben als für die Wellen. In einem weiteren Schritt müßte dann die Toleranzfeldlage, z.B. über das Grundabmaß oder auch über das Mittenmaß, festgelegt werden. Dazu bieten sich verschiedenartige Lösungen an, deren bevorzugte Auswahl im wesentlichen von den normierten Maßtoleranzen bestimmt wird. Aber auch unter diesem Gesichtspunkt ergibt sich noch eine Vielzahl von Auslegungsvarianten. Derartige Überlegungen sind auch für die Paßstellen 2 bis 4 zu führen. Im Ergebnis dieser Betrachtungen könnte eine Tolerierung nach der Realisierungsvariante I entstehen. Sie ist gekennzeichnet durch eine willkürliche Zuordnung der Maßtoleranzen. Betrachtet man die Paßteile, so ist festzustellen, daß alle Paßmaße unterschiedlich sind und demzufolge eine Vielzahl von Werkzeugen, Prüfmitteln usw. einzusetzen ist, die wiederum zu einer Kostenerhöhung für die Herstellung führen. Um diesem Sachverhalt entgegenzuwirken, bieten sich wiederum vereinheitlichte Betrachtungsweisen an. Es sind:

- Die erste wird durch die im Bild 11.6 angegebene Realisierungsvariante II deutlich. Dabei werden die Toleranzfeldlagen der Bohrungen alle einheitlich gewählt und die Toleranzfeldlagen der Wellen unter Berücksichtigung der Funktionsanforderungen in

Zuordnung zu den jeweiligen Bohrungstoleranzfeldern unterschiedlich gewählt. Eine derartige Vorgehensweise bezeichnet man auch als System Einheitsbohrung.
- Die zweite Art wird aus der Realisierungsvariante III deutlich. Dabei wird als einheitliches Bezugselement die Welle gewählt. Diese Vorgehensweise bezeichnet man auch als System Einheitswelle.
- Letztendlich wird es auch für einige Funktionsanforderungen erforderlich sein, eine Mischvariante zwischen den Systemen Einheitsbohrung und Einheitswelle umzusetzen. Eine derartige Vorgehensweise wird unter der Bezeichnung Verbundsystem geführt.

11.2.2 System Einheitswelle

Das System Einheitswelle wählt als einheitliche Bezugsbasis die Welle, d.h. die Welle ist grundsätzlich in einer Toleranzfeldlage mit dem Bezugsbuchstaben h zu tolerieren. Damit sind alle oberen Wellenabmaße in diesem System es = 0; die unteren Wellenabmaße ei werden in Abhängigkeit von der jeweiligen Qualität gewählt.

Das System Einheitswelle ist durch die grundsätzliche Vorgabe des Toleranzkurzzeichens h bei einer Passung gekennzeichnet.

Betrachtet man im Toleranzdiagramm die Toleranzfeldlagen, dann ergibt sich der im Bild 11.7 dargestellte Zusammenhang.

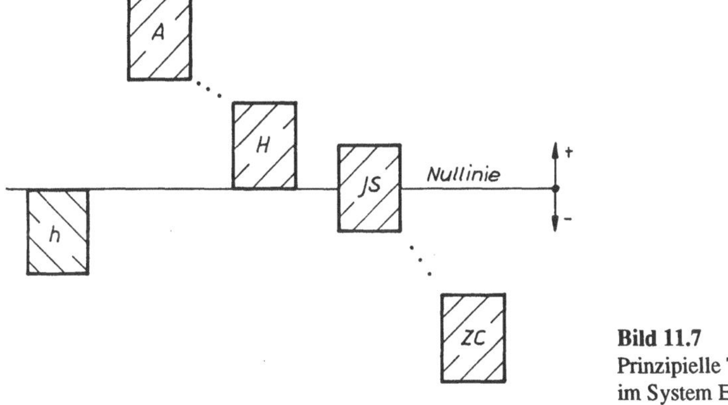

Bild 11.7
Prinzipielle Toleranzfeldzuordnungen im System Einheitswelle

Hieraus wird ersichtlich, daß die Maßtoleranzfestlegung der Welle mit dem Toleranzfeld h vorgeschrieben ist und in Abhängigkeit vom jeweiligen Passungscharakter die Zuordnung der Bohrungstoleranzfelder vorgenommen wird. Dabei gelten für:
- Spielpassungen die Toleranzfelder A bis H;
- Übergangspassungen die Toleranzfelder JS (K);
- Preßpassungen die Toleranzfelder L bis ZC.

Eine detaillierte Zusammenstellung bevorzugt anzuwendender Passungen ist in [11.1] und [11.2] angegeben.

11.2.3 System Einheitsbohrung

Beim System Einheitsbohrung wird grundsätzlich als einheitliches Bezugselement die Bohrung gewählt. Es sind also alle Bohrungstoleranzen durch die Toleranzfeldlage H gekennzeichnet und damit das untere Abmaß EI = 0; die oberen Bohrungsabmaße ES werden in Abhängigkeit von der jeweiligen Qualität ausgewählt.

Das System Einheitsbohrung ist durch die grundsätzliche Vorgabe des Toleranzkurzzeichens H bei einer Passung gekennzeichnet.

Der Grundgedanke wird im Toleranzfelddiagramm nach Bild 11.8 deutlich.

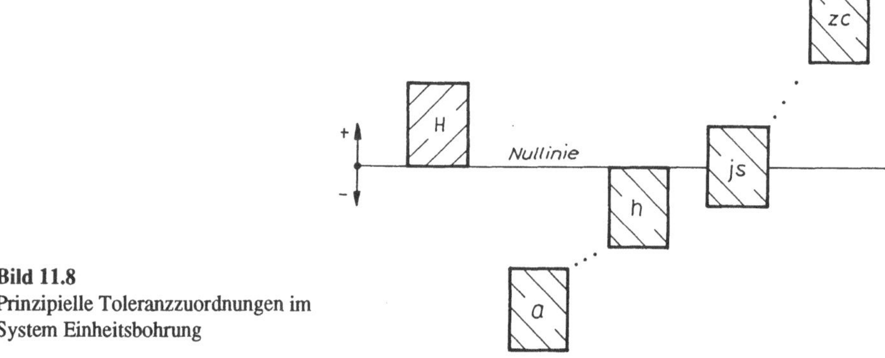

Bild 11.8
Prinzipielle Toleranzzuordnungen im System Einheitsbohrung

Danach wird das Maßtoleranzfeld der Bohrung mit dem Buchstaben H festgelegt. In analoger Vorgehensweise zum System Einheitswelle erfolgt die Auswahl bzw. Zuordnung der Wellentoleranzfelder. Detaillierte Zuordnungsvorschriften sind in [11.3] und [11.4] zusammengestellt.

11.2.4 Verbundsystem

In einigen Funktionsfällen wird es insbesondere aus wirtschaftlicher Sicht günstig sein, die Anwendung der Systeme Einheitsbohrung und Einheitswelle miteinander zu verknüpfen. Hierbei spricht man dann vom Verbundsystem.

Das Verbundsystem verkörpert die gemeinsame Anwendung des Systems Einheitsbohrung und des Systems Einheitswelle bei einer Passung.

Das Verbundsystem stellt also eine gleichzeitige Anwendung der in den Bildern 11.7 und 11.8 angegebenen Toleranzfeldzuordnungen dar. Die erläuterten Systeme sind ein verein heitlichtes Hilfsmittel, um insbesondere bei Berücksichtigung kostengünstiger Entwicklung, Herstellung und Austauschbarkeit, Passungen und Toleranzen festlegen und auswählen zu können.

11.3 Funktions-, Fertigungs-, Prüf- und Austauschbaugerechtheit

In diesem Abschnitt werden die Anforderungen unter Beachtung der Funktion, der Fertigung, Prüfung und Montage bzw. des Austauschbaus zusammengefaßt. Die richtige Passungsauswahl hat zwei wesentliche Aufgaben zu erfüllen:

- Die erste und wichtigste besteht in der Festlegung der geplanten Funktionserfüllung des zu entwickelnden Erzeugnisses. Sie wird als die notwendige Aufgabe bezeichnet und charakterisiert damit auch die Funktionsgerechtheit;
- Die zweite besteht in der wirtschaftlichen oder auch kostengünstigen Herstellung und Betreuung des Erzeugnisses. Sie wird als die hinreichende Aufgabe bezeichnet und charakterisiert die Gewährleistung der Fertigungs- Prüf- und Austauschbaugerechtheit.

Eine Einhaltung der *Funktionsgerechtheit* wäre recht einfach zu erzielen, wenn für alle möglichen Funktionsanforderungen komplexe mathematische Berechnungsmodelle zur Toleranz- und Passungsbestimmung existieren und entsprechende Anwendung finden könnten. Das ist gegenwärtig jedoch nur bei einigen ausgewählten einfachen Baugruppen der Fall, sodaß in der Mehrzahl auf betriebspraktisch erprobte Beispiellösungen zurückgegriffen werden muß. Auch beim Umgang mit bereits erworbenen Kenntnissen muß man sehr sorgfältig sein, da bereits geringfügige Veränderungen der Rahmenbedingungen bei der Passungsbestimmung wesentliche negative Einschränkungen bewirken können. In manchen Fällen wird es sich sogar als günstig erweisen, umfangreiche Vorversuche durchzuführen, um auf empirischem Wege eine Optimalvariante auswählen zu können. Es soll an dieser Stelle trotzdem der Versuch unternommen werden, aus den bisherigen Erfahrungen einige allgemeine Hinweise zu geben. Sie können jedoch keine Gewähr auf eine gesicherte Funktionserfüllung geben und auch keinen Anspruch auf Vollständigkeit erfüllen. Als allgemeinen Hinweis sollte man jedoch voranstellen, daß bei der Aufteilung der Paßtoleranz auf die Maßtoleranzen der Paßteile die Bohrungstoleranz im allgemeinen stets größer zu wählen ist als die Wellentoleranz, da diese meist einfacher fertigungstechnisch einzuhalten ist. Die prinzipielle Vorgehensweise bei der Passungsauswahl soll unter Hinzuziehung von Bild 11.9 erläutert werden.

In diesem Bild sind auf der Basis von [11.5] und [11.6] zu bevorzugende Toleranzklassen für einen ausgewählten Nennmaßbereich von 30 mm bis 40 mm angegeben. In der ersten Spalte ist für das System Einheitsbohrung die Basistoleranzklasse H7 als voll ausgezogene Toleranzfeldumrahmung eingetragen. Die dem System Einheitswelle mit etwa gleichen Funktionen zuzuordnenden Toleranzfelder sind gestrichelt eingetragen (h6 als Basistoleranzklasse). Die Passungsauswahl geschieht dann folgendermaßen. Zuerst legt der Konstrukteur den für die Funktion notwendigen Passungscharakter fest. Damit ist die Entscheidung über eine Spiel- Übergangs- oder Preßpassung getroffen. Entscheidet er sich für eine Preßpassung, dann sind nach dem Paßsystem die rechtsseitig im Bild eingetragenen Bezugstoleranzen in Zuordnung zu den eingangs genannten Basistoleranzklassen auszuwählen. Daran würde sich die Präzisierung der Genauigkeitsanforderungen, d.h. die Festlegung der Toleranzklasse anschließen. Dieser Schritt wurde im Bild durch die Vorgabe der Basistoleranzen bereits berücksichtigt. Die unteren beiden Zeilen des Bildes geben Hinweise über Vorzugsvarianten. So sind Passungen mit der Kennzeichnung 1 primär, mit der Kennzeichnung 2 sekundär usw. auszuwählen. Eine letztendliche Entscheidung ist von den Bedingungen an das Höchstübermaß, das Mindestübermaß sowie die Paßtoleranz abhängig. Aus dieser Vorgehensweise leitet sich eine Möglichkeit neben vielen anderen, die jedoch an dieser Stelle nicht weiter betrachtet werden sollen, ab.

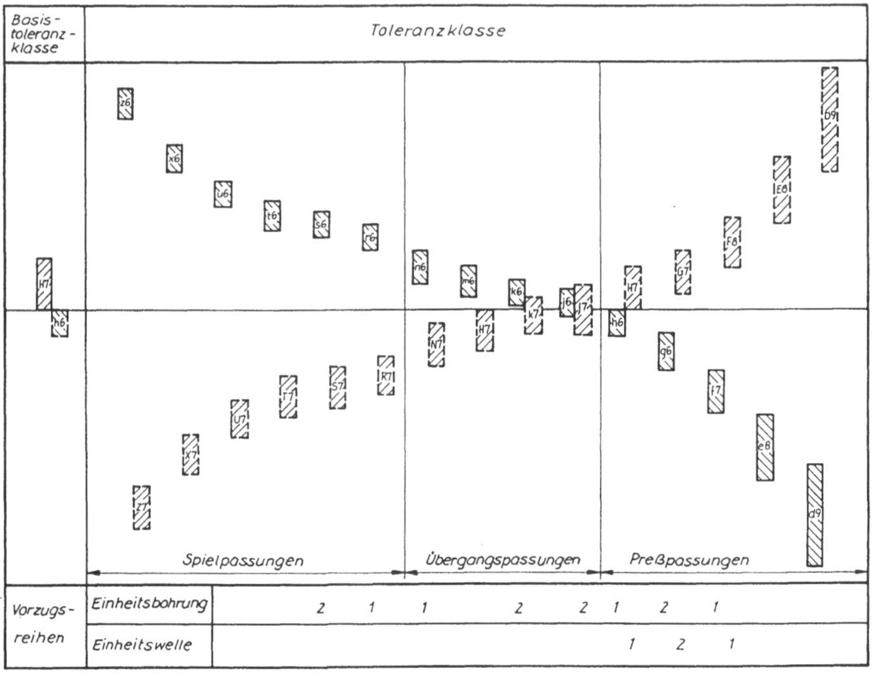

Bild 11.9 Auswahl und Zuordnungsmöglichkeiten von Maßtoleranzen in den Systemen Einheitsbohrung und Einheitswelle für Nennmaßbereiche von 30 mm bis 40 mm

Ergänzend werden anschließend Hinweise zur Passungsauswahl gegeben, wobei auf bisherige praktische Erfahrungen aus dem Funktionsverhalten von Baugruppen Bezug genommen wird. Dabei wird auf Passungen der Passungsfamilie H7 (für Einheitsbohrungen) und h6 (für Einheitswellen) eingegangen, da sie die in der Praxis am häufigsten vorkommenden Anwendungsfälle sind. Sie wurden früher auch als Schlichtpassungen bezeichnet. Für andere Passungsfamilien gilt tendenziell der dem Toleranzsystem zugrunde gelegte Gedanke, d.h. Passungsfamilien mit Paßtoleranzen kleiner als IT 7 sind für höhere Genauigkeitsanforderungen (Edel- bzw. Feinpassung) und Passungsfamilien mit Paßtoleranzen größer als IT 7 sind für gröbere Genauigkeitsanforderungen (Grobpassungen) einzusetzen. Bei der nachfolgenden Erläuterung werden zuerst die Passungen nach dem System Einheitsbohrung angeführt und in Klammern die adäquaten Passungen des Systems Einheitswelle genannt. Daran schließen sich Kurzbemerkungen zum Funktionsverhalten, zu den Montageaufwendungen und zu ausgewählten Anwendungsbeispielen an.

- Die Passungen *H7/t6 (T7/h6)* sind Preßpassungen, die für die Übertragung großer Umfangs- und Längskräfte angewendet werden. Eine separate Sicherung gegen Verdrehen und Verschieben ist größtenteils nicht erforderlich. Ein Austausch eines Paarungsteiles nach der Montage ist größtenteils nicht möglich, da beim Demontieren größtenteils Beschädigungen der Paßflächen auftreten. Zur Gewährleistung des festen Sitzes sollten jedoch separate Reibungsberechnungen (Haft- und Gleitreibung) geführt werden. Bei der Montage ist darauf zu achten, daß entweder große Fügekräfte aufzubringen sind oder zusätzliche Verrichten zum Erwärmen oder Abkühlen eines der Paßteile notwendig sind. Ausgewählte Einsatzbeispiele sind: Lagerbuchsen, Zahnräder, Flansche, Schwungräder u.ä..

- Die Passungen *H7/s6 (S7/h6)* und *H7/r6 (R7/h6)* verkörpern Preßpassungen für die Übertragung mittlerer Kräfte. Auch hierbei sollte eine Nachrechnung gegen Verdrehen erfolgen. Im allgemeinen ist eine Sicherung gegen Verdrehen nicht erforderlich; bei Notwendigkeit einer Sicherung können Paßfedern o.ä. eingesetzt werden. Auch derartige Passungen lassen sich nur schwer demontieren. Bei der Montage sind die voranstehend genannten Bedingungen zu beachten. Ausgewählte Anwendungsbeispiele sind: Lagerbuchsen, Zahnräder u.ä..
- Die Passungen *H7/n6 (N7/h6)* ergeben eine fixierte Verbindung im Rahmen einer Übergangspassung. Sie sind allerdings ohne zusätzlich Verdrehsicherung zur Übertragung von Umfangs- oder Längskräften nicht geeignet. In Ausnahmefällen ergibt sich ein minimales, praktisch kaum wahrnehmbares Spiel. Bei der Montage sind nur relativ geringe zusätzliche Kräfte zum Fügen der Passungsteile erforderlich. Anwendungsbeispiele sind: Lagerbuchsen, Bohrbuchsen u.ä..
- Die Passungen *H7/m6 (M7/h6)* stellen Übergangspassungen dar, bei denen in der Mehrzahl Übermaß auftritt, das einen festen Sitz bewirkt. In vereinzelten Fällen ist ein geringes Spiel zu erwarten. Bei Kraftübertragung ist eine Verdrehsicherung zusätzlich vorzusehen. Die Montage bzw. Demontage erfolgt demzufolge durch Ein- bzw. Auspressen. Einsatzbeispiele sind Kurbeln, Hubscheiben, Zahnräder, Bohrbuchsen, Lagerbuchsen u. ä..
- Die Passungen *H7/k6 (K7/h6)* ergeben Übergangspassungen mit erhöhtem Anteil zu erwartender kleiner Spiele gegenüber vorhergehender Passung. Demzufolge treffen ähnliche Aussagen zu.
- Die Passungen *H7/j6 (J7/h6)* stellen Übergangspassungen mit einem geringen Anteil zu erwartenden Übermaßes und einem relativ hohen Anteil zu erwartender, von der Größe allerdings sehr kleiner, Spiele dar. Weitere Aussagen sind tendenziell vorhergehend genannter Passung zuzuordnen.
- Die Passungen *H7/h6* , manchmal auch als Gleitpassung bezeichnet, ergeben eine Spielpassung mit kaum merkbarem Spiel. Sie stellt im Rahmen der voranstehend erläuterten Passungen die erste Passung dar, bei der kein Übermaß, d.h. keine Pressung auftritt. Sie sind vorrangig einzusetzen bei Paßteilen, die keine wesentliche örtliche Veränderung während der Funktion zueinander aufweisen. Sie ergeben leicht fügbare und genau positionierbare Verbindungen, die allerdings bei Kraftübertragung zusätzlich zu sichern sind. Bei einer derartigen Passungsauswahl sollten die Fertigungsbedingungen besondere Berücksichtigung finden, da bereits kleine Form- und Lageabweichungen evt. auch Meßunsicherheiten der eingesetzten Prüfgeräte den Passungscharakter verändern können. Bei der Montage ist eine präzise Zuordnung der Paßteile sowie ein gefühlvolles Fügen, das allerdings keine wesentlichen zusätzlichen Kraftaufwendungen erfordert, notwendig. Ausgewählte Tolerierungsbeispiele sind Wechselräder, Kupplungen, Distanzbuchsen, Handräder, Indexstifte, Stellringe, Wälzlageraußenlagerungen u. ä..

- Die Passungen *H7/g6 (G7/h6)* ergeben Spielpassungen mit sicherem aber nicht als Radialschlag wirkendem Spiel. Diese, manchmal als Laufpassung bezeichneten, Passungen sollten vorrangig in den Fällen Anwendung finden, wenn hohe Präzisionsanforderungen an die Passung gestellt werden. Mit derartigen Auslegungen können auch gewisse Dichtungseffekte bei zueinander beweglichen Teilen erreicht werden. Weiterhin sind sie einsetzbar bei bewegten Teilen, die eine zusätzliche axiale Bewegungsmöglichkeit aufweisen müssen. Die Montage derartiger Verbindungen ist sehr einfach. Einige Passungsbeispiele sind Ventilspindeln, Wechselräder, Teilkopfspindeln, Wechselräder, Zahnräder, Kupplungsteile, Ziehkeilräder u. a..
- Die Passungen *H7/f7 (F8/h6)* ergeben die am häufigsten angewendeten Spielpassungen, die teilweise auch als Laufpassungen bezeichnet werden. Sie weisen merkliches Spiel auf und lassen sich einfach ohne zusätzliche Anforderungen montieren. Ausgewählte Anwendungen sind Lagerungen für Kurbelwellen und Nockenwellen u. a..
- Die Passungen *H7/e8 (E9/h7)* sind Spielpassungen mit relativ großen Spiel. Weitere Anforderungen sind tendenziell mit voranstehender Passung vergleichbar.
- Die Passungen *H7/d9 (D10/h7)* sind Spielpassungen mit sehr großem Spiel. Auch hierbei gelten tendenziell voranstehende Aussagen.

Eine Einhaltung der *Fertigungs-, Prüf- und Austauschbaugerechtheit* hat neben den bereits bei den Maßtoleranzen genannten Bedingungen folgende Hinweise zu beachten, die aus dem Entstehungsbereich der Passungen, nämlich der Montage, resultieren. Dazu gehören u.a. Montageaufwandsbetrachtungen. Läßt sich eine Baugruppe mit einer Spielpassung relativ einfach, d.h. ohne wesentliche zusätzliche Aufwendungen fügen, so ist bei einer Übergangspassung neben einer zu beachtenden Präzision beim Zuführen der Paarungsteile zueinander ein zusätzlicher Kraftaufwand in den Fällen erforderlich, wenn die Paarungsteile Übermaß zueinander aufweisen. Die Montage einer Preßpassung wird prinzipiell zusätzliche Aufwendungen erfordern. Die erforderlichen Längs-, Quer- oder auch gemischte Längs-/Querpressungen sind entweder durch gezielte Kraftaufwendungen mittels Pressen bzw. anderer Einrichtungen oder auch durch Schrumpf- oder Dehnpassungen mittels Erwärmung bzw. Kühlung eines der Paßteile fügbar.

Ergänzend sei noch zur Prüfgerechtheit folgender Hinweis angebracht. Eine meßtechnische Nachweisführung einer Passung im Ergebnis der Montage von Einzelteilen wird sich in der Mehrzahl der Fälle erübrigen. Das wird insbesondere immer dann der Fall sein, wenn die die Passung bildenden Einzelteile bereits überprüft worden sind und bei der weiteren Bearbeitung maßbeeinflussende Zusatzerscheinungen ausgeschlossen werden können. Sollten diese Bedingungen nicht einhaltbar sein, dann ist auf spezialisierte, größtenteils baugruppenspezifische Meßeinrichtungen zurückzugreifen. Dazu gehören z.B. Radialluftmeßgeräte für Wälzlager. Als prozeßintegrierbare Meßeinrichtungen, die allerdings auch nur auf eines der Paarungsteile wirken, aber mit entsprechenden maßlichen Bezug auf das andere Paarungsteil, finden auch die sogenannten Paarungsmaßsteuerungen als eine spezielle Art der Maßsteuerungen Anwendung.

11.4. Zeichnungseintragung

Da Passungen sich aus dem Zusammenwirken mehrerer Einzelteile ergeben, werden sie auch nur in der Montage- oder Zusammenbauzeichnung ihre Berechtigung haben. Das trifft jedoch auch nur für derartige Passungen zu, die nicht bereits in Form einer Maßtoleranzvorgabe in den entsprechenden Einzelteilzeichnungen verankert sind. Hieraus wird bereits ersichtlich, daß die Zeichnungseintragung gegenüber den Maßtoleranzen von untergeordneter Bedeutung ist. Sollte dennoch eine Eintragung notwendig sein, dann erfolgt die Eintragung analog der Maßtoleranzangabe. Das bedeutet, daß zum Nennmaß hochgestellt und in etwa bei 70 %-iger Größendarstellung das Toleranzfeldkurzzeichen für die Bohrung einzutragen ist. Analog erfolgt die Angabe des Wellentoleranzfeldkurzzeichens, das tiefgestellt zum Nennmaß (z.B. $34\,^{H7}_{h6}$) angegeben wird. Nach [4.13] können Kurzzeichen von Toleranzfeldern auch nachfolgend zum Nennmaß in der Reihenfolge Bohrungsangabe und durch Schrägstrich getrennte Wellenangabe erfolgen (z.B. 34 H7/h6). Liegen dagegen Maßtoleranzen, die durch die Grenzabmaße angegeben sind, vor, dann sind diese als zwei Maßangaben mit separater Paßteilzuordnung anzugeben. Für die Paßteilzuordnung können sowohl die allgemeinen Begriffe (Bohrung, Welle) oder auch die in der Stückliste angegebenen speziellen Bezeichnungen (Buchse, Lager o.ä.) Anwendung finden.

11.5 Regeln

Auf der Basis der voranstehenden Ausführungen sollten schwerpunktmäßig nachfolgende, nicht gewichtete Grundsätze bei der Passungsfestlegung und -auswahl beachtet werden:

- *Bestimme* den Passungscharakter aus dem Funktionsverhalten des Produktes und lege die Art der Passung fest (Spiel-, Übergangs- oder Preßpassung);
- *Beachte* , daß Spielpassungen kein Übermaß und Preßpassungen kein Spiel haben; bei Übergangspassungen können in Abhängigkeit vom jeweiligen Istmaß der Paarungsteile entweder Pressung oder Spiel auftreten;
- *Berücksichtige* bei der Passungswahl die Möglichkeit der Anwendung von Paßsystemen (System Einheitswelle, System Einheitsbohrung oder Verbundsystem);
- *Wähle,* sofern funktionstechnisch möglich, im Normenwerk als Vorzugspassungen ausgewiesene Passungen;
- *Beachte,* daß der Passungscharakter von der gesamten Geometrie der Paarungsteile bestimmt wird. Demzufolge ist bei der ausschließlichen Maßtoleranzfestlegung entweder das Hüllprinzip vorzuschreiben oder bei Anwendung des Unabhängigkeitsprinzips eine Einbeziehung der Form- und Lagetoleranzen vorzunehmen (Taylor'scher Grundsatz);
- *Beachte* bei der Auswahl einer H/h-Passung als Spielpassung, daß bei der theoretischen Toleranzzuordnung zwar immer ein Spiel zu erwarten ist, im praktischen Fall jedoch Übermaße, insbesondere durch nicht eindeutig nachweisbare Form- und Lageabweichungen als auch nacharbeitsseitig orientierte Fertigungen auftreten können;
- *Berücksichtige* bei der Aufteilung der Paßtoleranzen, daß die Maßtoleranzen der Bohrungen im allgemeinen eine Qualität gröber als die Maßtoleranzen der Wellen toleriert werden sollten; in Ausnahmefällen sind auch zwei Qualitäten Unterschied oder auch Gleichheit der Qualitäten wirtschaftlich günstig anzuwenden;
- *Beachte,* daß Maßangaben für Passungen nur in Zusammenstellungszeichnungen eingetragen werden;
- *Trage* bei der zeichnerischen Darstellung einer Passung für beide Paßteile, unabhängig von der Passungsart, jeweils nur eine Körperkante in die Zeichnung ein; nur bei unterschiedlichen Nennmaßen der Paßteile sind deren Körperkanten getrennt einzutragen;

- *Kennzeichne* bei nicht eindeutiger Zuordnungsmöglichkeit die geometrischen Elemente oder Einzelteile, denen das jeweilige Paßmaß zuzuordnen ist;
- *Berücksichtige* bei Anwendung des Toleranzsystems die im Abschnitt 4 gegebenen Hinweise zur Eintragung der Maßtoleranzen zum Nennmaß.

11.6 Übungsaufgaben

Die nachfolgenden Übungsbeispiele zum Themenkomplex der Passungen sind für die eigenständige Bearbeitung des Lesers angelegt. Sie dienen zur Überprüfung des erreichten Wissensstandes.

1. Für die nachfolgenden Übungen werden die angegebenen tolerierten Maße zugrundegelegt:

A = 80,2 H8;	B = 38 h5;	C = 70 D10;
D = ∅ 55 R7;	E = ∅ 60 a11;	F = 25 H11;
G = 32 h8;	H = 55,5 H7;	K = 24,9 C11;
L = ∅ 62 h11;	M = 38 g6;	N = 35 g5;

Auf der Basis dieser vorgegebenen Maße sind die Übungen 11.1 bis 11.3 durchzuführen:

Übung 11.1:
Nach welchen Gesichtspunkten können Bohrungs- und Wellenmaße unterschieden werden? Ordnen Sie die Maßbeispiele diesen Kategorien zu!

Übung 11.2:
Welche angegebenen tolerierten Bohrungsmaße können dem System Einheitsbohrung zugeordnet werden?

Übung 11.3:
Welche angegebenen tolerierten Wellenmaße können dem System Einheitswelle zugeordnet werden?

2. Für die weiteren Übungen (11.4 bis 11.6) sind nachfolgend angegebene Passungen zugrundezulegen:

A = 60 D10/h9;	B = ∅ 35 H7/r6;	C = ∅ 80 H7/s6;
D = 25 H6/j6;	E = 16 R6/h5;	F = 121 K7/h6.

Übung 11.4:
Berechnen Sie nach Aufsuchen der entsprechenden Toleranzen die Höchst- und Mindestspiele bzw. Höchst- und Mindestübermaße!

Übung 11.5:
Ordnen Sie die jeweiligen Bemaßungsbeispiele den Paßsysteme (Einheitsbohrung, Einheitswelle oder freie Passung) zu!

Übung 11.6 :
Ordnen Sie die Bemaßungsbeispiele den Passungsarten (Spielpassung, Übergangspassung oder Preßpassung) zu!

3. Erläutern Sie mit selbst auszuwählenden Bezeichnungsbeispielen nachfolgende Fragestellungen!

Übung 11.7:
Wie werden Einheitsbohrungen im ISO-Paßsystem bezeichnet und wie wird das Kurzzeichen zum Nennmaß angegeben? Nennen Sie einige Beispiele!

Übung 11.8:
Wie werden Einheitswellen im ISO-Paßsystem bezeichnet und wie wird das Kurzzeichen zum Nennmaß angegeben? Nennen Sie einige Beispiele!

12 Tolerierungsprinzipe

12.1 Vorbemerkungen

In den vorangegangenen Abschnitten wurden die Toleranzen zur detaillierten Beschreibung der geometrischen Gestalt eines Werkstückes vorgestellt. Da sich jedoch aus funktioneller Sicht Toleranzen größtenteils aus dem Zusammenbau von Einzelteilen in entsprechenden Montageeinheiten (Baugruppen oder Erzeugnissen) ableiten, ist auch das Zusammenwirken von Toleranzen unterschiedlicher Art und Anzahl zu berücksichtigen. Dementsprechend wurden im vorangegangenen Abschnitt 11 erste Ausführungen zum gemeinsamen Wirken von Maßtoleranzen in Passungen getroffen.
Zur eindeutigen Umsetzung der Funktionsanforderungen von Baugruppen oder auch Produkten in Toleranzen ist weiterhin eine Aussage darüber zu treffen, inwieweit die Anzahl von Maßtoleranzen mehrerer Einzelteile (über die Passungen hinausgehend) oder auch unterschiedlicher Arten der Toleranzen (Maß-, Form- und Lagetoleranzen) sich gegenseitig beeinflussen. Bei dieser Betrachtungsweise wird in Abhängigkeit von der Anzahl der einzubeziehenden geometrischen Elemente oder Werkstücke unterschieden zwischen der Maßkettentheorie (siehe Abschnitt 13) und den Tolerierungsprinzipen (vgl. auch [12.5]). Beim komplexen Zusammenwirken von Maß-, Form- und Lageabweichungen sind, historisch gesehen, der alte Tolerierungs- [12.2] und der neue Tolerierungsgrundsatz [12.1] zu unterscheiden.
Der *alte Tolerierungsgrundsatz* geht davon aus, daß die von einem geometrischen Element geforderten Form- und Lagetoleranzen (ausgewählte Arten) durch die Maßtoleranz bereits begrenzt sind (Bild 12.1). Er beinhaltet also für das zu betrachtende geometrische Element eine Anforderung an eine "hüllende Paarung" mit dem jeweiligen Gegenstück, weshalb er auch unter dem Begriff "Hüllbedingung" eingeführt wurde.
Für das im Bild 12.1 a und b dargestellte Beispiel bedeutet das, daß jedes örtliche Istmaß des linken Wellenabsatzes innerhalb der vorgegebenen Maßtoleranz von 21 µm (es = 0 µm; ei = -21 µm) liegen muß. Für alle weiteren Form- und Lagetoleranzen dieses geometrischen Elementes gilt dann gleichermaßen, daß sie im Extremfall den in der Zeichnung eingetragenen Toleranzwert von 21 µm nicht überschreiten dürfen. Das bedeutet für die Formabweichung, daß sie nur einen Teilbereich der Maßtoleranz ausschöpfen darf (Bild 12.1 b). Für den Fall, daß eine zusätzliche Begrenzung der Form- oder Lagetoleranz funktionell erforderlich erscheint, ist sie mit einem kleineren Wert gegenüber der Maßtoleranz in die Zeichnung einzutragen (vgl. Bild 12.1 c und d).
Andererseits werden auch Funktionsanforderungen auftreten, die eine größere Toleranz für Form und Lage als für das Maß zulassen. Derartige Aufgaben bedürfen der separaten Angabe der Form- und Lagetoleranzen (Bild 12.1 e und f), wobei das Hüllprinzip an diesen Stellen aufgehoben wird.

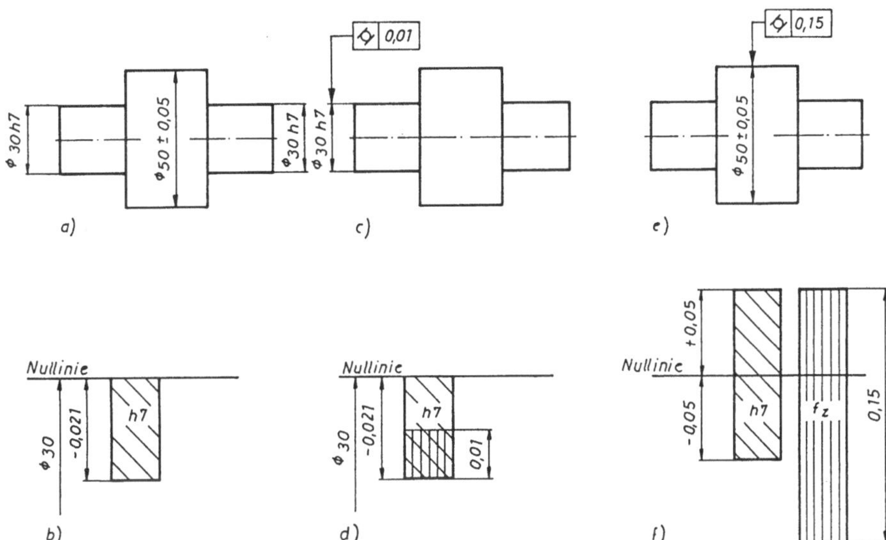

Bild 12.1 Prinzipieller Zusammenhang zwischen Maß-, Form- und Lagetoleranz: a, b) ohne separate Vorgabe einer Form- und Lagetoleranz; c, d) mit separater Vorgabe einer Form- und Lagetoleranz, die kleiner als die Maßtoleranz ist; e, f) mit separater Vorgabe einer Form- und Lagetoleranz, die größer als die Maßtoleranz ist

Dieser Tolerierungsgrundsatz besitzt den Nachteil, daß alle Form- und Lagetoleranzen, die größer als die Maßtoleranz sein können, separat zu kennzeichnen sind. Das würde entweder zu einer Vielzahl von Toleranzeintragungen oder bei Nichteintragung dieser Toleranzen in die Konstruktionszeichnung zu ungerechtfertigt hohen Genauigkeitsanforderungen führen und damit hohe Herstellungsaufwendungen verursachen. Dabei finden nach [12.1] insbesondere die Formabweichungen Berücksichtigung, die durch ein Formelement gekennzeichnet sind (Geradheit, Rundheit und Zylinderform). Von der Vielzahl der Lagetoleranzen wird gegenwärtig ausschließlich die Parallelitätstoleranz einbezogen. Für die Funktionsfälle, bei denen die Form- und Lagetoleranzen unabhängig von den Maßtoleranzen zu betrachten sind, wurde der neue Tolerierungsgrundsatz formuliert.

Der *neue Tolerierungsgrundsatz* besagt, daß beim Zusammenwirken von Toleranzen prinzipiell zwei Varianten zu unterscheiden sind. Ihre wesentlichen Merkmale bestehen darin, daß neben dem nach dem alten Tolerierungsgrundsatz bekannten *Hüllprinzip* auch die Möglichkeiten des zusätzlichen Auftretens der Form- und Lagetoleranzen neben den Maßtoleranzen, bei möglichst geringen Aufwendungen für die Zeichnungseintragung, zu beachten sind (vgl. Bild 12.2). Dieser Sachverhalt wird als *Unabhängigkeitsprinzip* bezeichnet. Zur Verdeutlichung des Unabhängigkeitsprinzips ist im Bild 12.2 die gleiche Bemaßungsvorschrift eingetragen, wie im Bild 12.1 a. Der einzige Unterschied resultiert aus dem zentralen Hinweis "Tolerierung nach DIN ISO 8015" und "Allgemeintoleranzen nach DIN ISO 2768". Mit der Bezugnahme auf DIN ISO 8015 gilt die Anwendung des Unabhängigkeitsprinzips als vereinbart. Bei der inhaltlichen Auslegung trifft die im Bild 12.2 b angegebene Relation zu, d.h. zwischen Maß-, Form- und Lagetoleranzen existiert kein Zusammenhang, und sie können somit unabhängig voneinander vorgegeben werden. In diesem Fall sind für die Form- und Lagetoleranzen die in den Normen für Allgemeintoleranzen vorgegebenen relativ großen Toleranzwerte zulässig. Im Bild 12.2 d ist die Anwendungsmöglichkeit beider Prinzipe angegeben. Danach gilt für das Maß 30 mm durch das eingekreiste Symbol E (als separate Kennzeichnungsmöglichkeit eines tolerierten Elementes) das Hüllprinzip und für die restlichen Maße das Unabhängigkeitsprinzip. Weiterhin sind die Allgemeintoleranzen für Form und Lage anzuwenden.

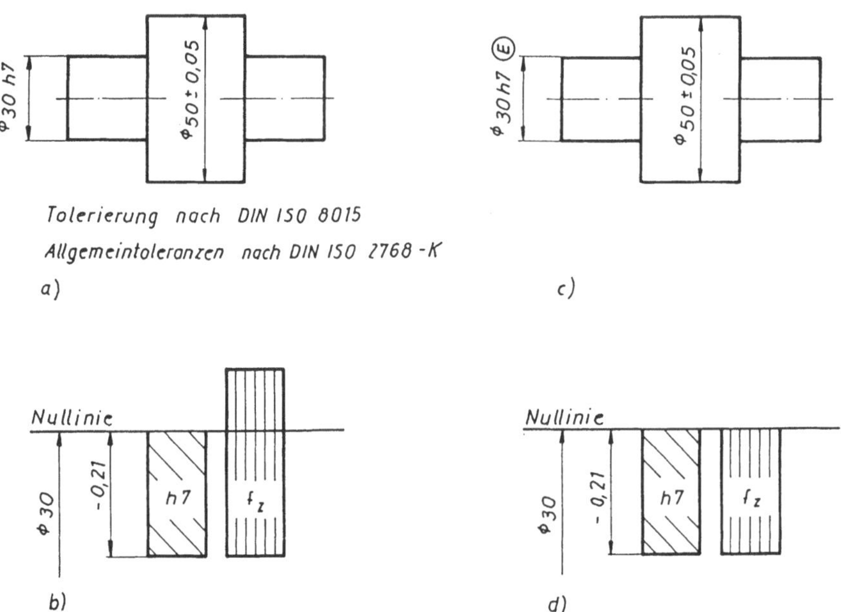

Bild 12.2 Prinzipieller Aufbau des neuen Tolerierungsgrundsatzes: a, b) Unabhängigkeitsprinzip; c, d) Hüllbedingung durch separate Kennzeichnung im Rahmen des Unabhängigkeitsprinzips

Nähere Erläuterungen zu den beiden Prinzipen sind den Folgeabschnitten zu entnehmen. Bei der Auswahl und praktischen Anwendung eines Tolerierungsprinzips sollte günstigerweise in einem Unternehmen eine einheitliche Vorgehensweise durchgesetzt werden, wozu ebenfalls nachfolgend Hinweise gegeben werden. Prinzipiell ist jedoch zu beachten, daß die Anwendung des Unabhängigkeitsprinzips der Zeichnungseintragung "Tolerierung nach DIN-ISO 8015" bedarf. Sollte kein Hinweis auf der Zeichnung vorhanden sein, so gilt national das Hüllprinzip als vereinbart. Für den internationalen Verkehr wird jedoch empfohlen, die Anwendung des Hüllprinzips über den Eintrag "Tolerierung nach DIN 7168" deutlich zu machen. Der Geltungsbereich des Hüllprinzips erstreckt sich auf Form- und Parallelitätstoleranzen. Für alle weiteren Lagetoleranzen (vgl. Abschnitt 7) existieren gegenwärtig keine Vorschriften für deren Einbeziehung in das Hüllprinzip. Resümierend ist also festzustellen, daß der neue Tolerierungsgrundsatz eine Erweiterung gegenüber dem alten Tolerierungsgrundsatz darstellt, indem das Unabhängigkeitsprinzip zusätzlich neben der Hüllbedingung eingeführt wurde.

12.2 Hüllprinzip

Beim Zusammenwirken von Maß-, Form- und Parallelitätstoleranzen nach dem Hüllprinzip wird stets von der gegenseitigen Beeinflussung der Toleranzen ausgegangen.

Das Hüllprinzip ist ein Tolerierungsprinzip, bei dem Maß-, Form- und Parallelitätsabweichungen stets in ihrem Zusammenwirken betrachtet werden und die geometrisch ideale Hülle, gebildet durch das Maximum-Material-Maß, nicht durchbrechen dürfen.

Der hierbei genannte Grenzwert für die Toleranzhaltigkeit, das Maximum-Material-Maß, stellt eigentlich das maximal zulässige Maß des zu paarenden Gegenstückes, d.h. das Paarungsmaß dar, das im Abschnitt 12.4 näher betrachtet wird. Zur weiteren Erläuterung der Hüllbedingung diene das im Bild 12.3 angegebene Beispiel. Nach Bild 12.3 a wird von der Welle entsprechend eingetragener Maßtoleranz die Einhaltung des Höchstmaßes von 150 mm und des Mindestmaßes von 149,96 mm gefordert. Da kein weiterer allgemeiner Hinweis auf das anzuwendende Tolerierungsprinzip (z.B. Tolerierung nach DIN ISO 8015) vorhanden ist, gilt national das Hüllprinzip.

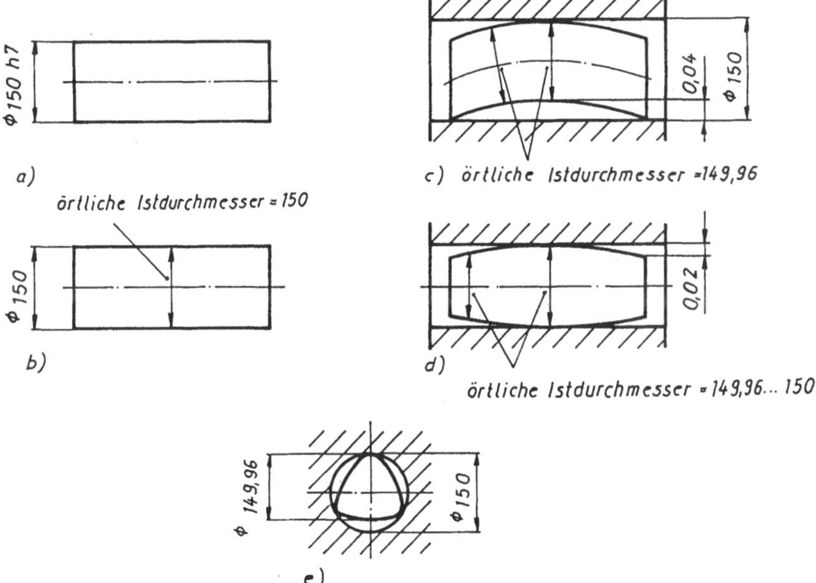

Bild 12.3 Darstellung des Hüllprinzips an einem Zylinderstift: a) Konstruktionszeichnung; b) Variante 1: ohne Form- und Lageabweichungen; c) Variante 2: gekrümmte Welle im Axialschnitt; d) Variante 3: tonnenförmige Welle im Axialschnitt; e) Variante 4: gleichdickförmige Welle im Radialschnitt

Es ergeben sich folgende Auslegungsmöglichkeiten. Liegen die örtlichen Istdurchmesser alle am Höchstmaß, d.h. die Welle besitzt an jeder Stelle einen Istdurchmesser von 150 mm

(12.3 b), dann dürfen keine zusätzlichen Form- und Parallelitätsabweichungen auftreten. Liegen dagegen die örtlichen Istdurchmesser am Mindestmaß, d.h. die Welle weist an jeder Stelle einen Durchmesser von 149,96 mm auf, dann kann der Restbetrag bis zum Höchstmaß (0,04 mm) durch die Form- oder Parallelitätstoleranzen ausgenutzt werden. Diesbezügliche Auslegungsvarianten sind im Bild 12.3 c für eine Geradheitsabweichung der Zylinderachse im Axialschnitt und im Bild 12.3 e für eine Kreisformabweichung im Radialschnitt angegeben. Bei den erläuterten Beispielen handelt es sich um theoretische Extremfälle, die auch durch das Beispiel nach 12.3 d Ergänzung finden können. Hierbei schwanken die örtlichen Istmaße zwischen dem Höchst- und dem Mindestmaß, und es ist trotzdem eine zusätzliche Zylinderformabweichung in voller Größe der Maßtoleranz als Tonnenform wirksam. An diesem Beispiel wird deutlich, daß es keine allgemeingültige Regel über die Zuordnung der Toleranzwerte von Maß-, Form- und Lagetoleranzen gibt. Außerdem verlangt ein definitionsgerechter meßtechnischer Nachweis hohe Aufwendungen zur Nachbildung der Oberflächenform, um auf dieser Basis eine Prüfauswertung vorzunehmen. Prinzipiell bleibt jedoch zu vermerken, daß eine Form- und Lagetoleranz beim Hüllprinzip die Maßtoleranz einschränkt. Betrachtet man die Arten der Form- und Lagetoleranzen, die beim Hüllprinzip Berücksichtigung finden, so sind bei Neukonstruktionen alle Arten der Formtoleranzen und von den Lagetoleranzen nur die Parallelitätstoleranzen zu beachten. Historisch gesehen, d.h. insbesondere bei Konstruktionen älteren Datums, waren die zu berücksichtigenden Arten der Lagetoleranzen sehr unterschiedlich abgegrenzt (Bild 12.4). Bei den Formtoleranzen gab es derartige Unterschiede nicht.

Norm-Nr.	Rechtwinkligkeit	Neigung	Position	Koaxialität	Symmetrie
7182 (57)	Taylor'scher Grundsatz				
7182 (72)	-	x	x	-	-
7184 (72)	x	x	x	-	-
7168 (74)	x	x	x	x	(x)
Norm-H 7	x	x	-	x	-
1101 (85)	x	-	x	-	-
7167 (87)	-	-	-	-	-

Bild 12.4 Beim Hüllprinzip zu berücksichtigende Arten von Lagetoleranzen entsprechend der jeweiligen DIN-Normen-Ausgabe

Diese Auflistung ist insbesondere für eventuelle Rechtsstreitigkeiten von Bedeutung, um bei Konstruktionen älteren Datums und entsprechender Hinzuziehung genannter Normen (einschließlich des Ausgabe- bzw. Verbindlichkeitsdatums) eine sachliche Abgrenzung der Arten der Lagetoleranzen, die in das Hüllprinzip eingehen, vornehmen zu können. Die Kennzeichnung der Anwendung des Hüllprinzips erfolgt bei der Zeichnungseintragung durch den zentralen Hinweis "Tolerierung nach DIN 7167". Es trifft aber auch weiterhin der Grundsatz zu, daß national als vereinbart gilt, bei Nichtangabe eines Tolerierungsprinzips ist das Hüllprinzip anzuwenden. Sollen dagegen einzelne Formelemente nach dem Hüllprinzip toleriert werden, dann sind diese durch das eingekreiste Symbol E zu kennzeichnen. Wenn auch das Hüllprinzip als eine einfache Möglichkeit zur sicheren Nachbildung der Funktionsanforderungen erscheint, ist jedoch auf die größtenteils damit verbundenen hohen Fertigungs- und Prüfanforderungen zu achten. Es sind jedoch grundsätzlich, wie auch bei den anderen Toleranzen, zu strenge Forderungen (Angsttoleranzen) zu vermeiden.

12.3 Unabhängigkeitsprinzip

Das Unabhängigkeitsprinzip geht von der separaten Existenz und damit auch vom unabhängigen Wirken der Form- und Lagetoleranzen neben den Maßtoleranzen aus.

> Das Unabhängigkeitsprinzip ist ein Tolerierungsprinzip, bei dem die Maß-, Form- und Lageabweichungen unabhängig voneinander zu betrachten sind.

Zur Erläuterung ist der im Bild 12.3 dargestellte Zylinderstift mit den gleichen Maß- und Toleranzwerten auf das Unabhängigkeitsprinzip übertragen worden, indem der Hinweis "Tolerierung nach DIN ISO 8015" zusätzlich eingetragen wurde.

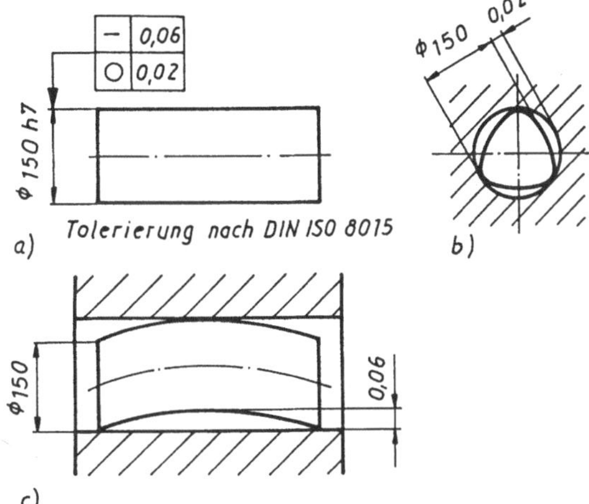

Bild 12.5
Tolerierung eines Zylinderstifts nach dem Unabhängigkeitsprinzip:
a) Konstruktionszeichnung; b) maßliche Auslegung im Radialschnitt; c) maßliche Auslegung im Axialschnitt

Unter Beachtung der im Bild 12.5 angegebenen Konstruktionswerte (Höchstmaß = 150 mm; Mindestmaß = 149,96 mm; Kreisformtoleranz = 20 µm; Geradheitstoleranz = 60 µm) ergeben sich folgende Auslegungsvarianten. Im Bild 12.5 b ist die Auswirkung der Kreisformtoleranz angegeben. Diese kann im Gegensatz zum Hüllprinzip unabhängig von den örtlichen Istmaßen, d.h. die Istmaße können sowohl am Höchst- oder auch Mindestmaß liegen, prinzipiell den in der Zeichnung angegebenen Maximalwert von 20 µm ausschöpfen. Das größte, noch funktionstaugliche Paarungsmaß wäre 150,02 mm. Gleiches trifft für die Auswirkung der Geradheitsabweichung nach Bild 12.5 c zu. Damit würde sich ein Paarungsmaß im Extremfall von 150,06 mm als noch verwendungsfähig ergeben. Die allgemeine Anwendung des Unabhängigkeitsprinzips durch separate Zeichnungseintragung schließt jedoch nicht die Tolerierungsmöglichkeit einzelner geometrischer Elemente nach dem Hüllprinzip aus. Bei einem derartigen Fall sind die entsprechenden Elemente durch das Symbol E im Toleranzrahmen zu kennzeichnen. Prinzipiell ist jedoch darauf zu achten, daß bei Anwendung des Unabhängigkeitsprinzips stets ein weiterer Vermerk über die Vorschrift verbindlicher Allgemeintoleranzen zu erfolgen hat oder die Toleranzen für die Form- und Lagetoleranzen in ihrer Gesamtheit in die Zeichnung einzutragen sind.

12.4 Maximum-Material-Prinzip

12.4.1 Inhaltliche Erläuterungen

Im Ergebnis der vorangegangenen Abschnitte zum Zusammenwirken von Maß-, Form- und Lagetoleranzen ist festzustellen, daß sowohl beim Unabhängigkeitsprinzip als auch bei der Hüllbedingung stets die in der Zeichnung eingetragenen Toleranzwerte einzuhalten sind. Geht man jedoch auf das Grundanliegen der Hüllbedingung zurück, so ist deren Prinzip auf das Einhalten des funktionell erforderlichen Paarungscharakters zurückzuführen.

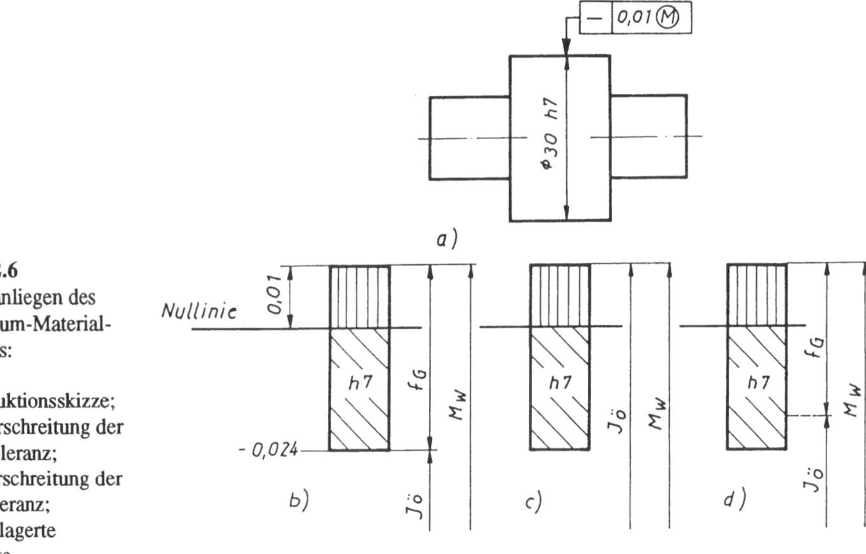

Bild 12.6
Grundanliegen des Maximum-Material-Prinzips:
a) Konstruktionsskizze;
b) Überschreitung der Formtoleranz;
c) Überschreitung der Maßtoleranz;
d) überlagerte Variante

Der Paarungschakter wird jedoch solange eingehalten sein, wie das wirksame Maß, gebildet aus der Summenwirkung von Maß-, Form- und Lageabweichungen, das maximal zulässige Paarungsmaß nicht überschreitet. Dabei sind dann allerdings die separaten Anteile der genannten Abweichungen von untergeordneter Bedeutung. Beim Zusammenwirken der Abweichungen könnten die im Bild 12.6 angegebenen Betrachtungsweisen möglich sein, die folgende theoretische Variantenentscheidungen zulassen:

- Liegt das örtliche Istmaß eines Teiles an der ausschußseitigen Toleranzgrenze, d. h. am Mindestmaß, dann kann der gesamte Toleranzraum für die Maßtoleranz von den angegebenen Form- oder Lageabweichungen ausgeschöpft werden und damit seinen in der Zeichnung eingetragenen Toleranzwert um die Maßtoleranz überschreiten (Bild 12.6 b).
- Ist die meßtechnisch nachgewiesene Istabweichung einer Form- oder Lagetoleranz eines Teiles gleich Null, dann könnte das örtliche Istmaß die in der Zeichnung vorgegebene

Maßtoleranz um den Betrag des Toleranzwertes der nicht ausgenutzten Form- und Lagetoleranz zusätzlich annehmen (Bild 12.6 c).

- Unabhängig von der jeweiligen Art der Toleranz kann also bei separater Bewertung der Abweichungen unter Beachtung vom Istzustand eine Vergrößerung des in der Zeichnung eingetragenen Toleranzwertes in Abhängigkeit von den jeweiligen Istwerten auftreten (Bild 12.6 d).

Mit derartigen Zusammenhängen beschäftigt sich das Maximum-Material-Prinzip, das in [12.4] und [5.3] umfassend erläutert ist.

Das Maximum-Material-Prinzip besagt, daß durch das Zusammenwirken von Maß-, Form- und Lageabweichungen an einem Einzelteil kein Zustand erreicht werden darf, bei dem das Maximum-Material-Maß durchbrochen wird.

In dieser Definition ist unter dem Maximum-Material-Maß (MMS - maximum-material-size) die Kenngröße zu verstehen, bei der das betrachtete Formelement mit seinem wirksamen Maß (M_W) überall an dem Grenzmaß liegt, bei dem das Material des Formelementes sein Maximum hat. Es ist somit identisch mit dem Grenzmaß, das die Nacharbeitsseite verkörpert, das sogenannte "Gutmaß". Der dadurch gekennzeichnete Zustand wird als Maximum-Material-Zustand (MMC - maximum material condition) bezeichnet. Parallel dazu, wenn auch von untergeordneter Bedeutung, ist das Minimum-Material-Maß (LMS - large material size) definiert. Es verkörpert die Ausschußseite der Grenzmaße, das sogenannte "Ausschußmaß". Der dadurch beschriebene Zustand wird als Minimum-Material-Zustand (LMC - large material condition) bezeichnet.
In Verbindung mit dem Maximum-Material-Prinzip wurden neben den bisher bekannten Begriffen zum Maß weitere neue Begriffe eingeführt. Zur Übersichtlichkeit und Verständlichkeit sind im Bild 12.7 einige ausgewählte Zuordnungen getroffen worden.

ZUSTAND	ART DES MASSES	
	Maß / Längenmaß	Zusammenwirken von Maß-, Form- und Lageabweichungen
Sollzustand	Höchstmaß Mindestmaß	Maximum-Material-Maß Minimum-Material-Maß
Istzustand	Örtliches Istmaß	Wirksames Maß Paarungsmaß

Bild 12.7 Zuordnung ausgewählter Maßbegriffe zum jeweiligen Betrachtungsstadium

Danach werden zur Bewertung eines Maßes die bereits bekannten Begriffe Höchst- und Mindestmaß (Konstruktionsstadium) und das örtliche Istmaß (Istzustand) benutzt. Betrachtet man das Zusammenwirken von Maß-, Form- und Lagetoleranzen, dann werden das Maximum-Material-Maß und das Minimum-Material-Maß zur Kennzeichnung der zulässigen Werte im Konstruktionsstadium und das wirksame Maß zur Beschreibung des Istzustandes im Ergebnis des meßtechnischen Nachweises genutzt. Dabei ist das wirksame Maß identisch mit dem bereits seit langer Zeit bekannten Paarungsmaß. Anwendung findet das

Maximum-Material-Prinzip sowohl beim Unabhängigkeitsprinzip als auch bei der Hüllbedingung. Es ist in der Zeichnung durch den Eintrag des eingekreisten Symbols M zu kennzeichnen. Eine Anwendungsüberprüfung dieses Prinzips ist grundsätzlich zu empfehlen, da bei derartigen Betrachtungsweisen, natürlich jeweils in Abhängigkeit von den momentanen Istmaßen, indirekte Toleranzerweiterungen und damit Reduzierungen des Herstellungsaufwandes verbunden sein können. Für die meßtechnische Nachweisführung ist jedoch zu bemerken, daß infolge einer dazu erforderlichen Paarungsprüfung entsprechende Meßgerätetechnik vorhanden ist sowie eine sorgfältige Prüfdurchführung und -auswertung vorgenommen wird. Eine negative Auswirkung der Nichtkenntnis dieser Zusammenhänge führt in den Konstruktionsbereichen zu nicht gerechtfertigten relativ engen Toleranzen und in den Fertigungs- einschließlich Meßtechnikbereichen zur Aussonderung von ursächlich nichttoleranzhaltigen aber funktionsentsprechenden Werkstücken.
Prinzipiell ist noch zu bemerken, daß das Maximum-Material-Prinzip nach [12.4] ausschließlich für Achsen und Mittelebenen anzuwenden ist. Es sollte keine Anwendung finden für kinematische Ketten, Getriebezentren, Gewindelöcher und Löcher bei Passungen mit Übermaßen u.ä., bei denen Funktionsbeeinträchtigungen durch Toleranzerweiterungen auftreten könnten. Nach [5.3] ist es nicht anwendbar für Achsen von Paßbohrungen mit Übermaßen und selten anwendbar auf Bezüge, die ein Paßsystem bilden. Ergänzend sei noch bemerkt, daß die Vorbereitung und Umsetzung des Maximum-Material-Prinzips einiger zusätzlicher Aufwendungen bedarf, so daß sich eine kostengünstige Umsetzung dieses Prinzips unter den Bedingungen der Einzelteilefertigung nur in derartigen Fällen rechtfertigt, wenn die fertigungstechnische Einhaltung der Toleranzen auf große Schwierigkeiten stößt. Demzufolge werden die wirtschaftlich gerechtfertigten Hauptanwendungsfelder dieses Prinzips unter den Bedingungen der Produktherstellung mit Seriencharakter, bevorzugt bei Großserienfertigungen, zu sehen sein.

12.4.2 Ausgewählte Beispielbetrachtungen

Das Maximum-Material-Prinzip ist für verschiedenartige geometrische Elemente bzw. Toleranzen anzuwenden. Schwerpunktmäßig seien dazu genannt:
- Tolerierte Formelemente;
- Lagetoleranzen;
- Bezugselemente;
- Maßtoleranzen;
- Form- und Lagetoleranzen mit dem Toleranzwert Null.

An dieser Stelle sollen ausschließlich die tolerierten Formelemente nach dem in den Bildern 12.8 und 12.9 angegebenen Beispiel für das Unabhängigkeitsprinzip und die Hüllbedingung nähere Betrachtung finden. Ergänzende Ausführungen sind [12.4] und [5.3] zu entnehmen. Nach der im Bild 12.8 angegebenen Konstruktionsskizze für einen Stiftbolzen wird bei Anwendung des Unabhängigkeitsprinzips ("Tolerierung nach DIN ISO 8015") für den Durchmesser eine Maßtoleranz von 0,02 mm gefordert. Zusätzlich wird von der Achse des Zylinders eine Geradheitstoleranz von 0,01 mm nach dem Maximum-Material-Prinzip verlangt. Die entsprechenden Auslegungsmöglichkeiten sollen auf der Basis der in den Bildern 12.8 b und c angegebenen Grenzmaßbetrachtungen erläutert werden. Grundsätzlich ist voranzustellen, daß die örtlichen Istmaße alle innerhalb der Maßtoleranz liegen müssen und das wirksame Maß durch das Maximum-Material-Maß (MMS = 15,01) mm sowie das Minimum-Material-Maß (LMS = 14,98) mm begrenzt wird.

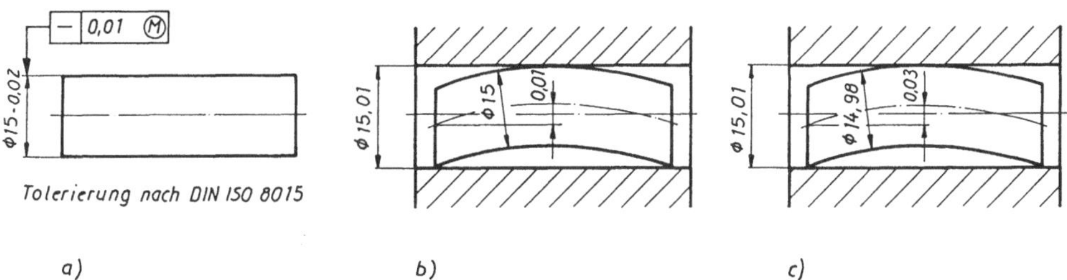

Bild 12.8 Beispiel eines Stiftbolzens bei Tolerierung nach dem Unabhängigkeitsprinzip:
a) Konstruktionsskizze; b) Maximum-Material-Maß (MMS); c) Minimum-Material-Maß (LMS)

Für die Geradheitsabweichung ergeben sich dann folgende Auslegungsvarianten:

- Liegen die örtlichen Istmaße alle am Höchstmaß (15 mm), dann kann die Geradheitsabweichung der Achse maximal den in der Zeichnung angegebenen Toleranzwert von 0,01 mm annehmen (vgl.Bild 12.8 b);
- Liegen die örtlichen Istmaße alle am Mindestmaß (14,98 mm), dann kann die Geradheitsabweichung der Achse maximal den Wert aus der Summe der Maßtoleranz (0,02 mm) und der Geradheitstoleranz (0,01 mm) in der Größe von 0,03 mm annehmen.

Im praktischen Fall werden jedoch meistenteils Werte auftreten, die zwischen diesen Grenzbetrachtungen liegen. Somit ist in jedem konkret vorliegenden Fall eine derartige Betrachtung auf der Basis der Istwerte zu führen. Die Anwendung des Maximum-Material-Prinzips bei der Hüllbedingung ist im Bild 12.9 angegeben.

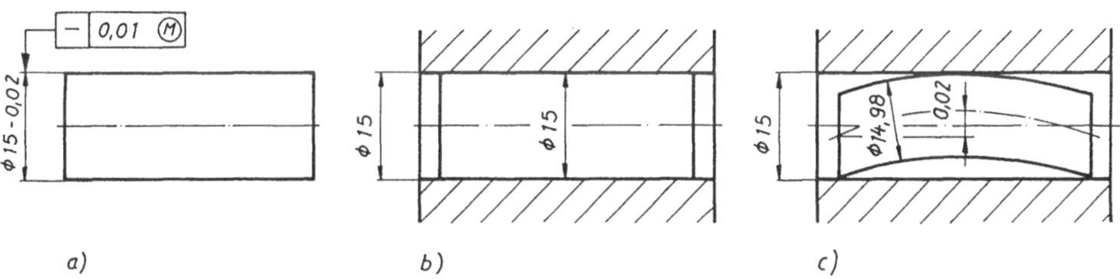

Bild 12.9 Beispieltolerierung eines Stiftbolzens nach der Hüllbedingung:
a) Konstruktionsskizze; b) Maximum-Material-Maß; c) Minimum-Material-Maß

Zur deutlichen Hervorhebung der Unterschiede gegenüber dem Unabhängigkeitsprinzip wurde die gleiche Funktionsanforderung entsprechend der Konstruktionsskizze nach Bild 12.8 gewählt. Die Anwendung des Hüllprinzips wurde in Anlehnung an DIN ISO 8015 durch die Nichtangabe eines Tolerierungsprinzips vorgeschrieben. Bei den in den Bildern 12.9 b und c angegebenen Auswirkungen gilt grundsätzlich, daß alle örtlichen Istmaße innerhalb der Maßtoleranz liegen müssen. Für die Formabweichungen, wie auch für die nicht eingetragenen Lageabweichungen (Parallelitätsabweichungen) gelten folgende theoretische Extremfälle:

- Liegen die örtlichen Istmaße alle am Höchstmaß, dann darf die Geradheitsabweichung ausschließlich den theoretischen Wert Null annehmen (Bild 12.9 b);
- Liegen die örtlichen Istmaße alle am Mindestmaß, dann kann die Geradheitsabweichung den gesamten Bereich der Maßtoleranz (0,02 mm) ausschöpfen und damit ihren geforderten Toleranzwert (0,01 mm) überschreiten.

Auch hierbei werden sich im praktischen Fall entsprechend voranstehender Bemerkung Überlagerungen ergeben. Diese erläuterte Vorgehensweise ist inhaltlich auf die hier nicht erläuterten Varianten des Maximum-Material-Prinzips übertragbar.

12.5 Regeln

Aus den voranstehenden Ausführungen wird deutlich, daß selbst bei einer nicht besonders gekennzeichneten Zeichnung das Hüllprinzip als vereinbart gilt. Allein schon aus dieser Tatsache muß jeder mit einer Konstruktionszeichnung Arbeitende über deren Inhalt bescheid wissen. Da jedoch sowohl das Unabhängigkeitsprinzip, als auch das Maximum-Material-Prinzip bei ihrer Anwendung zu Vorteilen führen können, ist auch ihre Anwendbarkeit zu überprüfen. Dabei sollten zusammenfassend folgende Regeln Beachtung finden:

- *Wähle* ein den betrieblichen Bedingungen entsprechendes einheitliches Tolerierungsprinzip (Hüllbedingung oder Unabhängigkeitsprinzip); berücksichtige dabei, daß die Hüllbedingung umfangreicher prüftechnischer Aufwendungen bedarf;
- *Kennzeichne* die Auswahl und Anwendung eines Tolerierungsprinzips durch allgemeine Hinweiseintragung in der Nähe des Schriftfeldes ("Tolerierung nach DIN 7167" für die Hüllbedingung; "Tolerierung nach DIN ISO 8015" für das Unabhängigkeitsprinzip);
- *Beachte,* daß bei nicht vorhandenem allgemeinen Zeichnungseintrag in Rechtsstreitfällen national stets nach DIN die Hüllbedingung gilt;
- *Berücksichtige* den Gültigkeitsbereich der Hüllbedingung, der sich ausschließlich auf Maß-, Form- und Parallelitätstoleranzen beschränkt;
- *Beachte,* daß bei Anwendung der Hüllbedingung ausschließlich die Vorgabe von Maßtoleranzen erforderlich ist, sofern keine strengeren Anforderungen an Form- und Parallelitätstoleranzen bestehen;
- *Bedenke,* daß das Hüllprinzip durch die Angabe von Allgemeintoleranzen für Form- und Parallelitätstoleranzen, deren Werte größer sind als die der Maßtoleranzen, aufgehoben wird und für derartige Fälle somit größtenteils eine technische Widersinnigkeit darstellt;
- *Beachte,* daß die Anwendung des Unabhängigkeitsprinzips stets der Vorgabe von Toleranzen für Maße, Formen und Lagen bedarf;
- *Beachte,* daß ein allgemeiner Hinweis zur Anwendung des Unabhängigkeitsprinzips stets einer zusätzlichen Angabe über anzuwendende Allgemeintoleranzen bedarf;
- *Beachte,* daß die separate Eintragung von Form- und Parallelitätstoleranzen, die größer als die zu diesem geometrischen Element gehörenden Maßtoleranzen sind, eine vereinbarte Hüllbedingung aufheben;
- *Kennzeichne* bei Allgemeinverbindlichkeit des Unabhängigkeitsprinzips die geometrischen Elemente, die der Hüllbedingung entsprechen sollen, mit dem Symbol E;

- *Berücksichtige*, daß bei mit E gekennzeichneten geometrischen Merkmalen die zugehörigen Form- und Parallelitätstoleranzen kleiner als die Maßtoleranz sein müssen, wenn das Hüllprinzip gelten soll;
- *Überprüfe* neben der Auswahl zwischen Unabhängigkeitsprinzip und Hüllbedingung, insbesondere bei Paarungsteilen, die Anwendungsmöglichkeit des Maximum-Material-Prinzips;
- *Beachte*, daß das Maximum-Material-Prinzip bei Einhaltung der Funktionsanforderungen zu fertigungstechnischen Erleichterungen führen kann, jedoch für die meßtechnische Nachweisführung besonderer Vorkehrungen bedarf;
- *Kennzeichne* die dem Maximum-Material-Prinzip unterliegenden geometrischen Merkmale in der Konstruktionszeichnung durch das Symbol M;
- *Beachte* bei der Prüfung, daß Istabweichungen für Maß-, Form- und Lagetoleranzen auftreten können, die die in der Zeichnung angegebenen Toleranzwerte überschreiten aber in ihrem Zusammenwirken die Funktionstauglichkeit nicht negativ beeinflussen;
- *Beachte*, daß das Maximum-Material-Prinzip ausschließlich für Achsen und Mittelebenen anzuwenden ist mit Einschränkung von Achsen für Paßbohrungen mit Übermaßen.

13 Maßketten

13.1 Inhalt

Maßkettenbetrachtungen beschäftigen sich mit dem Zusammenwirken von mehreren Maß-, Form- und Lagetoleranzen, bevorzugt an mehreren geometrischen Elementen bzw. Einzelteilen. Damit unterscheiden sie sich von den im Abschnitt 12 behandelten Tolerierungsprinzipen, die weitestgehend das Zusammenwirken derartiger Toleranzen an einem geometrischen Element berücksichtigen. Als einfachste Form einer Maßkette ist eine Passung anzusehen (vgl. auch Abschnitt 11 und Bild 13.1). Technische Erzeugnisse sind jedoch in der Mehrzahl durch kompliziertere und insbesondere mehrteilige Gebilde geprägt, so daß auch hierbei dementsprechende Toleranzbetrachtungen erforderlich werden. Das vordergründige Hauptanliegen von Maßkettenbetrachtungen besteht also darin, ausgehend von physikalischen Funktionskriterien einer übergeordneten Baueinheit (Baugruppe oder Produkt), die geometrischen Toleranzen der Einzelteile zu bestimmen. Mit diesem gesamten Aufgabenkomplex beschäftigt sich die "Funktionelle Austauschbarkeit". Ein in sich recht abgeschlossenes, wie auch wesentlich überschaubareres Teilgebiet dieser funktionellen Austauschbarkeit stellt die "Geometrische Austauschbarkeit" dar, die im weiteren nähere Betrachtung finden soll. Gegenstand der geometrischen Austauschbarkeit ist es, ausgehend von den geometrischen Funktionskriterien eines Erzeugnisses, die geometrisch zulässigen Abweichungen der dieses Erzeugnis bildenden Einzelteile zu bestimmen. Manchmal kann diese Aufgabenstellung auch umgekehrt lauten, d.h. ausgehend von den Toleranzen mehrerer zusammenwirkender Einzelteile sind die zu erwartenden geometrischen Abweichungen einer nächst höheren Baueinheit (Baugruppe oder Produkt) zu bestimmen. Diese Bemerkungen sollen an zwei Beispielen verdeutlicht werden.

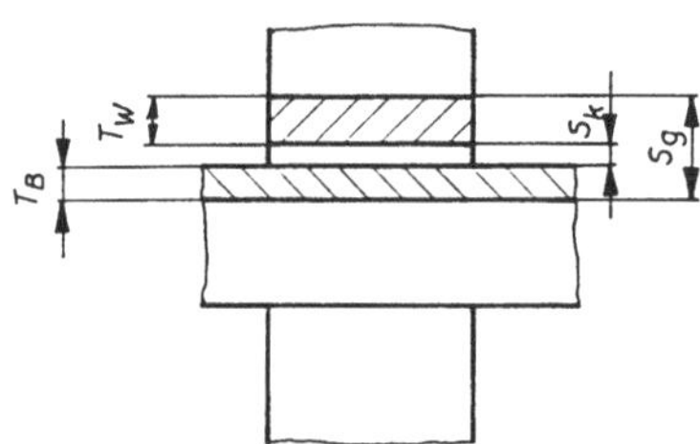

Bild 13.1
Beispiel einer einfachen Maßkette an einer Rundpassung

Für die Funktionsgewährleistung der im Bild 13.1 angegebenen Rundpassung wird eine Spielpassung verlangt. Das bedeutet, daß das Höchst- (S_g) und das Mindestspiel (S_k) das geometrische Funktionskriterium dieser Baugruppe bilden, das entsprechend auf die Wellentoleranz (T_W) und die Bohrungstoleranz (T_B) aufzuteilen ist. Nicht mehr so ganz einfach sind derartige geometrische Zusammenhänge bei dem im Bild 13.2 angegebenen Getriebeausschnitt erkennbar. Dabei wird zur Gewährleistung einer Rotationsbewegung verlangt, daß die rotierenden Innenteile ein Axialspiel gegenüber den örtlich festen Außenteilen ausführen können und eine axiale Verschiebbarkeit relativ kleine Werte annimmt. Diese Aufgabe verkörpert das Funktionskriterium und damit gleichermaßen das Schlußmaß (M_0). Wird die Frage nach den Einflußgrößen auf dieses Funktionskriterium gestellt, dann sind diejenigen Maße aufzusuchen, die das Schlußmaß beeinflussen.

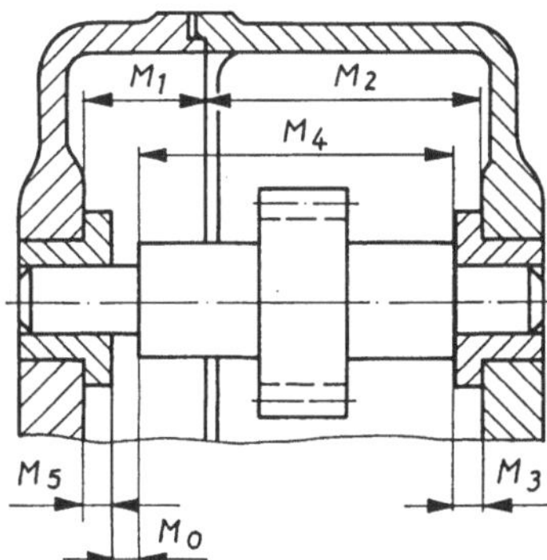

Bild 13.2
Beispieldarstellung einer Maßkette an einem Getriebeausschnitt

Es ergeben sich bei vereinfachter Betrachtungsweise die im Bild mit M_i bezeichneten Maße. Sie bilden in ihrer Gesamtheit mit dem Schlußmaß die zu betrachtende Maßkette. Diese recht einfache Vorgehensweise wird wesentlich komplizierter, wenn derartige Betrachtungen an vielgliedrigen Erzeugnissen geführt werden sollen. Das begründet sich in einer teilweise sehr hohen Anzahl von Einzelmaßen, die, über eine ebene Ausdehnung hinausgehend, auch räumliche Zuordnungen annehmen. Danach läßt sich eine Maßkette definieren.

> Eine Maßkette ist die Aneinanderreihung von untereinander unabhängigen Einzelmaßen und dem von ihnen abhängigen Schlußmaß, die bei schematischer Darstellung einen geschlossenen Linienzug ergeben.

Ist bei zu untersuchenden Maßketten die Anzahl der Einzelteile größer bzw. gleich 2, dann stellen die Einzelmaße Fertigungsmaße und das sich nach dem Zusammenbau ergebende Schlußmaß (Montagemaß) das Funktionsmaß dar. Nach der Zusammenstellung des Maßkettenschemas erfolgt die Berechnung von Maßketten. Dabei können vier grundlegende Methoden angewendet werden (vgl. Bild 13.3). Hiernach führt die additive Methode (Maximum-Minimum-Methode) als einzige Berechnungsmethode zur definierten (vollstän-digen) Austauschbarkeit.

> Die definierte Austauschbarkeit ist eine Art der Austauschbarkeit, bei der alle Teile des betrachteten technischen Systems ohne zusätzliche Aufwendungen funktionsgerecht paarungsfähig sind.

Betrachtet man die definiert eingeschränkte (unvollständige) Austauschbarkeit, so ist für deren Berechnung die Anwendungsmöglichkeit der im Bild genannten drei Methoden gegeben. Es sei jedoch bemerkt, daß definiert eingeschränkte oder auch unvollständige Austauschbarkeit nicht gleichzusetzen ist mit dem Zulassen funktionsuntüchtiger bzw. nichttoleranzhaltiger Werkstücke. Die verbale Festlegung resultiert ausschließlich aus den Besonderheiten bei der Berechnung, die sich zwar innerbetrieblich auswirken können, dem Kunden gegenüber jedoch nicht wirksam werden, sofern entsprechende Vorkehrungen bei der Herstellung einschließlich Prüfung der Einzelteile getroffen werden.

ARTEN DER AUSTAUSCHBARKEIT	
vollständige Austauschbarkeit	unvollständige Austauschbarkeit
Additive Methode (Maximum-Minimum-Methode (Grenzmaßmethode)	Statistische Methode (Wahrscheinlichkeitstheoretische Methode) Auslesepaarung (Methode der Gruppenaustauschbarkeit) Anpassungsmethode (Kompensationsmethode) (Justiermethode)
BERECHNUNGSMETHODEN VON MASSKETTEN	

Bild 13.3 Berechnungsmethoden von Maßketten und ihre Zuordnung zu den Graden der Austauschbarkeit

Als grundlegende Berechnungmethoden sind die additive und die statistische Methode anzusehen. Die Anpassungsmethode und die Auslesepaarung stellen besondere Methoden dar, die nur bei bestimmten Bedingungen anwendbar sind sowie zusätzliche Aufwendungen erfordern.

> Die definiert eingeschränkte Austauschbarkeit ist eine Art der Austauschbarkeit, bei der alle Teile des betrachteten technischen Systems nur mit zusätzlichen Leistungen funktionsgerecht paarungsfähig sind.

Die genannten Berechnungsmethoden werden in den nachfolgenden Abschnitten näher betrachtet und hierbei auch Präzisierungen zu den Arten dieser genannten zusätzlichen Aufwendungen getroffen.
Zur Vereinfachung der nachfolgenden Berechnungen erweist es sich insbesondere bei mehrgliedrigen Maßketten als günstig, die Einzelmaße näher zu betrachten. Dabei können zwei Arten unterschieden werden, die sogenannten positiven und die negativen Einzelmaße. Sie sollen nach Nennung der Aufgabenstellung für das im Bild 13.4 dargestellte Beispiel erläutert werden. Hierbei stellt das Axialspiel das Funktionskriterium und damit das Schlußmaß (M_0), das teilweise auch als Schließmaß bezeichnet wird, dar. Die Maße M_1 bis

M_5 ergeben die Fertigungs-, bzw. die Einzelmaße. Die spezielle Art der Einzelmaße wird dann nach ihrem Einfluß auf das Schlußmaß der Maßkette bestimmt (vgl. Bild 13.4).

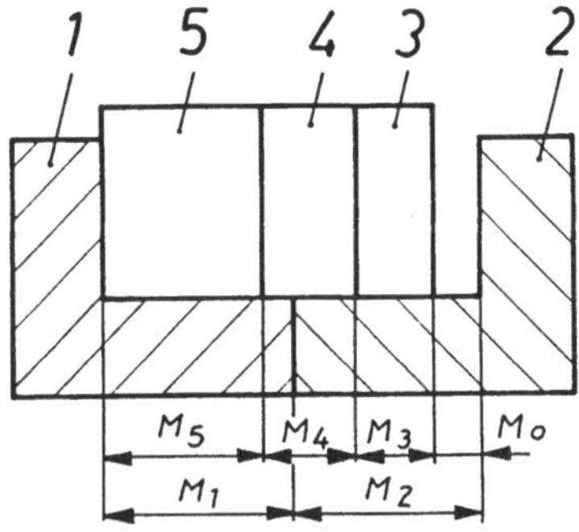

Bild 13.4
Idealisierte Baugruppe mit Maßkette

Eine Vergrößerung des Maßes M_1 bewirkt bei Konstantheit der restlichen Einzelmaße eine Vergrößerung des Schlußmaßes. Es liegt ein positives Einzelmaß vor.

Ein positives Einzelmaß bewirkt bei seiner Veränderung eine gleichsinnige Veränderung des Schlußmaßes. Es besitzt den Richtungskoeffizienten $k_i = +1$.

Für das Einzelmaß M_2 erhält man das gleiche Ergebnis. Anders verhält sich die Betrachtung des Maßes M_3. Hierbei führt dessen Vergrößerung zu einer Verkleinerung des Schlußmaßes. Man spricht von einem negativen Einzelmaß.

Ein negatives Einzelmaß bewirkt bei seiner Veränderung eine gegensinnige Veränderung des Schlußmaßes. Es besitzt den Richtungskoeffizienten $k_i = -1$.

In die voranstehenden Definitionen ist der sogenannte Richtungskoeffizient k_i eingearbeitet und der jeweiligen Maßart zugeordnet. Er ist ein Koeffizient, der die Wirkrichtung der Einzelmaße auf das Schlußmaß festlegt und damit ihr Vorzeichen bestimmt. Diese Aussage trifft insbesondere für derartige Maße einer Maßkette zu, die parallel zueinander angeordnet sind. Treten mehrdimensionale Maßketten auf, dann übernimmt der Richtungskoeffizient die Aufgabe der Festlegung der einzelnen Koordinatenmaßanteile.

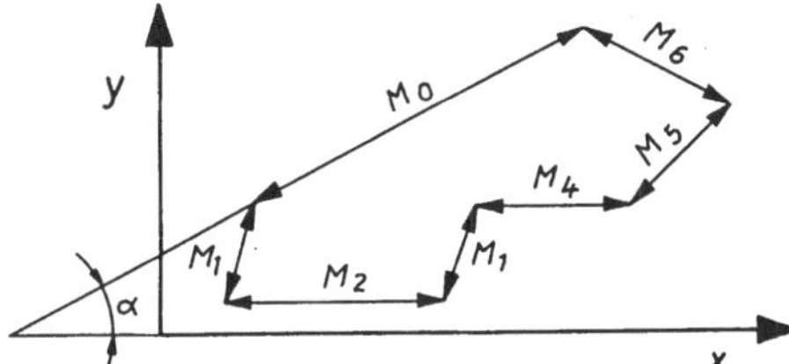

Bild 13.5
Mehrdimensionales Maßkettenschema im willkürlich gewählten Koordinatensystem

Diese ergeben sich dann in Anlehnung an die Richtungskosinuswerte der Trigonometrie, mit deren Hilfe eine Zurückführung mehrdimensionaler in mehrere eindimensionale Betrachtungen ermöglicht wird, nach den Gleichungen (13.1) und (13.2). Mit diesen Anteilen können dann n-dimensionale Maßketten auf n eindimensionale Ketten relativ einfach zurückgeführt und berechnet werden.

$$\boxed{k_{xi} = \cos ß_i} \tag{13.1}$$

$$\boxed{k_{yi} = \sin ß_i} \tag{13.2}$$

Durch eine definierte Lagezuordnung des Koordinatensystems zum Schlußmaß (M_0) ist eine relativ vereinfachte Berechnung zu erreichen. Dazu wird eine Koordinatenachse auf das Schlußmaß gelegt (Drehung des Maßkettenschemas im Bild um α oder $90° - \alpha$); die weitere Betrachtung ist dann ausschließlich auf diese eine Richtung zu reduzieren. Die übrigen Richtungen wären dann nur für eine Kontrollrechnung erforderlich. Abschließend sei noch angemerkt, daß die Einteilung der Einzelmaße in positive und negative Maße ausschließlich eine Vereinfachung für die Berechnung von Maßketten zum Inhalt hat und nicht widersprüchlich zur grundlegenden Maßdefinition aufzufassen ist (vgl. Abschnitt 3).

13.2 Prinzipielle Vorgehensweise bei der Berechnung von Maßketten

Die Durchführung einer Toleranzfortpflanzung stützt sich, sowohl historisch gesehen als auch aus der Sicht der gegenwärtigen Anwendungen, vordergründig auf die Betrachtungen der entsprechenden Grenzmaße. Dabei besteht die Aufgabe darin, ausgehend von den möglichen Grenzmaßen der Einzelmaße, die zu erwartenden Grenzmaße des Schlußmaßes festzulegen. Diese Vorgehensweise soll am Beispiel der im Bild 13.4 angegebenen idealisierten Baugruppe erläutert werden. Dabei geht man von folgender Grundüberlegung aus (vgl. auch Bild 13.6):

- Das Höchstmaß des Schlußmaßes (M_{0G}) ergibt sich stets in den Fällen, wenn einerseits der Innenabstand des Rahmens durch die Höchstmaße der Einzelteile (M_{iG}) und andererseits die Einbauteile durch ihr Mindestmaß (M_{iK}) verkörpert werden.

$$\boxed{M_{0G} = M_{1G} + M_{2G} - M_{3K} - M_{4K} - M_{5K}} \tag{13.3}$$

- Das Mindestmaß des Schlußmaßes (M_{0K}) tritt dann ein, wenn von der minimalen Rahmenöffnung, gebildet aus den jeweiligen Mindestmaßen (M_{iK}), die Höchstmaße der Einbauteile (M_{iG}) subtrahiert werden.

$$\boxed{M_{0K} = M_{1K} + M_{2K} - M_{3G} - M_{4G} - M_{5G}} \tag{13.4}$$

Mit diesen beiden Gleichungen ist das Grundanliegen der Maßkettenbetrachtungen bereits verdeutlicht. Danach können die Grenzmaße (Höchst- und Mindestmaß) für das Schlußmaß berechnet werden. Bei diesem Beispiel, wie auch den nachfolgenden theoretischen Betrachtungen, bezieht sich der Index i prinzipiell auf die untereinander unabhängigen Einzelmaße und der Index 0 auf das von den Einzelmaßen abhängige Schlußmaß und damit das Funktionskriterium.

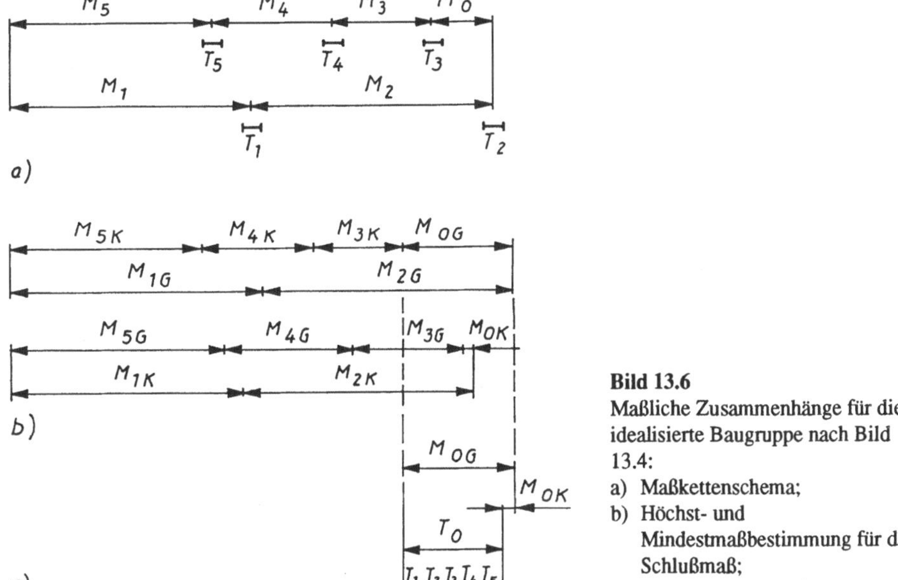

Bild 13.6
Maßliche Zusammenhänge für die idealisierte Baugruppe nach Bild 13.4:
a) Maßkettenschema;
b) Höchst- und Mindestmaßbestimmung für das Schlußmaß;
c) Schlußtoleranzbestimmung

Soll nun noch eine zusätzliche Aussage über den möglichen Schwankungsbereich des Schlußmaßes, nämlich die Schlußtoleranz, getroffen werden, dann subtrahiert man unter Nutzung des Grundlagenzusammenhanges, daß die Toleranz sich aus der Differenz von Höchst- und Mindestmaß ergibt, Gleichung (13.4) von (13.3) und erhält:

$$\boxed{T_0 = T_1 + T_2 + T_3 + T_4 + T_5} \tag{13.5}$$

Mit diesen Grundgleichungen, die in verallgemeinerter Schreibweise nachfolgende Formen annehmen, können die Berechnungen von Maßketten nach der additiven Methode durchgeführt werden.

$$\boxed{M_{0G} = \sum_{i=1}^{n} M_{iGp} - \sum_{i=n+1}^{m} M_{iKn}} \tag{13.6}$$

$$\boxed{M_{0K} = \sum_{i=1}^{n} M_{iKp} - \sum_{i=n+1}^{m} M_{iGn}} \tag{13.7}$$

Diese beiden maßlichen Zusammenhänge in ihrer allgemeinen Form werden in einigen Literaturstellen auch als der erste Hauptsatz der Maßkettentheorie bezeichnet. Darin verweisen die Indizes p auf positive und n auf negative Einzelmaße. Bei den Laufvariablen stellt m die Gesamtanzahl der Einzelmaße und n die Anzahl der positiven Einzelmaße dar. Eine analoge Verallgemeinerung für die Schlußtoleranz ergibt dann:

$$T_0 = \sum_{i=1}^{m} T_i \tag{13.8}$$

Dieser verallgemeinerte Ausdruck stellt den sogenannten zweiten Hauptsatz der Maßkettentheorie dar.

13.3 Additive Methode

Eine weitere Variante derartiger additiver Maßfortpflanzungen ist unter Bezugnahme auf das Toleranzmittenmaß (C) bzw. dessen Aufspaltung in das Toleranzmittenabmaß (E_C) und das Nennmaß (N) zu sehen (Bild 13.7). Unter Einführung dieser Größen ist ein Toleranzfeld eindeutig durch die Angabe der Kenngrößen für das Nennmaß (N), das Toleranzmittenabmaß (E_C) und die Toleranz (T) gegeben. Für die Bestimmung des Toleranzmittenabmaßes gilt folgender Zusammenhang:

$$E_C = \frac{ES + EI}{2} \tag{13.9}$$

Mit der Maßkettenberechnung der definierten Größen beschäftigt sich die additive Methode (auch Maximum-Minimum-Methode genannt), für die nachfolgende Definition gilt.

> Die additive Methode (Maximum-Minimum-Methode) ist eine Methode zur Berechnung von Maßketten bei Berücksichtigung der Grenzmaße.

Weiterführend werden bei den methodenspezifischen Betrachtungen ausschließlich die Berechnungsgleichungen zur Bestimmung der Kenngrößen für das Schlußmaß angegeben.

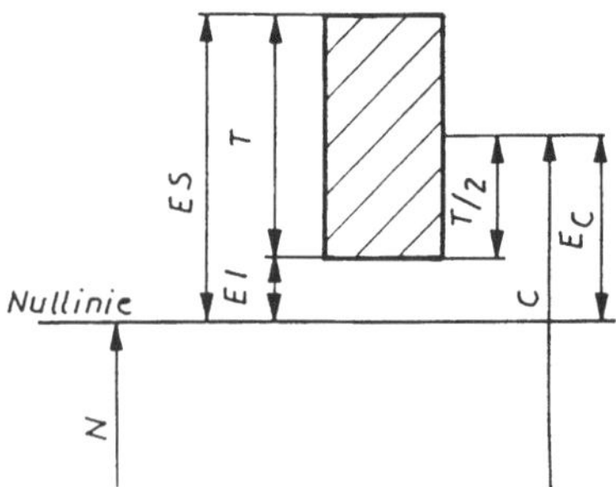

Bild 13.7
Darstellung eines Toleranzfeldes unter Bezugnahme auf das Toleranzmittenabmaß (E_C)

Eine Bestimmung der Einzelmaße ist durch entsprechende Umstellung der aufgezeigten Berechnungsgleichungen gegeben. Die im Bild angegebenen Zusammenhänge zwischen dem Toleranzmittenabmaß und den Grenzmaßen für das Beispiel einer Bohrungstoleranz sind sinngemäß auf die Bedingungen eines Wellentoleranzfeldes übertragbar. Die Größen des Schlußmaßes werden dann nach den Gleichungen (13.10) bis (13.12) berechnet.

$$N_0 = \sum_{i=1}^{m} k_i N_i \quad (13.10)$$

$$E_{C0} = \sum_{i=1}^{m} k_i E_{Ci} \quad (13.11)$$

$$T_0 = \sum_{i=1}^{m} T_i \quad (13.12)$$

Ist die Berechnung beendet, kann je nach Bedarfsfall eine Rücktransformation dieser Werte in die Konstruktionswerte vorgenommen werden. Nach erfolgter Rücktransformation ergeben sich größtenteils Maße, die nicht den genormten Bedingungen entsprechen. Für die Größen ist dann eine Verlagerung vorzunehmen, so daß im Ergebnis der Berechnung Nennmaße mit ganzzahligen Werten erscheinen.

$$M = N + E_C \pm \frac{1}{2} * T \quad (13.13)$$

Betrachtet man die im Abschnitt 13.2 aufgeführten Gleichungen (13.6) bis (13.8) vergleichenderweise mit den voranstehenden Gleichungen (13.10) bis (13.12), so ist bei der Berechnung des Schlußmaßes festzustellen, daß beide Vorgehensweisen zum gleichen Ergebnis führen. Die zweite Vorgehensweise ist jedoch einerseits durch eine weitestgehend formalisierte Betrachtungsweise geprägt, die günstigere Voraussetzungen für rechnergestützte Arbeitsweisen schafft. Andererseits bildet sie auch bessere Voraussetzungen zum Übergang zu den nachfolgenden Berechnungsmethoden, weshalb sie zukünftig auch breitere Anwendung finden sollte.

13.4 Statistische Methode

13.4.1 Grundlagen

Die voranstehenden Grundgedanken zu den Zusammenhängen von Maßen in Maßketten sind stets vom Konstruktionsstadium, d.h. von den vorgegebenen Toleranzen ausgegangen. Bezieht man in diese Betrachtungen das Iststadium, d.h. die Herstellung der Einzelteile mit ein, so ist prinzipiell davon auszugehen, daß bei vorausgesetzter toleranzhaltiger Fertigung die Istmaße stets Werte annehmen, die zwischen den Grenzmaßen liegen und diese auch nur teilweise ausschöpfen. Demzufolge führen die Grenzmaßbetrachtungen grundsätzlich zu Ergebnissen, die eine sehr hohe, in den meisten Fällen nicht erforderliche, Sicherheit in sich vereinen. Bezieht man in diese Betrachtungen zusätzlich den Sachverhalt einer Serienhaftigkeit ein, so ergibt sich für jedes zu betrachtende Maß eine mehr oder weniger ausgeprägte Verteilung der Istmaße innerhalb der Toleranzgrenzen (Bild 13.8).

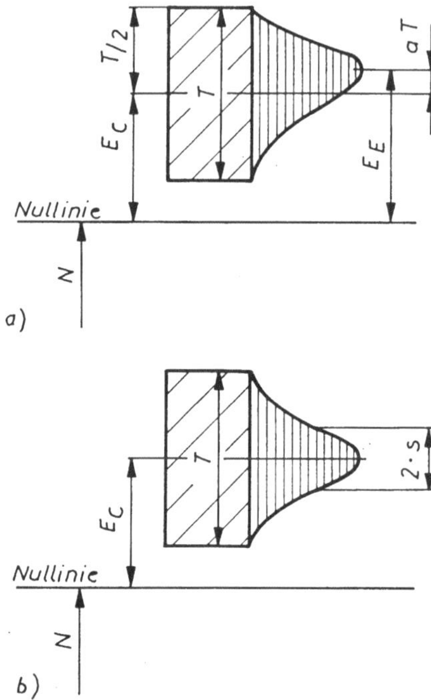

Bild 13.8
Darstellung einer Istmaßverteilung in Bezug auf die Grenzmaße und kennzeichnende Größen:
a) Kennzeichnung der Lage des Toleranzfeldes bei asymmetrischer Lage;
b) Kennzeichnung der Größe der Toleranz bei symmetrischer Lage

Eine Aussage über die Größe der Sicherheit bei der additiven Methode erhält man, indem man das Multiplikationsgesetz der Wahrscheinlichkeitsrechnung auf die bei den Maßketten zutreffenden Belange anwendet.

$$P(A_0) = \prod_{i=1}^{m} P(A_i) \tag{13.14}$$

Danach ergibt sich die Wahrscheinlichkeit des Ausfallanteils des Schlußmaßes $P(A_0)$, auch Ausfallquote genannt, aus den Produkten der Wahrscheinlichkeit des Ausfallanteils der die Maßkette bildenden Einzelmaße $P(A_i)$. Beispielhaft sei für den Fall der Fertigung von einer Erzeugnisart, die aus fünf Einzelmaßen besteht und in einem Auftrag von 100 Stück produziert wird, pro Baugruppe jeweils ein nichttoleranzhaltiges Einzelteil vorhanden ($P(A_i)$ = 0,01). Für diese Annahme ergibt sich nach Gleichung (13.14) eine maximal erwartbare Anzahl von nichttoleranzhaltigen Produkten in einer Größenordnung von 10^{-8}. Allein aus dieser Tatsache leitet sich die prinzipiell gerechtfertigte Anwendung statistischer

Grundlagen bei der Maßfortpflanzung ab. Geht man noch einmal zum Bild 13.8 zurück, so ergeben sich folgende statistische Größen für die Maßkennzeichnung. Die Verteilung der Istmaße wird durch das Erwartungsabmaß (E_E) zur Lagekennzeichnung (Bild 13.8 a) und durch den Schwankungsbereich (T) zur Größenkennzeichnung (Bild 13.8 b) um das Erwartungsabmaß geprägt. Bei Anwendung dieser Vereinbarungen bieten sich zwei Varianten der speziellen Maßkettenbetrachtungen an:

- Bei der *ersten Variante* werden das Nennmaß (N), das Erwartungsabmaß (E_E) und die wahrscheinliche Toleranz (T) genutzt;
- Bei der *zweiten Variante* werden die bei der additiven Methode geprägten Größen Nennmaß (N), Toleranzmittenabmaß (E_C) und Toleranz (T) zuzüglich der Koeffizienten der relativen Asymmetrie (a) und der relativen Streuung (c) genutzt.

Diese Koeffizienten sind unter Bezugnahme auf Bild 13.8 definiert:

$$a = \frac{E_E - E_C}{T} \tag{13.15}$$

$$c = \frac{2 * s}{T} \tag{13.16}$$

Die zweite Variante bietet den Vorteil, daß unter Benutzung tabellierter Werte für diese Koeffizienten in Abhängigkeit von der jeweiligen Verteilung der Istmaße eine Berechnung ohne detaillierte Verteilungskenntnis möglich ist. Die grundlegenden Gleichungen für die statistische Methode leiten sich aus folgenden Überlegungen ab. Unter Beachtung der Definitionen für die Maßkette und die sie bildenden Maße ist für eine Maßkettenbetrachtung der Grundansatz des "Quadratischen Fehlerfortpflanzungsgesetzes" anwendbar, wonach sich die Standardabweichung des Schlußmaßes (s_0) aus der Summe der Quadrate der Standardabweichungen der Einzelmaße (s_i) ergibt.

$$s_0^2 = \sum_{i=1}^{m} s_i^2 \tag{13.17}$$

Berücksichtigt man weiterhin das Auftreten von nichtnormalverteilten Einzelistmaßen, so ergibt sich nach Umstellung von Gleichung (13.16) und Einsetzen in Gleichung (13.17):

$$s_0^2 = \sum_{i=1}^{m} \frac{(c_i\ T_i)^2}{4} \tag{13.18}$$

Wird darüber hinausgehend die Wirkung des zentralen Grenzwertsatzes der Wahrscheinlichkeitsrechnung für die Abweichungen innerhalb der Schlußtoleranz angenommen, dann kann die t-Verteilung als gut approximierte Verteilung für eine Normalverteilung zur Festlegung des Schlußmaßes eingeführt werden und es gilt:

$$T_0' = 2 * t * s_0 \tag{13.19}$$

und damit der Grundansatz für die Gleichung zur Berechnung der Schlußtoleranz nach der statistischen (wahrscheinlichkeitstheoretischen) Methode:

$$T_0' = t \sqrt{\sum_{i=1}^{m} (c_i \, T_i)^2} \tag{13.20}$$

Unter Berücksichtigung dieser Zusammenhänge ist diese Methode wie folgt zu definieren.

> Die statistische Methode ist eine Methode zur Berechnung der Maße und der Toleranzen unter Berücksichtigung der Verteilung der Ist-Maße und eines zu erwartenden Ausfallanteils.

Neben diesem aufgezeigten Weg gibt es noch weitere Möglichkeiten zur Maßfortpflanzung, z.B. Simulationsverfahren, Faltungsverfahren oder auch andere der Spieltheorie entstammende Verfahren, die jedoch an dieser Stelle keine nähere Erläuterung finden sollen.

13.4.2 Berechnungsgleichungen

Bei der statistischen Methode finden in Analogie zur additiven Methode (vgl. Gleichungen (13.10) bis (13.12)) folgende Grundgleichungen Anwendung:

$$N_0 = \sum_{i=1}^{m} k_i \, N_i \tag{13.21}$$

$$E_{E0} = \sum_{i=1}^{m} k_i \, E_{Ei} = \sum_{i=1}^{m} k_i \, (E_{Ci} + a_i \, T_i) \tag{13.22}$$

$$T_0' = t \sqrt{\sum_{i=1}^{m} (c_i \, T_i)^2} \tag{13.23}$$

Bei der Anwendung der in diesen Gleichungen angegebenen Koeffizienten a, c und t sind entweder die voranstehenden Bestimmungsgleichungen (13.15) und (13.16) oder die in

[13.5] angegebenen Tabellen zu nutzen. Für überschlägliche Berechnungen bzw. in den Fällen, wenn Normalverteilungen für die Einzelmaße vorliegen und die Betrachtungen für eine 99,73 %-ige statistische Sicherheit geführt werden sollen, können vereinfachenderweise die Gleichungen (13.21 a) bis (13.23 a) Anwendung finden.

$$\boxed{N_0 = \sum_{i=1}^{m} k_i N_i} \tag{13.21 a}$$

$$\boxed{E_{E0} = \sum_{i=1}^{m} k_i E_{Ci}} \tag{13.22 a}$$

$$\boxed{T_0 = \sqrt{\sum_{i=1}^{m} T_i^2}} \tag{13.23 a}$$

Ergeben die ersten beiden Gleichungen völlige Übereinstimmung mit denen nach der additiven Methode, so wird aus Gleichung (13.23 a) der Grundansatz der statistischen Methode und damit auch der wesentliche Unterschied zur additiven Methode deutlich (statistische Methode - quadratische Abweichungsfortpflanzung; additive Methode - lineare Abweichungsfortpflanzung). Sollen letztendlich die Berechnungsergebnisse in eine zeichnungsübliche Angabe überführt werden, dann ist analog der additiven Methode unter Nutzung von Gleichung (13.24) vorzugehen.

$$\boxed{M = N + E_E \pm \frac{1}{2} * T} \tag{13.24}$$

Auch hierbei ist eine abschließende, der Nennmaßbildung entsprechende Korrektur vorzunehmen.

13.5 Vergleichsbetrachtungen

In diesem Abschnitt sollen die beiden vorhergehenden Methoden anhand einer Beispielbetrachtung und ergänzender Ausführungen verglichen werden. Bei der *Auswahl* einer Berechnungsmethode sind folgende Anwendungsgrenzen zu berücksichtigen:

- Additive Methode:
  - bei Einzelteilefertigungen;
  - in Bereichen mit hohen Sicherheitsansprüchen;
  - bei genügend großen funktionell zulässigen Schlußtoleranzen;
- Statistische Methode:
  - bei genügend großer Stückzahl zur Ausprägung eines Verteilungsbildes (n > 50 St.);

bei Maßketten mit entsprechender Einzelmaßanzahl (m > 4 ohne Kenntnis der Art der Verteilung der Einzelmaße; n = 2 bis 4 unter Beachtung der Einzelmaßverteilungen); in Bereichen, in denen keine extremen Sicherheitsanforderungen gestellt werden.

Bei *Beispielbetrachtungen* wird folgende Vorgehensweise empfohlen, wobei die im Bild 13.9 angegebene Baugruppe einer Rollenschere betrachtet werden soll:

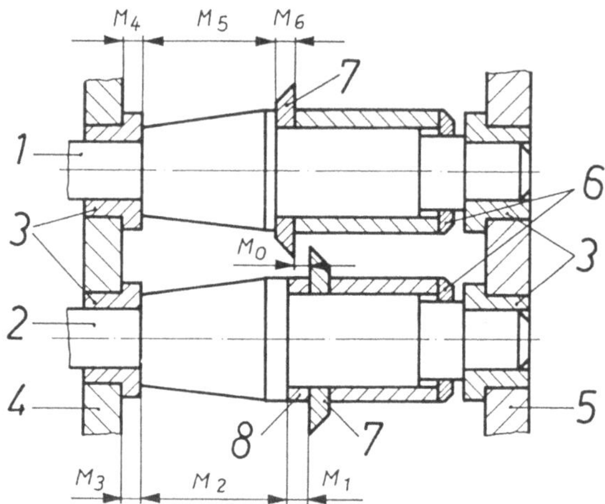

Bild 13.9
Baugruppenauszug aus einer Rollenschere

1.- Zusammenstellung der Einzelteil- und Baugruppenzeichnungen für die zu untersuchende Maßkette

2.- Struktur- und Funktionsbetrachtungen zur ausgewählten Baugruppe
Die Baugruppe besteht aus einer oberen (1) und unteren Rotationsmesserwelle (2), die jeweils über entsprechende Lager (3) in den Bohrungen der linken (4) und der rechten Gehäusehälfte (5) eingebracht sind. Die Messerwellen werden durch aufeinander abgestimmte, im Bild nicht angegebene, Antriebe in Rotationsbewegung gesetzt. Auf den Messerwellen befinden sich über Gewinderinge (6) die axial festgeklemmten Rotationsmesser (7), die wiederum über die auswechselbare Distanzbuchse (8) einen einstellbaren Schneidspalt ergeben. Die Funktion wird dadurch gewährleistet, daß das zu trennende Material in waagerechter Lage durch das Gehäuse bei rotierenden Messerwellen geführt wird. Weiterhin sei vereinfachend angenommen, daß in der zu betrachtenden Richtung keine Form- und Lageabweichungen auftreten sowie eine spielfreie Lagerung in Axialrichtung und in den Lagern vorhanden ist.

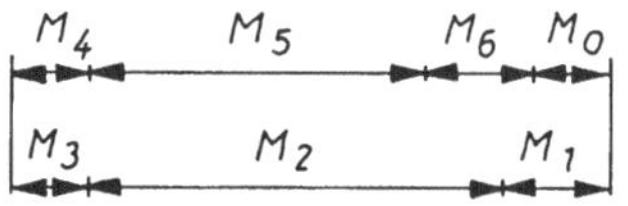

Bild 13.10
Maßkettenschema für das Beispiel der Rollenschere

3.- Ermittlung der Maßkette
Dabei wird als erstes das Schlußmaß (Funktionskriterium M_0) in die Baugruppenskizze eingetragen. Anschließend sind die Einzelmaße (Fertigungsmaße M_i) festzulegen. Dazu wird eine Bezugsbasis des Schlußmaßes gewählt und die Betrachtung zu den weiteren Maßen in gleicher oder entgegengesetzter Richtung geführt. Geht man von der rechten

Bezugsbasis des Schlußmaßes aus und betrachtet das nächstfolgende Maß, die Breite des unteren Rollenmessers (7), dann stellt man fest, daß seine Veränderung keine Veränderung des Schlußmaßes bewirkt. Danach ist dieses Maß kein zur Maßkette gehörendes Einzelmaß. Danach kehrt man die Betrachtungsrichtung an dieser Stelle um und betrachtet die Distanzbuchsenbreite (8) der unteren Messerwelle (2) als nächstes Maß. Wird es verändert, so ist eine Auswirkung auf das Schlußmaß feststellbar. Es ist also ein zur Maßkette gehörendes Einzelmaß (M_i). Diese Betrachtungen werden solange weitergeführt, bis alle festgestellten Einzelmaße und das Schlußmaß einen geschlossenen Linienzug bilden (Bild 13.10). Mit dem Maßkettenschema liegen dann alle Maße fest, die die Maßkette bilden.

i	Paßmaß in mm	k_i -	N_i in mm	E_{Ci} in mm	T_i in mm	a_i -	c_i -
1	$15_{-0,1}$	+1	15	-0,05	0,1	-0,1	0,4
2	145±0,1	+1	145	0	0,2	-0,12	0,42
3	$10^{+0,1}$	+1	10	0,05	0,1	-0,18	0,48
4	$10^{+0,1}$	-1	10	0,05	0,1	-0,18	0,48
5	150±0,08	-1	150	0	0,16	+0,14	0,42
6	9±0,05	-1	9	0	0,1	0	0,33
0_{add}			1	0,04	0,76		
0_{sta}			1	0,062	0,4		

Bild 13.11
Erfassungsformular für Ausgangsdaten und Berechnungsergebnisse

4.- Zusammenstellung der Berechnungsdaten

Zur übersichtlichen Aufbereitung aller Daten bietet sich das im Bild 13.11 gezeigte Formular an. Das Blatt beinhaltet in der ersten Spalte die Laufvariable der Maße und in der zweiten Spalte die entsprechenden Konstruktionswerte in Form ihrer Paßmaße.

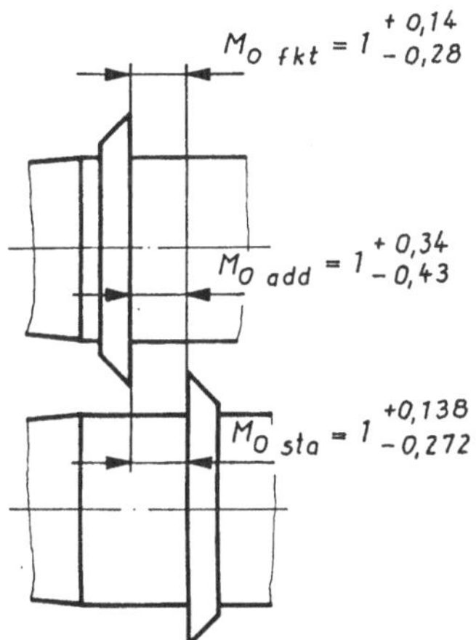

Bild 13.12
Grafische Darstellung der Berechnungsergebnisse: Oben - funktionelle Anforderungen; Mitte - additive Methode; Unten - statistische Methode

In der dritten Spalte werden die Richtungskoeffizienten k_i eingetragen, die nach der Maßkette (Bild 13.10) die eingetragenen Werte annehmen. Die vierte Spalte ist dem Nennmaßeintrag vorbehalten. In die fünfte Spalte werden die nach Gleichung (13.9) berechneten Toleranzmittenabmaße eingetragen. Nach Gleichung (3.5) bestimmte

Toleranzen erscheinen in der sechsten Spalte. Damit sind die erforderlichen Ausgangsdaten für die Berechnung nach der additiven Methode zusammengestellt. Für die Berechnung nach der statistischen Methode ergänzt man die Tabelle um die Spalten für die Koeffizienten der relativen Asymmetrie (a) und der relativen Streuung (c). Zusätzlich ist noch eine Angabe über den t-Faktor erforderlich.

5.- Methodenspezifische Berechnung
Bei Anwendung der voranstehend genannten Gleichungen einschließlich der Vorschriften für die Rücktransformation werden die berechneten Ergebnisse ebenfalls in die Tabelle eingetragen.

6.- Diskussion der Berechnungsergebnisse
Die Berechnungsergebnisse sind im Bild 13.12 grafisch dargestellt. Für das Nennmaß des Schlußmaßes (N_0) ergeben sich methodenunabhängig gleiche Ergebnisse. Bei den Abmaßen des Schlußmaßes (E_{C0}; E_{E0}) ergibt sich ein aus der Asymmetrie der Einzelmaßverteilungen resultierender geringfügiger Unterschied. Der wesentliche Unterschied wird jedoch bei den Schlußtoleranzen (T_0) erkennbar.

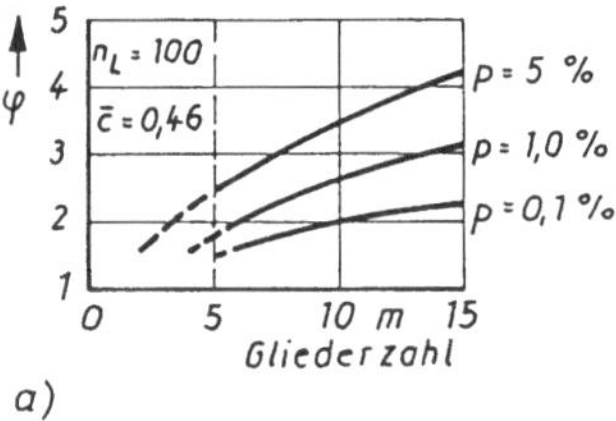

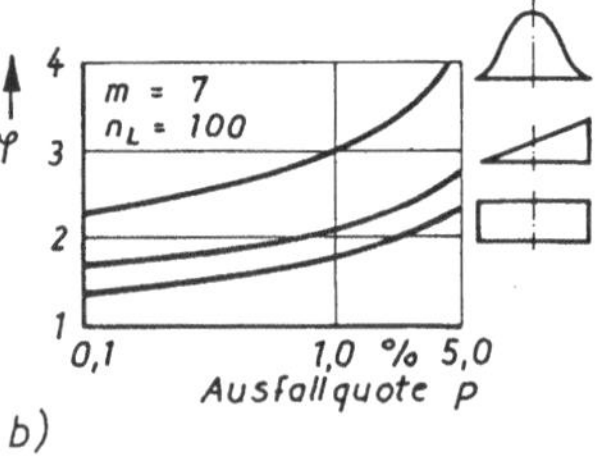

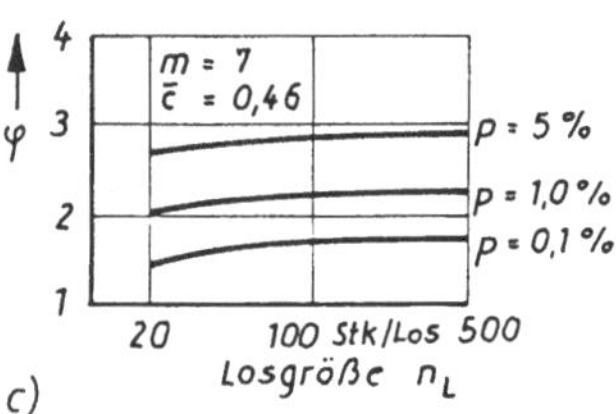

Bild 13.13
Darstellung der Verläufe der Vorteilskoeffizienten in Abhängigkeit von der: a) Einzelmaßanzahl (m); b) Ausfallquote (p); c) Stückzahl (n_L)

Vergleicht man letztendlich die Paßmaße der Schlußmaße (M_0), dann ist eine Aussage über die Funktionsgewährleistung zu treffen. Dabei ist festzustellen, daß das funktionell erforderliche Maß (M_{0fkt}) nur durch das nach der statistischen Methode berechnete Maß (M_{0sta}) eingehalten wird. Führen beide Berechnungsergebnisse nicht zur Einhaltung der

Vorgaben, dann kann entweder eine zielgerichtete Beeinflussung der Einzelmaße über deren Lage oder auch Größe der Toleranz erfolgen oder die Anwendungsüberprüfung der nachfolgend erläuterten Methoden (Anpassungsmethode; Auslesepaarung) vorgenommen werden.

Bei der *Darstellung der Vorteile* der Anwendung der statistischen Methode gegenüber der additiven Methode kann auch auf eine theoretische Betrachtung zurückgegriffen werden. Definiert man einen Vorteilskoeffizienten φ, der das Verhältnis der durchschnittlichen Einzeltoleranzen der statistischen gegenüber der additiven Methode ausdrückt (Gleichung (13.25)), dann ergeben sich für verschiedenartige Einflußfaktoren die in den nachfolgenden Diagrammen angegebenen Vorteilskoeffizienten.

$$\varphi = \frac{T'}{T} \qquad (13.25)$$

Ein Vergleich der Kurven verdeutlicht, daß gravierende Veränderungen erreichbar sind, wenn die Ausfallquoten bei der Toleranzberechnung vergrößert werden oder Maßketten mit einer relativ großen Anzahl von Einzelmaßen betrachtet werden. Der Einfluß der Stückzahl ist dagegen von untergeordneter Bedeutung. Die betragsmäßige Vergrößerung von Einzeltoleranzen nach der statistischen Methode kann nach den dargestellten Zusammenhängen bis zu 4-fache Beträge gegenüber der additiven Methode annehmen.

13.6 Anpassungsmethode

Die Anpassungsmethode, in manchen Literaturstellen auch als Kompensationsmethode bezeichnet, stellt eine Methode dar, die insbesondere dadurch gekennzeichnet ist, ursprünglich vorhandene Überschreitungen der funktionell erforderlichen Schlußtoleranz durch geeignete Maßnahmen an einem zu wählenden Einzelmaß der Maßkette, dem Kompensationsglied, zu beseitigen.

Die Anpassungsmethode ist eine Methode zur Berechnung des Kompensationsgliedes zum Zwecke der Beseitigung der zunächst vorhandenen Überschreitung der Schlußtoleranz.

Die Anwendungsüberprüfung der Anpassungsmethode sollte stets dann erfolgen, wenn die Berechnungen nach der additiven und der statistischen Methode zu keinen vertretbaren Ergebnissen führen. Bei einer Eignungsfeststellung wird zunächst die vorhandene Überschreitung der Schlußtoleranz, auch als Größtkompensation (K_G) bezeichnet, bestimmt.

$$K_G = T_{0ber} - T_{0fkt} \qquad (13.26)$$

Hierin stellt T_{0ber} die entweder nach der additiven oder statistischen Methode berechnete Schlußtoleranz und T_{0fkt} die für die Funktion erforderliche Schlußtoleranz dar. Als nächster Schritt ist die Auswahl des Kompensationsgliedes vorzunehmen. Dabei ist zu beachten, daß der Kompensator als fester oder als verstellbarer Kompensator, ein sogenanntes Justierglied, ausgeführt sein kann. An beide Arten wird die Anforderung gestellt, daß sie aus "montageorganisatorischer" Sicht zugänglich sein müssen. Günstigerweise überprüft man, inwieweit bereits in der Konstruktion vorhandene Elemente für eine derartige Aufgabe genutzt werden können. Ist nun eines der vorhandenen Bauteile oder ein zusätzlich in die Baugruppe einzufügendes Bauteil als Kompensator ausgewählt, dann ist das Nennmaß des Kompensationsmaßes zu bestimmen.

$$N_{nK} = \frac{1}{k_{nK}} * \left(N_0 - \sum_{i=1}^{n_{K-1}} k_i\, N_i - \sum_{i=n_{K+1}}^{m} k_i\, N_i \right) \tag{13.27}$$

Bei der weiteren Vorgehensweise ist in Abhängigkeit von der gewählten Kompensatorart zu unterscheiden:

- Bei der Anwendung von Justiergliedern ist die Größe des Verstellbereiches (V) und dessen Lage (E_{CnK}) zu bestimmen.

$$V = (1{,}1 \cdots 1{,}2) * K_G \tag{13.28}$$

$$E_{CnK} = \frac{1}{k_{nK}} \left(E_{C0} - \sum_{i=1}^{n_{K-1}} E_{Ci} - \sum_{i=n_{K+1}}^{m} E_{Ci} \right) \tag{13.29}$$

Der Verstellbereich (V) müßte aus rein theoretischer Sicht identisch sein mit der Größtkompensation (K_G); aus Sicherheitsgründen sollte er jedoch um (10 - 20) % größer gewählt werden.

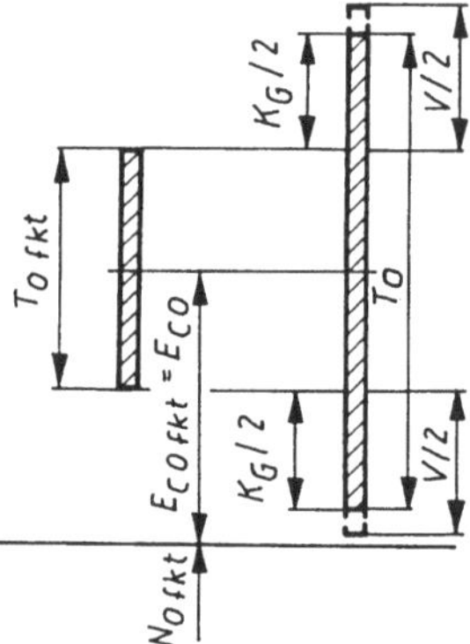

Bild 13.14
Schematische Darstellung des Wesens der Anpassungmethode mit Angabe des Verstellbereiches (V) bei Anwendung von Justiergliedern

- Bei der Anwendung von festen Kompensatoren ist zuerst die Anzahl der Kompensatorstufen (n_{Kb}) zu berechnen. Sie bildet gleichermaßen die Anzahl der Maßgruppen, innerhalb derer die konstruktiv festgelegten Kompensatoren zu fertigen und bei der Montage auszuwählen sind. Dabei ist zu berücksichtigen, daß die Toleranz des Kompensators

(T_{nK}) grundsätzlich kleiner sein muß als die Schlußtoleranz (T_0). Die Weiterverwendung der Kompensatorstufenanzahl kann dann sowohl in Form des berechneten, als auch des aufgerundeten Wertes erfolgen.

$$n_{Kb} = \frac{K_G}{T_0 - T_{nK}} + 1 \tag{13.30}$$

Abschließend ist in Analogie zu den Justiergliedern die Toleranzmittenabmaßfestlegung (E_{CnKj}) nach Gleichung (13.29) vorzunehmen; in diesem Falle allerdings für jede einzelne Kompensatorstufe ($j = 1 \cdots n_{Kb}$).

$$E_{CnKj} = \frac{1}{k_{nK}} \left(E_{C0} - \sum_{i=1}^{n_{K-1}} E_{Ci} - \sum_{i=n_{K+1}}^{m} E_{Ci} \right) - \frac{1}{2} * K_G + (j - 1) * (T_0 - T_{nK}) \tag{13.31}$$

Diese Vorgehensweise einschließlich der Zuordnung definierter Kompensatorstufen bei der Montage ist im Bild 13.15 verdeutlicht. Betrachtet man konstruktive Auslegungsvarianten von Kompensatoren, so können als Beispiellösungen für Justierglieder Schrauben, Exzenter u.ä. sowie für feste Kompensatoren Scheiben, Distanzbuchsen u.ä. Anwendung finden. Es sollte jedoch auf jeden Fall darauf geachtet werden, daß qualitätsmindernde Verfahren, wie das nachträgliche manuelle Abfeilen einer maschinell geschliffenen Oberfläche, keine Anwendung bei dieser Vorgehensweise findet.

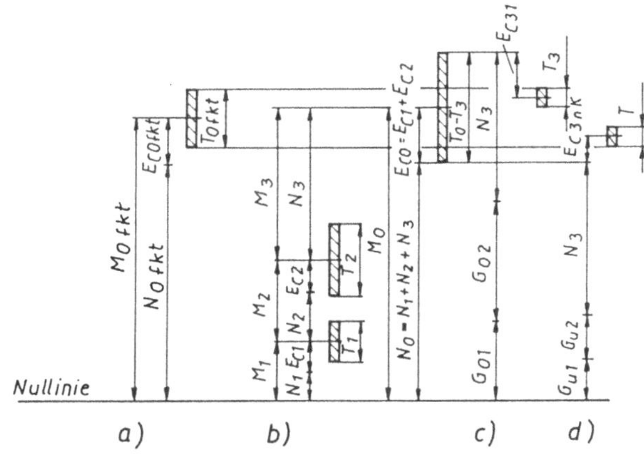

Bild 13.15
Zusammenhänge beim Einsatz fester Kompensatoren:
a) Funktionsanforderungen;
b) Maßkette;
c) Höchstmaßdarstellung;
d) Mindestmaßdarstellung

Eine Anwendung dieser Methode empfiehlt sich insbesondere bei den Baugruppen, von denen eine hohe Präzision verlangt wird bzw. bei Maßketten, die aus einer großen Anzahl von Einzelmaßen bestehen. Die Anwendungsüberprüfung der Anpassungsmethode hat gleichermaßen zu berücksichtigen, daß infolge der genannten Vorgehensweise zusätzliche Aufwendungen erforderlich sind, die in eine Entscheidungsfindung mit zu integrieren sind.

13.7 Auslesepaarung

Die Auslesepaarung, auch Methode der Gruppenaustauschbarkeit genannt, findet insbesondere in den Branchen Anwendung, in denen die Fertigungsmittel aus der Sicht ihres Genauigkeitsleistungsvermögens nicht in der Lage sind, die bestehenden funktionellen Anforderungen fertigungstechnisch umsetzen zu können. Ihre Überprüfung auf eine Anwendungsmöglichkeit sollte insbesondere auch unter Berücksichtigung der zusätzlichen Aufwendungen für deren Umsetzung erst dann erfolgen, wenn die additive und die statistische Methode zu ungenügenden Ergebnissen führen. Eine weitere einzuhaltende Voraussetzung ist das Vorliegen einer Großserienfertigung.

> Die Auslesepaarung ist eine Methode zur Berechnung von Toleranzen zum Zwecke der Fertigung der Einzelteile in Gesamttoleranzen, die ein Vielfaches der Gruppentoleranzen sind, nachfolgendes maßliches Sortieren in Gruppentoleranzen und zielgerichtetes Paaren der Einzelteile der Gruppen, die die Schlußtoleranz ergeben.

Aus der Sicht der inhaltlichen Abgrenzung unterscheidet man:
- einseitige Auslesepaarung
- zweiseitige Auslesepaarung
- mehrseitige Auslesepaarung

Bei den weiteren Betrachtungen soll vordergründig der am weitesten verbreitetste Fall, nämlich die zweiseitige Auslesepaarung nähere Erläuterung finden. Dazu ist das Grundprinzip im Bild 13.16 demonstriert.

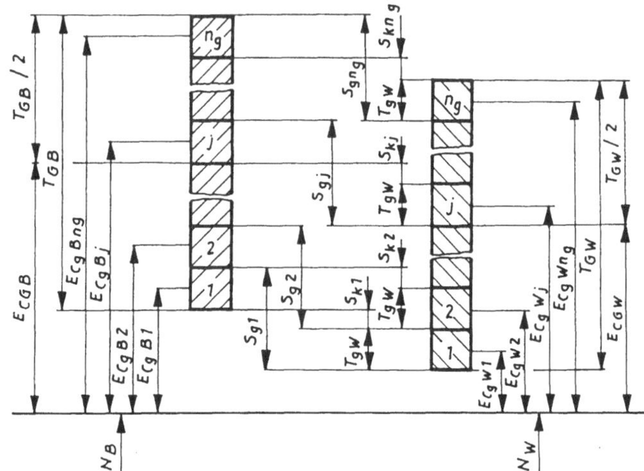

Bild 13.16
Schematische Darstellung der Toleranzfelder bei zweiseitiger Auslesepaarung

Eine zweiseitige Auslesepaarung geht größtenteils von der Paarung Welle/Bohrung aus. Das Funktionskriterium einer derartigen Baugruppe ist in der Mehrzahl von den Grenzspielen, d.h. vom Höchst- (S_g) und Mindestspiel (S_k) bestimmt. Aus diesen beiden Kennwerten können anschließend die für die Funktionsgewährleistung erforderlichen Gruppentoleranzen (T_{gB} für die Bohrung und T_{gW} für die Welle) bestimmt werden. Dabei bedient man sich entweder des ISO-Toleranz- und Paßsystems oder einer überschläglichen Betrachtung zur hälftigen Aufteilung der Paßtoleranz auf die Bohrungs- und Wellentoleranz. Ausgehend von dieser grundlegenden Zuordnung, werden beide Toleranzfelder in gleicher Richtung solange verändert, bis die daraus resultierenden Gesamttoleranzen (T_{GB}, T_{GW}) größer bzw. gleich der Prozeßgenauigkeit der einzusetzenden Werkzeugmaschinen sind. Dabei ergibt sich die Gruppenanzahl (n_g) nach:

$$n_g = \frac{T_{GB}}{T_{gB}} = \frac{T_{GW}}{T_{gW}} \quad (13.32)$$

Besteht zusätzlich das Erfordernis nach der Berechnung der Toleranzmittenabmaße für die Gruppen- (E_{CgBj} für Bohrung) und Gesamttoleranzen (E_{CGB} für Bohrung), dann sind nachfolgenden Gleichungen anzuwenden.

$$E_{CgBj} = E_{CgB1} + (j - 1) * T_{gB} \quad (13.33)$$

$$E_{CGB} = E_{CgB1} + \frac{n_g}{2} * T_{gB} \quad (13.34)$$

Diese Gleichungen sind durch entsprechenden Kurzzeichenaustausch auf Wellen übertragbar. Mit diesen Erläuterungen ist das Grundanliegen der Auslesepaarung verdeutlicht. Auf weiterführende Besonderheiten, wie Möglichkeiten zur Minimierung erwartbarer Stückzahlen und damit verbundener Montagetabellen u.ä., soll an dieser Stelle verzichtet werden.
Aus der Sicht der Anwendung dieser Methode ist zu vermerken, daß insbesondere für die eingangs genannten Bedingungen eine Überprüfung erfolgen sollte. Das trifft in Bereichen wie der Wälzlagerindustrie, des Fahrzeug- und Motorenbaus, des Kompressorenbaus und ähnlich gelagerter Branchen zu. Bei der betrieblichen Umsetzung sind noch einige zusätzliche technische und organisatorische Vorkehrungen zu treffen. Dazu zählen der Einsatz automatisierter Meßtechnik mit sehr kleinen Meßunsicherheiten, die Kennzeichnung und getrennte Aufbewahrung der in Gruppen sortierten Einzelteile, eine eventuell erforderliche zusätzliche Lagerhaltung und ähnliche Maßnahmen. Diese zusätzlichen Aktivitäten sind bei der Entscheidungsfindung für eine anzuwendende Methode mit zu berücksichtigen.

13.8 Wirtschaftliches Entscheidungsmodell zur Methodenauswahl

Ergeben sich nach der Anwendungsüberprüfung der voranstehenden Berechnungsmethoden für Maßketten mehrere technisch gleichrangige Möglichkeiten, dann ist auf der Basis von Wirtschaftlichkeitsbetrachtungen eine gezielte Entscheidung über eine Methodenauswahl zu treffen. Bei dieser Lösungsfindung kann entweder auf relativ einfacher Basis ein Teilkostenvergleich auf der Basis der variablen Kosten oder auch eine recht umfangreiche Betrachtung mittels eines wirtschaftlichen Entscheidungsmodells unter Einbeziehung der Gesamtkosten geführt werden. Grundvoraussetzung für die Anwendung eines derartigen Modells ist allerdings die teilweise recht schwierige Erfassung der wirtschaftlichen Primärdaten. Dem Modell liegt folgender Gedanke zugrunde. Die gesamten finanziellen Aufwendungen für das Herstellen und das Betreiben eines Produktes ($_GK_S$) lassen sich unter Beachtung der Maßkettentheorie in zwei Hauptbestandteile aufgliedern. Das sind:

- der Anteil aus der eigentlichen Herstellung einschließlich der Montage des Produktes ($_HK_S$) und
- der Anteil aus den maßkettenspezifischen Anteilen und der Anwendernutzung ($_AK_S$).

Gehen in die Herstellerkosten die Aufwendungen ein, die zur Entwicklung, Materialeinsatz, Fertigung, Prüfung, Montage, Abnahme und Versand erforderlich sind, so werden dem Anwender neben den Kosten für die Instandhaltung, Reklamationen u.ä. auch die methodenspezifischen Kosten, wie anteilige Kosten infolge der geplanten Ausfallquote, Kompensationsaufwendungen oder auch Sortieraufwendungen u.ä. zugeordnet (obwohl diese sachlich den Herstellungsaufwendungen zuzuordnen wären). Diese Kosten sind als abhängige Größen und somit im Sinne einer Minimumsbetrachtung in das Modell zu integrieren. Selektiert man nun die unabhängigen oder auch kostenverursachenden Größen, dann ist festzustellen, daß einerseits das geometrische Funktionskriterium, ausgedrückt durch die Schlußtoleranz T_0, und andererseits die statistische Ausfallquote p ursächliche Beeinflussungsgrößen darstellen. Damit ergibt sich der im Bild 13.17 angegebene Zusammenhang.

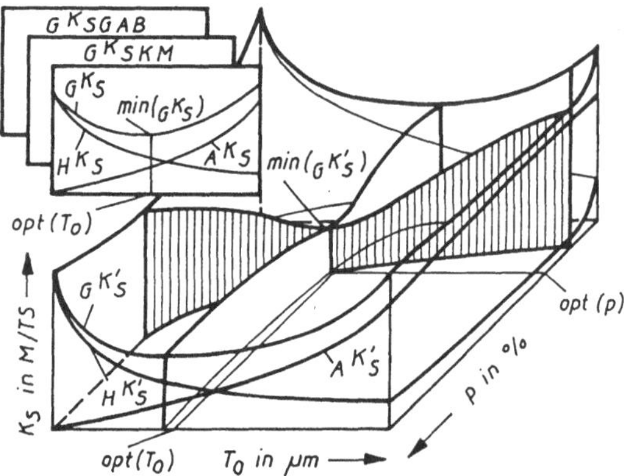

Bild 13.17
Prinzipieller Aufbau des wirtschaftlichen Entscheidungsmodells nach [13.9]

Nach den im Bild dargestellten mehrdimensionalen Abhängigkeiten sind dann in Abhängigkeit vom Kostenminimum min ($_GK_S$) die optimale Schlußtoleranz opt (T_0') und die optimale Ausfallquote opt (p) zu bestimmen. Unter Berücksichtigung der Grundbedingung, daß $T_0' < T_{0fkt}$ sein muß, ergibt sich dann die rückwärtige Festlegung der Einzeltoleranzen. Speziellere Ausführen zum Aufbau und zur Arbeitsweise dieses Modells sind [13.9] sowie zu allgemeinen Betrachtungen [13.10] und [13.11] zu entnehmen.

13.9 Regeln

- *Bestimme* vor der Berechnung von Maßketten das Maßkettenschema und zeichne es separat auf;
- *Lege* dabei zuerst das Schlußmaß fest und bestimme alle die Einzelmaße, die mit dem Schlußmaß gemeinsam eine geschlossenen Linienzug bilden;
- *Beachte* bei der Festlegung des Schlußmaßes, daß diese bei Baugruppen oder übergeordneten Einheiten das Funktionskriterium oder auch Montagemaß und bei Einzelteilbetrachtungen ein Fertigungsmaß darstellt;
- *Beachte* bei der Festlegung der Einzelmaße, daß sie bei Baugruppen oder übergeordneten Einheiten die Fertigungsmaße darstellen; berücksichtige, daß bei einem Einzelteil günstigerweise stets das Funktionskriterium als Einzelmaß auszuwählen ist;
- *Führe* n-dimensionale Maßketten auf n eindimensionale Maßketten zurück und wähle die Lage des Koordinatensystems so, daß das Schlußmaß mit einer Koordinatenrichtung übereinstimmt;
- *Berechne* zuerst die Maßkette nach der additiven und der statistischen Methode und variiere bei der statistischen Methode die zu planende statistische Ausfallquote innerhalb technisch vertretbarer Grenzen;
- *Überprüfe* bei danach ungünstigen Berechnungsergebnissen die Anwendbarkeit der Anpassungsmethode und der Auslesepaarung;
- *Beachte* bei der Auswahl eines Kompensators, daß er konstruktiv in die Baugruppe einfügbar und montageorganisatorisch zugänglich sein muß;
- *Berücksichtige* bei Anwendung der Auslesepaarung, daß die Genauigkeitsanforderungen für die Meßtechnik wesentlich höher sein müssen als die für die Fertigungseinrichtungen;
- *Gib* bei der Zeichnungseintragung von derartig berechneten Maßen (außer bei der additiven Methode zusätzliche Hinweise an;
- *Trage* bei Anwendung der statistischen Methode Informationen zu den der Berechnung zugrundegelegten Koeffizienten a, c und t ein und kennzeichne die entsprechenden Maße;
- *Trage* bei Anwendung der Anpassungsmethode mit festem Kompensator seine Maße einschließlich der Stufenanzahl ein und lege die istmaßabhängige Auswahl der Kompensatorstufen in Montagevorschriften fest;
- *Trage* bei Anwendung der Auslesepaarung zusätzlich die Größe, Lage und Anzahl der Gruppentoleranzen ein und gib einen Zuordnungshinweis für die Montage;
- *Bestimme* bei mehreren technisch gleichrangig anwendbaren Berechnungsmethoden die kostengünstigste auf der Basis eines Wirtschaftlichkeitsvergleichs;
- *Beachte*, daß die Anzahl der Einzelmaße einer Maßkette möglichst gering sein soll.

14 Ausblick

In Zukunft zu erwartende Weiterentwicklungen zum erweiterten Komplex der "Toleranzen und Passungen", dem sogenannten "Geometrischen Produktmodell", leiten sich aus der inneren Vervollständigung der Definitionen, den Herstellungsmöglichkeiten und den Leistungsgrenzen der Prüftechnik zu den geometrischen Toleranzen ab. Einfluß nimmt darauf auch der allgemeine technische Entwicklungsstand zur Informationskopplung der in den verschiedensten betrieblichen Bereichen erforderlichen Daten zu den geometrischen Toleranzen. Dabei ist auch der Wirkungsbereich der Toleranzen und Passungen zu beachten, der sich sowohl auf den betrieblichen, wie auch den gesamten Produktlebenslauf ausdehnen kann. Letztendlich muß jedoch der jeweilige Anwender eine Modellvariante geometrischer Abweichungen auswählen und anwenden, die auf sein Produktprogramm und die Art der Betriebsstruktur und -organisation ausgerichtet ist. Dafür wird der im vorliegenden Buch dargestellte Wissensstand für betriebliche Anwendungen sowohl in der heutigen wie auch in der zukünftigen Zeit von Bedeutung sein.
Für Unternehmen, die sich insbesondere der Umsetzung progressiver Anforderungen stellen, wie z.B. der Einführung von CIM-Fabriken oder auch deren Superlative "Geisterfabrik", sind umsetzbare Weiterentwicklungen zu dieser Thematik zu berücksichtigen. Dabei zeichnen sich aus gegenwärtiger Sicht folgende thematische Schwerpunktkomplexe ab:

- In einer ersten Stufe sind die Teilgebiete der Toleranzen so aufzubereiten, daß sie als Teilkomponenten in bereits existierende CAD-Programmlösungen integriert werden. Diese Aussage trifft für alle im Buch abschnittsweise aufgeführte Teilthemen zu. So könnte z.B. ein CAD-Modul "Maßkette" innerhalb des CAD-Geometriemodells aus der Sicht der Genauigkeit einen wesentlichen Informationszuwachs bewirken. Erste Beispiellösungen derartiger methodenspezifischer Modelle sind in [1.7] und zu Modellen auf der Basis des Monte-Carlo-Verfahrens in [14.2] bereits vorgestellt. Auch die Umsetzung von Grenzabmaßen des ISO-Toleranz- und Paßsystems in Datenbanken des CAD-Systems kann bereits zu wesentlichen Erleichterungen führen.
- In einer zweiten Stufe sind die geometrischen Definitionsmöglichkeiten von zu paarenden Werkstücken mit der Zielstellung der eindeutigen Beschreibungsmöglichkeit der Funktionsmerkmale, der technischen Herstellbarkeit einschließlich der meßtechnischen Nachweisbarkeit zu überprüfen und weiterzuentwickeln. Daraus resultiert, daß die bisherigen Definitionen der Maß-, Form- und Lagetoleranzen einschließlich der Allgemeintoleranzen und Oberflächenrauheiten, auch unter Beachtung ihres Zusammenwirkens nach den Tolerierungsgrundsätzen und der Maßkettentheorie, größtenteils eine punktuelle Bewertung der jeweiligen geometrischen Elemente erlauben und somit nur einen eingeschränkten Informationsgehalt besitzen. Ein Ausweg aus dieser Situation ist nur zu finden, wenn die bisherige selektive Bewertung der Geometrie (detaillierte Maß-, Form-, Lageabweichungen u.a. punktuelle Abweichungsbewertungen) zu einer gemeinsamen Bewertung zusammengeführt wird. Ansatzpunkte dazu sind in einer völlig

neuen Betrachtungsweise der Toleranzen zu berücksichtigen. Erste gedankliche Vorstellungen sind u.a. [14.1] zu entnehmen. Es muß jedoch real eingeschätzt werden, daß eine derartige Problemlösung im jetzigen Jahrtausend nicht mehr erreicht werden kann.

- In einer dritten Stufe sind Lösungsansätze und Rechnerprogramme für das betriebliche wie auch das überbetriebliche "Geometrische Produktmodell" zu erarbeiten. Diese können als in sich separat arbeitende Teilkomponenten oder auch übergreifende Systemlösungen unter Nutzung von Expertensystemen ausgelegt sein. Sie sollten folgende Bestandteile aufweisen:
  - Erweiterung und Präzisierung der mathematischen Zusammenhänge zur Umsetzung physikalischer Funktionsparameter in geometrische Funktions- bzw. Fertigungsvorgaben;
  - Weiterentwicklung der Definitionen zur funktionsentsprechenden Festlegung der geometrischen Parameter gemäß dem voranstehend genannten zweiten Schritt;
  - Aufbau von Datenbanken zur Nutzung der geometrischen Parameter in unterschiedlichen Prozeßstufen, wie bei der Modellherstellung, der Gußformherstellung, der Werzeugmaschinenauswahl, -belegung und -steuerung, der Meßmaschinensteuerung und der Servicetätigkeit;
  - Entwicklung von erzeugnisspezifischen Rechnerprogrammen zur werstückorientierten Geometriesteuerung im Unternehmen als integraler Bestandteil der CAX-Techniken.

  Auch zur erfolgreichen Bearbeitung dieser Aufgaben wird noch ein längerfristiger Zeitraum erforderlich sein.

Mit diesen aufgezeigten Weiterentwicklungsmöglichkeiten will der Autor die zeitliche Dynamik des Gebietes der Toleranzen und Passungen oder des "Geometrischen Produktmodells" verdeutlichen und dem Spezialisten auf diesem Gebiet Anregungen zu erforderlichen Aufgabenfeldern aufzeigen. Er will jedoch gleichermaßen zum Ausdruck bringen, daß das teilweise nicht immer einfache Verstehen der fachlichen Inhalte der einzelnen Abschnitte einschließlich seiner richtigen praktischen Anwendung das vordergründige Anliegen dieses Buches darstellt. Davon sollten auch die gegenwärtig geprägten verschiedenartigen Definitionen, selbst zu einfachen technischen Sachverhalten, nicht ablenken. Toleranzen und Passungen werden den Theoretiker wie auch den Praktiker noch über einen langen Zeitraum eine wertvolle Hilfe und auch ständiger Begleiter insbesondere in produktherstellenden Unternehmen sein.

Literaturverzeichnis

[1.1] Gesetz über die Haftung für fehlerhafte Produkte (ProdHG; BGBl. I 1989 S. 2198)

[1.2] BGB - entsprechende Paragraphen

[1.3] Tschochner, H.: Toleranzen-Passungen-Grenzlehren. C. F. Winter'sche Verlagshandlung. Füssen 1954

[1.4] Leinweber, P.: Toleranzen und Lehren. Springer Verlag. Berlin, Göttingen, New York 1948

[1.5] Ickert, H: Das Genauigkeitswesen in der technischen Normung. Springer Verlag. Berlin, Göttingen, Heidelberg 1955

[1.6] Felber, E.; Felber, K.: Toleranzen und Passungen. Fachbuchverlag. Leipzig 1989 (13. Auflage)

[1.7] Kirschling, G.: Qualitätssicherung und Toleranzen. Springer Verlag. Berlin, Heidelberg, New York, London, Paris, Tokyo 1988

[1.8] Felber, E.;Felber, K.: Tolerieren - Lehren - Passen. Fachbuchverlag. Leipzig 1985

[1.9] Warnecke, H. J.; Dutschke, W. (Hrsg.): Fertigungsmeßtechnik - Handbuch für Industrie und Wissenschaft. Springer Verlag. Berlin, Heidelberg, New York, Tokyo 1984

[1.10] Masing, W. (Hrsg.): Handbuch der Qualitätssicherung. Hanser Verlag. München, Wien 1988 (2. Auflage)

[1.11] Dutschke, W.: Fertigungsmeßtechnik. Teubner Verlag. Stuttgart 1990

[1.12] Roloff, A.; Matek, W.: Maschinenelemente. Vieweg Verlag. Braunschweig 1987 (11. Auflage)

[1.13] Lemke, E.: Fertigungsmeßtechnik. Vieweg Verlag. Braunschweig 1988

[1.14] Lichtensteiner, K.: Längenprüftechnik. Oldenbourg Verlag. Wien 1984

[1.15] Beitz, W.; Küttner, K.-H. (Hrsg.): Dubbel. Taschenbuch für den Maschinenbau. Springer Verlag. Berlin, Heidelberg, New York, London, Paris, Tokyo, Hong Kong, Barcelona 1990 (17. Auflage)

[1.16] Decker, K.-H.: Das Fachwissen der Technik - Maschinenelemente Gestaltung und Berechnung. Carl Hanser Verlag. München, Wien 1990 (10. Auflage)

[1.17) Friedrich, W.: Tabellenbuch Metall- und Maschinentechnik. Ferdinand Dümmler Verlag. Bonn 1988

[1.18] Czichos, H. (Hrsg.): Hütte - Die Grundlagen der Ingenieurwissenschaften. Springer Verlag. Berlin, Heidelberg, New York, London, Paris, Tokyo, Hong Kong, Barcelona 1989 (29. Auflage)

[2.1] Pfeifer, T.; Mecklenburg, R.:Fehlerverhütende Maßnahmen senken Kosten. Industrtie-Anzeiger 109 (87) 70, S. 46-48

[2.2] Klein, M. (Hrsg.): Einführung in die DIN-Normen. Teubner Verlag. Stuttgart 1989 (10. Aufl.)

[2.3] Arnold, R.; Bauer, C. O.: Qualitätssicherung in Entwicklung und Konstruktion. Verlag TÜV Rheinland. Köln 1987

[3.1] VDI/VDE-Richtlinie 2601 B1: Anforderungen an die Oberflächengestalt zur Sicherung der Funktionstauglichkeit spanend hergestellter Flächen; Zusammenstellung der Meßgrößen (Ausg. 8/77)

[3.2] DIN 4760: Gestaltsabweichungen; Begriffe, Ordnungssystem (Ausg. 6/82)

[3.3] DIN ISO 286 T1: ISO-System für Grenzmaße und Passungen; Grundlagen für Toleranzen, Abmaße und Passungen (Ausg. 11/90)

[3.4] DIN 7172 T1: Toleranzen und Grenzabmaße für Längenmaße über 500 bis 10000 mm; Grundtoleranzen (frühere Ausg. für 3.3)

[3.5] DIN 7172 T3: Toleranzen und Grenzabmaße für Längenmaße über 500 bis 10000 mm; Grundlagen (frühere Ausg. für 3.3)

[3.6] DIN 7182 T1: Maße, Abmaße, Toleranzen und Passungen Grundbegriffe (frühere Ausg. für 3.3)

[3.7] DIN 7150 T1: ISO-Toleranzen und ISO-Passungen für Längenmaße von 1 bis 500 mm (frühere Ausg. für 3.3)

[3.8] DIN 7151: ISO-Grundtoleranzen für Längenmaße von 1 bis 500 mm Nennmaß (frühere Ausg. für 3.3)

[3.9] DIN 7152: Bildung von Toleranzfeldern aus den ISO-Grundabmaßen für Nennmaße von 1 bis 500 mm (frühere Ausg. für 3.3)

[3.10] DIN 102: Bezugstemperatur der Meßzeuge und Werkstücke (Ausg. 10/56)

[3.11] DIN 1319 T1: Grundbegriffe der Meßtechnik; Allgemeine Grundbegriffe (Ausg. 6/85)

[3.12] DIN 2257 T2: Begriffe der Längenprüftechnik; Fehler und Unsicherheiten beim Messen (Ausg. 8/74)

[3.13] Neumann, H.-J.: Der Einfluß der Meßunsicherheit auf die Toleranzausnutzung in der Fertigung. Qualität und Zuverlässigkeit 30 (85) 5, Sonderdruck

[3.14] Berndt, G.; Hultzsch, E.; Weinhold, H.: Funktionstoleranz und Meßunsicherheit Jenaer Rundschau 13 (68) 5, S. 243-250

[4.1] DIN 1301 T1: Einheiten; Einheitennamen, Einheitenzeichen (Ausg. 12/85)

[4.2] German, S.; Draht, P.: Handbuch SI-Einheiten. Vieweg Verlag. Braunschweig, Wiesbaden 1979

[4.3] DIN ISO 286 T2: ISO-System für Grenzmaße und Passungen; Tabellen der Grundtoleranzgrade und Grundabmaße für Bohrungen und Wellen (Ausg. 11/90)

[4.4] DIN 7160: ISO-Abmaße für Außenmaße (Wellen), für Nennmaße von 1 bis 500 mm (frühere Ausg. für 4.2)

[4.5] DIN 7161: ISO-Abmaße für Innenmaße (Bohrungen) für Nennmaße von 1 bis 500 mm (frühere Ausg. für 4.2)

[4.6] DIN 7172 T2: Toleranzen und Grenzabmaße für Längenmaße über 500 bis 10000 mm; Grundlagen, Grundtoleranzen, Grenzabmaße (frühere Ausg. für 4.2)

[4.7] Stäck, M.; Neumann, H.;Kaufmann, S.; Nieke, M.: Beiträge zum Messen großer Längen. Soderdruck der Wiss. Zeitschrift der HfV Dresden 1982

[4.8] DIN 7168 T1: Allgemeintoleranzen; Längen- und Winkelmaße (frühere Ausg für 4.8)

[4.9] DIN ISO 2768 T1: Allgemeintoleranzen; Toleranzen für Längen- und Winkelmaße ohne einzelne Toleranzeintragung (Ausg. 4/91)

[4.10] Tempelhof, K.-H.; Lichtenberg, H. ; Rugenstein, J.: Fertigungsgerechtes Gestalten von Maschinenbauteilen. Verlag Technik. Berlin. 1982

[4.11] VDI/VDE-Richtlinie 3441: Statistische Prüfung der Arbeits- und Positioniergenauigkeit von Werkzeugmaschinen; Grundlagen (Ausg. 3/77)

[4.12] Leitfaden zur statistischen Prozeßregelung. Ausgabe EU880b, Qualitätssicherung. FORD-Werke AG. Köln 1985

[4.13] Dietrich, E.; Schulze, A.: Qualitätsregelkarte und Fähigkeitsindizes bilden eine Einheit. Qualität und Zuverlässigkeit 37 (92) 8, S. 466-472

[4.14] Trumpold, H.; Beck, C.; Riedel, T.: Tolerierung von Maßen und Maßketten im Austauschbau. Verlag Technik. Berlin 1984

[4.15] DIN 406 T12: Technische Zeichnungen; Maßeintragung; Eintragung von Toleranzen für Längen- und Winkelmaße (Ausg.5/90)

[4.16] Eder, H.: Maßeintragung und Toleranzauswirkung. Feinwerkstechnik und Meßtechnik 66 (62), S. 315-320

[4.17] DIN 2268: Längenmaße mit Teilung; Kenngrößen, Tolerierung (Ausg. 10/75)

[4.18] Bergmann, A.: Maß-, Form- und Lagetoleranzen. Werkstattstechnik 70 (80), S. 657-661

[4.19] Trumpold, H.: Zur Tolerierung und Messung von Gestaltsabweichungen. Feingerätetechnik 29 (80) 2, S. 64-65

[5.1] DIN-ISO 1101: Technische Zeichnungen; Form- und Lagetolerierung; Form-Richtungs- Orts- und Lauftoleranzen; Allgemeines, Definitionen, Symbole, Zeichnungseintragungen (Ausg. 3/85)

[5.2] DIN-ISO 5459: Technische Zeichnungen; Form- und Lagetolerierung; Bezüge und Bezugssyteme für geometrische Toleranzen (Ausg. 1/82)

[5.3] Fischer, H.; Grode, H.-P.; Harz, G.;Noppen, G.: Anwendung der Normen über Form- und Lagetoleranzen in der Praxis - DIN-Normenheft 7. Beuth Verlag. Berlin, Köln 1987

[5.4] DIN-ISO 7083: Symbole für Form- und Lagetolerierung; Verhältnisse und Maße (Ausg. 6/84)

[5.5] Aberle, W.; Brinkmann, B.; Müller, H.: Prüfverfahren für Form- und Lageabweichungen - Beuth-Kommentar. Beuth Verlag. Berlin, Köln 1990

[5.6] Jorden, W.: Die Grenzabweichung schafft Klarheit bei Form- und Lagetoleranzen. Qualität und Zuverlässigkeit 37 (92) 1, S. 42-45

[5.7] - : Form- und Lagetoleranzen. (Lehrfilm/Videofilm). Beuth Verlag. Berlin, Köln 1981

[5.8] Haussmann, G.: Normgerechte Prüfung von Form- und Lagetoleranzen mit der Formmeßtechnik. Feinwerkstechnik und Meßtechnik 96 (88) 12, S. 541-545

[5.9] Hultzsch, E.: Ausgleichsrechnung mit Anwendung in der Physik. Akad. Verlagsgesellschaft Geest & Portig KG. Leipzig 1971 (2. Auflage)

[6.1] DIN ISO 4291: Verfahren für die Ermittlung der Rundheitsabweichung; Messen der Radienabweichungen (Ausg. 9/87)

[6.2] DIN ISO 6318: Rundheitsmessung; Begriffe und Kenngrößen für die Rundheit (Ausg. 4/85)

[6.3] Eckart, K.; Kochsiek,M.; Rademacher, H.-J.: Verfahren zur Ebenheitsmessung. Meßtechnik 81 (73), S. 23-30

[6.4] Kampa, H.; Schwertz, M.: Digitale Formprüfung am Beispiel der Ebenheitsmessung. VDI-Zeitschrift 120 (76) 21, S. 981-987

[6.5] Heldt, E.: Komplexe Bestimmgröße Zylinderform und der Zusammenhang mit ihren Komponenten. Feingerätetechnik 33 (84) 1, S. 10-14

[7.1] DIN ISO 5458: Form- und Lagetolerierung; Positionstolerierung (Ausg. 7/88)

[7.2] Hirschli, R.; Weidmann, A.; Wirtz, A.: Wie interpretieren Sie eine Rechtwinkligkeitstoleranz? . Technische Rundschau 81 (89) 35, S.32-37

[7.3] Rauch, J.; Weidmann, A.; Wirtz, A.: Wie interpretieren Sie eine Positionstoleranz? . Technische Rundschau 81 (89) 29/30, S.32-37

[7.4] Heldt, E.; Knüpfer, J.: Zur Tolerierung und Messung von Laufabweichungen. Wiss. Zeitschrift der IHS Zwickau 14 (89) 4, S. 86-95

[7.5] Monstein, B.; Weidmann, A.; Wirtz, A.: Wie interpretieren Sie eine Rundlauftoleranz?. Technische Rundschau 81 (89) 37, S. 44-47

[8.1] DIN 4762: Oberflächenrauheit; Begriffe; Oberfläche und ihre Kenngrößen (Ausg. 1/89)

[8.2] DIN 4768: Ermittlung der Rauheitskenngrößen R_a, R_z, R_{max} mit elektrischen Tastschnittgeräten; Begriffe, Meßbedingung (Ausg. 5/90)

[8.3] DIN 4768 T1: Ermittlung der Rauheitsmeßgrößen R_a, R_z, R_{max} mit elektrischen Tastschnittgeräten; Umrechnung der Meßgröße R_a in R_z und umgekehrt (Ausg. 10/78)

[8.4] Noppen, G.; Sigalla, J.; Czichos, H.; Petersohn, D.; Schwarz, W.: Technische Oberflächen - Oberflächenbeschaffenheit und Oberflächenatlas (Beuth-Kommentare). Beuth Verlag. Berlin, Köln 1981

[8.5] Trumpold, H. u.a.: Katalog für die Wahl von Oberflächenrauheitswerten im Maschinenbau. Wiss. Schriftenreihe der TH Chemnitz 10/84

[8.6] DIN 4763: Stufung der Zahlenwerte für Rauheitsmeßgrößen (Ausg. 3/81)

[8.7] DIN 4766 T1: Herstellverfahren der Rauheit von Oberflächen; Erreichbare gemittelte Rauhtiefe R_Z nach DIN 4768 T1 (Ausg. 3/81)

[8.8] DIN 4766 T2: Herstellverfahren der Rauheit von Oberflächen; Erreichbare Mittenrauhwerte R_a nach DIN 4768 T1 (Ausg. 3/81)

[8.9] DIN 4764: Oberflächen an Teilen für Maschinenbau und Feinwerktechnik; Begriffe nach der Beanspruchung (Ausg. 6/82)

[8.10] VDI-Richtlinie 3219: Oberflächenrauheit und Maßtoleranz in der spanenden Fertigung

[8.11] Weingraber, H; Abou-Aly, M.: Handbuch Technische Oberflächen. Vieweg Verlag. Braunschweig/Wiesbaden 1989

[8.12] DIN 4769 T1: Oberflächen-Vergleichsmuster; Technische Lieferbedingungen; Anwendung (Ausg. 5/72)

[8.13] DIN 4769 T2: Oberflächen-Vergleichsmuster; spanend hergestellte Flächen mit periodischem Profil (Ausg. 5/72)

[8.14] DIN 4769 T3: Oberflächen-Vergleichsmuster; spanend hergestellte Flächen mit aperiodischem Profil (Ausg. 5/72)

[8.15] DIN 4769 T4: Oberflächen-Vergleichsmuster; Gestrahlte Metalloberflächen (Ausg. 5/72)

[8.16] DIN 4775: Prüfung der Rauheit von Werkstückoberflächen; Sicht- und Tastvergleich; Tastschnittverfahren (Ausg. 6/82)

[8.17] DIN-ISO 1302: Angabe der Oberflächenbeschaffenheit in Zeichnungen (Ausg. 4/88)
[8.18] DIN 4761: Oberflächencharakter; Geometrische Oberflächen-Texturmerkmale; Begriffe, Kurzzeichen (Ausg. 12/78)
[9.1] DIN 7168 T2: Allgemeintoleranzen; Form und Lage (frühere Ausg. für 9.2)
[9.2] DIN-ISO 2768 T2: Allgemeintoleranzen; Toleranzen für Form und Lage ohne einzelne Toleranzeintragung (Ausg. 4/91)
[9.3] -: Referatensammlung Maß-, Form- und Lagetoleranzen, Tolerierungsgrundsätze, Allgemeintoleranzen. Beuth-Verlag. Berlin, Köln 1989
[10.1] DIN 6885 T1: Paßfedern, Nuten, hohe Form (Ausg. 8/68)
[10.2] DIN 6885 T2: Passungen für Paßfedern (Ausg. 12/67)
[10.3] DIN 6880: Blanker Keilstahl; Maße, zulässige Abweichungen, Gewichte (Ausg. 4/75)
[10.4] DIN 6881: Hohlkeile; Abmessungen und Anwendung (Ausg. 2/56)
[10.5] DIN 6883: Flachkeile; Abmessungen und Anwendung (Ausg. 2/56)
[10.6] DIN 6884: Nasenflachkeile; Abmessungen und Anwendung (Ausg. 2/56)
[10.7] DIN 6886: Keile, Nuten; Abmessungen und Anwendung (Ausg. 12/67)
[10.8] DIN 6887: Nasenkeile, Nuten; Abmessungen und Anwendung (Ausg. 4/68)
[10.9] DIN 6888: Scheibenfedern; Abmessungen und Anwendung (Ausg. 8/56)
[10.10] DIN 6889: Nasenhohlkeile; Abmessungen und Anwendung (Ausg. 2/56)
[10.11] DIN 1: Kegelstifte (Ausg. 9/81)
[10.12] DIN 7: Zylinderstifte (Ausg. 9/81)
[10.13] DIN 1481: Spannstifte, schwere Ausführung (Ausg. 11/78)
[10.14] DIN 7346: Spannstifte, leichte Ausführung (Ausg. 11/78)
[10.15] DIN 1443: Bolzen ohne Kopf; Maße nach ISO (Ausg. 3/74)
[10.16] DIN 1444: Bolzen mit Kopf; Maße nach ISO (Ausg. 3/74)
[10.17] DIN 124: Halbrundniete, Nenndurchmesser 10 bis 36 mm (Ausg. 7/77)
[10.18] DIN 660: Halbrundniete, Nenndurchmesser 1 bis 8 mm (Ausg. 7/77)
[10.19] DIN 302: Senkniete, Nenndurchmesser 10 bis 36 mm (Ausg. 7/77)
[10.20] DIN 661: Senkniete, Nenndurchmesser 1 bis 8 mm (Ausg. 7/77)
[10.21] DIN ISO 14: Keilwellen-Verbindungen mit geraden Flanken und Innenzentrierung; Maße, Toleranzen, Prüfung (Ausg. 12/86)
[10.22] DIN 5480: Zahnnaben- und Zahnwellenprofile mit Evolventenflanken; Maße (Ausg. 3/73)
[10.23] DIN 5481: Kerbzahnnaben- und Kerbzahnwellen-Profile (Ausg. 1/52)
[10.24] DIN 471: Sicherungsringe für Wellen; Regelausführung und schwere Ausführung (Ausg. 9/81)
[10.25] DIN 472: Sicherungsringe für Bohrungen; Regelausführung und schwere Ausführung (Ausg. 9/81)
[10.26] DIN 5425: Wälzlager; Toleranzen für den Einbau; Allgemeine Richtlinien (Ausg. 11/84)
[10.27] DIN 13 T14: Metrisches ISO-Gewinde; Grundlagen des Toleranzsystems für Gewinde ab 1 mm Durchmesser (Ausg. 8/82)
[10.28] DIN 13 E T14: Metrisches ISO-Gewinde; Grundlagen des Toleranzsystems für Gewinde ab 1 mm Durchmesser (Ausg. 11/88)
[10.29] DIN 13 T15: Metrisches ISO-Gewinde; Grundabmaße und Toleranzen für Gewinde ab 1 mm Durchmesser (Ausg. 8/82)

[10.30] DIN 202: Gewinde; Übersicht (Ausg. 12/81)

[10.31] DIN ISO 228 T1: Rohrgewinde für nicht im Gewinde dichtende Verbindungen; Gewindekurzzeichen, Maße und Toleranzen (Ausg. 4/85)

[10.32] DIN 103 T3: Metrisches ISO-Trapezgewinde; Abmaße und Toleranzen für Trapezgewinde allgemeiner Anwendung (Ausg. 4/77)

[10.33] DIN 513 T3: Metrisches Sägengewinde; Abmaße und Toleranzen (Ausg. 4/75)

[10.34] DIN 267 T2: Mechanische Verbindungselemente; Ausführung und Maßgenauigkeit (Ausg. 11/84)

[10.35] DIN 7178 T1: Kegeltoleranz- und Kegelpaßsystem für Kegel von Verjüngung C = 1:3 bis 1:500 und Längen von 6 bis 630 mm; Kegeltoleranzsystem (Ausg. 12/74)

[10.36] DIN 7178 T2: Kegeltoleranz- und Kegelpaßsystem für Kegel von Verjüngung C = 1 : 3 bis 1 : 500 und Längen von 6 bis 630 mm; Kegelpaßsystem (Ausg. 8/86)

[10.37] DIN ISO 3040: Eintragung von Maßen und Toleranzen für Kegel (Ausg. 9/91)

[10.38] DIN 620 T2: Toleranzen für Wälzlager; Normaltoleranz (Toleranzklasse 0) (Ausg. 2/88)

[10.39] DIN 620 T3: Toleranzen für Wälzlager; eingeengte Toleranzen (Toleranzklasse 4, 5 und 6) (Ausg. 6/82)

[10.40] DIN 5401: Wälzlagerteile, Kugeln (Ausg. 1/78)

[10.41] DIN 1850 T1: Buchsen für Gleitlager aus Kupferlegierungen, massiv (Ausg. 10/76)

[10.42] DIN 3960: Begriffe und Bestimmgrößen für Zahnräder mit Evolventenverzahnung; Grundlagen (Ausg. 8/86)

[10.43] DIN 3961: Toleranzen für Stirnradverzahnungen; Grundlagen (Ausg. 8/86)

[10.44] DIN 3962 T1: Toleranzen für Stirnradverzahnungen; Toleranzen für Abweichungen einzelner Bestimmgrößen (Ausg. 8/78)

[10.45] DIN 3962 T2: Toleranzen für Stirnradverzahnungen; Toleranzen für Flankenlinienabweichungen (Ausg. 8/78)

[10.46] DIN 3962 T3: Toleranzen für Stirnradverzahnungen; Toleranzen für Teilungsspannenabweichungen (Ausg. 8/78)

[10.47] DIN 3963: Toleranzen für Stirnradverzahnungen; Toleranzen für Wälzabweichungen (Ausg. 8/78)

[10.48] DIN 3964: Achsabstandsmaße und Achslagetoleranzen von Gehäusen für Stirnradgetriebe (Ausg. 11/80)

[10.49] DIN 3967: Getriebe-Paßsystem; Flankenspiel, Zahndickenabmaße, Zahndickentoleranzen, Grundlagen (Ausg. 8/86)

[10.50] DIN 3971: Begriffe und Bestimmungsgrößen für Kegelräder und Kegelradpaare (Ausg. 7/80)

[10.51] DIN 58405 T2: Getriebepassungsauswahl; Toleranzen (Ausg. 9/81)

[10.52] Keck: Zahnradpraxis 1. und 2. Band. Verlag R. Oldenbourg. München, Wien 1956 und 1958

[10.53] DIN 7163: Arbeitslehrenlehren und Prüflehren für ISO-Paßmaße von 1 bis 500 mm Nennmaß; Lehrenmaße und Herstelltoleranzen (Ausg. 8/66)

[10.54] DIN 7164: Arbeitslehrdorne und Kugelendmaße für ISO-Paßmaße von 1 bis 500 mm Nennmaß; Lehrenmaße und Herstelltoleranzen (Ausg. 8/66)

[10.55] DIN 3970: Toleranzen für Lehrzahnräder Ausg. 8/86)

[10.56] DIN 1680 T1: Gußrohteile; Allgemeintoleranzen und Bearbeitungszugaben; Allgemeines (Ausg. 10/80)

[10.57] DIN 1680 T2: Gußrohteile; Allgemeintoleranz-System (Ausg. 10/80)

[10.58] DIN 1683 T1: Gußrohteile aus Stahlguß; Allgemeintoleranzen, Bearbeitungszugaben (Ausg. 10/80)

[10.59] DIN 1684 T1: Gußrohteile aus Temperguß; Allgemeintoleranzen, Bearbeitungszugaben (Ausg. 10/80)

[10.60] DIN 1685 T1: Gußrohteile aus Gußeisen mit Kugelgraphit; Allgemeintoleranzen, Bearbeitungszugaben (Ausg. 10/80)

[10.61] DIN 1686 T1: Gußrohteile aus Gußeisen mit Lamellengraphit; Allgemeintoleranzen, Bearbeitungszugaben (Ausg. 10/80)

[10.62] DIN 1687 T1: Gußrohteile aus Schwermetallegierungen; Sandguß; Allgemeintoleranzen, Bearbeitungszugaben (Ausg. 10/80)

[10.63] DIN 1687 T3: Gußrohteile aus Schwermetallegierungen; Kokillenguß; Allgemeintoleranzen, Bearbeitungszugaben (Ausg. 10/80)

[10.64] DIN 1687 T4: Gußrohteile aus Schwermetallegierungen; Freimaßtoleranzen, Druckguß, Bearbeitungszugaben (Ausg. 6/86)

[10.65] DIN 1688 T1: Gußrohteile aus Leichtmetallegierungen; Sandguß; Allgemeintoleranzen, Bearbeitungszugaben (Ausg. 10/80)

[10.66] DIN 1688 T3: Gußrohteile aus Leichtmetallegierungen; Kokillenguß; Allgemeintoleranzen, Bearbeitungszugaben (Ausg. 10/80)

[10.67] DIN 1688 T4: Gußrohteile aus Leichtmetallegierungen; Freimaßtoleranzen, Druckguß (Ausg. 6/86)

[10.68] DIN 1511: Formenbau (Ausg. 4/78)

[10.69] DIN 7526 : Schmiedestücke aus Stahl; Toleranzen und zulässige Abweichungen für Gesenkschmiedestücke (Ausg. 1/69)

[10.70] DIN 17 606 T1: Freiformschmiedeteile aus Aluminium; Toleranzen und zulässige Abweichungen für Gesenkschmiedestücke (Ausg. 12/76)

[10.71] DIN 6930 T2: Stanzteile aus Stahl; geschnittene Teile aus Flacherzeugnissen; Maße und zulässige Abweichungen (Ausg. 1/83)

[10.72] DIN 6930 T3: Stanzteile aus Stahl; formgebogene Teile aus Flacherzeugnissen; maße und zulässige Abweichungen (Ausg. 4/89)

[10.73] DIN 6930 T4: Stanzteile aus Stahl; Sonderteile für Fahrzeugbau; Maße und zulässige Abweichungen (Ausg. 10/80)

[10.74] DIN 8570 T1: Allgemeintoleranzen für Schweißkonstruktionen; Längen- und Winkelmaße (Ausg. 10/87)

[10.75] DIN 8570 T3: Allgemeintoleranzen für Schweißkonstruktionen; Form und Lage (Ausg. 10/87)

[10.76] DIN 8570 T4: Freimaßtoleranzen für Schweißkonstruktionen; Stumpf- und Kehlnähte an Aluminiumbauteilen (Ausg. 10/80)

[10.77] DIN 2310 T3: Thermisches Schneiden; autogenes Brennschneiden, Verfahrensgrundlagen, Güte, Maßtoleranzen (Ausg. 11/87)

[10.78] DIN 2310 T4: Thermisches Schneiden; Plasmaschneiden, Verfahrensgrundlagen, Güte, Maßtoleranzen (Ausg. 9/87)

[10.79] DIN 28 005 T1: Zulässige Abweichungen für Maße ohne Toleranzangabe für Behälter; Behälter allgemein (Ausg. 11/88)

[10.80] DIN 6129 T1: Packmittel; Flaschen und Hohlkörper aus Glas; zulässige Abweichungen für Maße ohne Toleranzangabe bei vollautomatisch gefertigten Flaschen (Ausg. 10/88)

[10.81] DIN 58 165: Zulässige Abweichungen für Optikeinzelteile; Maße ohne Toleranzangabe; Werkstoff und Bearbeitungsfehler (Ausg. 2/72)

[10.82] DIN 3140 T1: Maß- und Toleranzsystem für Optikeinzelteile; Darstellung, Maßeintragung, Werkstoff (Ausg. 10/78)

[10.83] DIN 16 901: Kunststoff-Formteile; Toleranzen und Abnahmebedingungen für Längenmaße (Ausg. 11/82)

[10.84] DIN 16 940: Stranggepreßte Schläuche; Toleranzen und zulässige Abweichungen für Gesenkschmiedestücke (Ausg. 7/64)

[10.85] DIN 16 941: Stranggepreßte Profile; Toleranzen und zulässige Abweichungen für Gesenkschmiedestücke (Ausg. 5/86)

[10.86] DIN 7715: Gummiteile; Zulässige Maßabweichungen; Artikel aus Gummi (Ausg. 2/77)

[11.1] DIN 7155 T1: ISO-Passungen für Einheitswelle; Toleranzfelder, Abmaße in µm (Ausg. 8/66)

[11.2] DIN 7155 T2: ISO-Passungen für Einheitswelle; Paßtoleranzen, Spiele und Übermaße in µm (Ausg. 8/66)

[11.3] DIN 7154 T1: ISO-Passungen für Einheitsbohrung; Toleranzfelder, Abmaße in µm (Ausg. 8/66)

[11.4] DIN 7154 T2: ISO-Passungen für Einheitsbohrung; Paßtoleranzen, Spiele und Übermaße in µm (Ausg. 8/66)

[11.5] DIN 7157: Passungsauswahl; Toleranzfelder, Abmaße, Paßtoleranzen (Ausg. 1/66)

[11.6] DIN 7157 Bbl.: Passungsauswahl; Toleranzfelder nach ISO/R 1829 (Ausg. 10/73)

[11.7] DIN 7190: Preßverbände; Berechnungsgrundlagen und Gestaltungsregeln (Ausg. 7/88)

[11.8] Geiger, W.: Was ist eine Passung?. Werkstattstechnik 70 (80) 12, S. 751-756

[11.9] Burger, H.-J.: Über die theoretischen Beziehungen von Preßpassungen zu den Toleranzen und der Fertigung. Dissertation TU Braunschweig 1978

[12.1] DIN ISO 8015: Technische Zeichnungen; Tolerierungsgrundsatz (Ausg. 6/86)

[12.2] DIN 7167: Zusammenhang zwischen Maß- Form- und Parallelitätstoleranzen; Hüllbedingung ohne Zeichnungseintragung (Ausg. 1/87)

[12.3] DIN 7184 T1: Form- und Lagetoleranzen; Begriffe, Zeichnungseintragungen (Ausg. 5/72)

[12.4] DIN ISO 2692: Technische Zeichnungen; Form- und Lagetolerierung; Maximum-Material-Prinzip (Ausg. 5/91)

[12.5] Jorden, W.: Der Tolerierungsgrundsatz - eine unbekannte Größe mit schwerwiegenden Folgen. Konstruktion 43 (91) 5, S. 170-176

[13.1] Hertel, G.; Szyminski, S.; Schneider, H.-P.: Grundlagen der Maßkettentheorie. Standardisierung und Qualität 29 (83) 7, S.228-230

[13.2] Hertel, G.; Szyminski, S.; Schneider, H.-P.: Berechnung von Maß- und Toleranzketten - Maximum-Minimum-Methode. Standardisierung und Qualität 31 (85) 1, S.24-28

[13.3] DIN 7186 T1: Statistische Tolerierung; Begriffe, Anwendungsrichtlinien und Zeichnungsangaben (Ausg. 8/74)

[13.4] DIN 7186 T2: Statistische Tolerierung; Grundlagen für Rechenverfahren (Ausg. 8/74)

[13.5] Hertel, G.; Szyminski, S.; Schneider, H.-P.: Berechnung von Maß- und Toleranzketten - Wahrscheinlichkeitstheoretische Methode. Standardisierung und Qualität 31 (85) 2, S.48-52

[13.6] Hertel, G.; Szyminski, S.; Schneider, H.-P.: Berechnung von Maß- und Toleranzketten - Kompensationsmethode. Standardisierung und Qualität 31 (85) 3, S.82-86

[13.7] DIN 7185: Auslesepaarung

[13.8] Hertel, G.; Szyminski, S.; Schneider, H.-P.: Berechnung von Maß- und Toleranzketten - Methode der Gruppenaustauschbarkeit. Standardisierung und Qualität 31 (85) 4, S.112-116

[13.9] Hertel, G.; Szyminski, S.; Schneider, H.-P.: Rechnergestützte Auswahl einer wirtschaftlichen Methode zur Berechnung von Maß- und Toleranzketten. Standardisierung und Qualität 31 (85) 7, S.202-206

[13.10] Böttger, F.: Erzielung von Fertigungsvorteilen durch Anwendung statistischer Gesetze auf die Toleranzberechnung. Dissertation TH Aachen 1961

[13.12] Schöneich, M.: Systematische Toleranzuntersuchung und Toleranzsynthese. Dissertation TH Aachen 1978

[14.1] Wirtz, A.: Vektorielle Tolerierung zur Qualitätssteuerung in der mechanischen Fertigung. Annals of the CIRP 37 (88) 1, S.493-498

[14.2] - : Monte-Carlo-Simulationsverfahren-Toleranzmodell. Qualität und Zuverlässigkeit 31 (85) 7, S.202-206

Sachwortverzeichnis

A

Abmaß 26
-, negatives 27
-, oberes 26
-, positives 27
-, symmetrisches 27
-, unteres 26
Absatzmaß 19
Abweichung 13, 23
-, chemische 11
-, geometrische 11
-, mechanische 11
-, zulässige 14
Abweichungsfortpflanzung 16
-, lineare 16, 160
-, quadratische 16, 160
Additive Methode 155
Allgemeintoleranz 111
-, Form und Lage 114
-, Längenmaße 113
-, Oberflächen 116
-, Winkelmaße 113
Altgrad 18
Amplitudenparameter 95
Angsttoleranz 34
Anpassungsmethode 165
Anschlußmaß 2
Arithmetischer Mittenrauhwert 103
Ausfall 22
Ausfallquote 158
Ausgleichende 94
Ausgleichsverfahren 53
Auslesepaarung 167
Ausschuß 22
-maß 145
Austauschbarkeit 150
-, definierte 151
-, definiert eingeschränkte 152
-, funktionelle 150
-, geometrische 150
-, unvollständige 152
-, vollständige 151
Austauschbaugerechtheit 40, 62, 130
Auswertelänge 92
Außenabsatzmaß 19
Außenmaß 14, 19
Außenpaßfläche 14
Außenpaßmaß 14
Außenpaßteil 14

B

Bearbeitungszeichen 109
Bearbeitungszugabe 120
Bezug 47
-dreieck 57
-element 47, 57
-linie 57, 94
-pfeil 48, 57
-rahmen 57
-stelle 47, 61
-strecke 92
-temperatur 16
Bohrung 14
Bohrungsmaß 19
Bohrungstoleranzfeld 41
Bolzentoleranz 118

C

centre line 94
cut off 93

D

Dehnpassung 134
Dezimeter 18
Dichte der Profilkuppen 104
Dickenmaß 19
Dimensionen 18
-, Längenmaße 18
-, Winkelmaße 18
Distanzparameter 103

E

Ebenheitstoleranz 68
Edelpassung 132
Einheitsbohrung 129
Einheitswelle 129
Einfachpassung 122
Einstellmaß 21
Einzelmaß 153
-, negatives 153
-, positives 153

Einzelmeßstrecke 94
Einzelrauhtiefe 97
Element, angrenzendes 54
-, ausgleichendes 55
-, geometrisches 46
-, toleriertes 47
Exzentrizität 85

F Fehler 22
Fehlerfortpflanzung 16,150
-, lineare 160
-, quadratische 160
Feingestaltsabweichungen 12
Feinpassung 132
Fertigungsgerechtheit 37, 62, 106, 130
Fertigungsmaß 153
Fertigungstoleranz 16
Flächenausgleichende 94
Flächenausgleichsverfahren 53, 94
Flächenformtoleranz 71
Flächentraganteil 104
Flachformtoleranz 51
Flachpassung 124
Fluchtung 82
Foot 18
Formabweichung 49
Formelement 14
-, äußeres 14
-, inneres 14
Formschräge 120
Formtoleranz 45, 65
Freimaßtoleranz 111
Funktionsgerechtheit 34, 62, 104, 130
Funktionsmaß 153

G Gauß'sches Ausgleichsverfahren 53
Gefügekenngrößen 12
Genauigkeitsgrad 29
Genauigkeitsklasse 29
Genauigkeits-Kosten-Verhältnis 8, 34
Geradheitstoleranz 65
Gesamtlauftoleranz 88
Gesamtmeßstrecke 92
Gesamtplanlauftoleranz 91
Gesamtrundlauftoleranz 88
Gesamtstirnlauftoleranz 91
Gesamttoleranz 167
Gestaltsabweichungen 12
Gewindemaß 20
Gewindetoleranz 119
Glättungstiefe 102
-, mittlere 102
Gleichdick 46
Gleitlagertoleranz 120
Gleitpassung 133
Gleitsitz 118
Gon 19
Grad 18
Grenzabmaß 26
Grenzmaß 21
Grenzwellenlänge 93
Grobgestaltsabweichungen 12
Grobpassung 132
Größtkompensation 165
Größtmaß 21
Größtspiel 124
Größtübermaß 125
Grundabmaß 29
Grundrauhtiefe 100
Grundsymbol 29
Grundtoleranz 31
-faktor 31
-grad 29
-reihe 29
Gruppenaustauschbarkeit 167
Gruppenanzahl 167
Gruppentoleranz 167
GTA-Modell 121
GTB-Modell 121
Gußtoleranz 120
Gußtoleranzreihe 121

H Hilfsbezugselement 47
Höchstmaß 21
-passung 127
-spiel 125
-übermaß 125
Höhenmaß 19
Horizontalschnitt 92
Hüllbedingung 140
Hüllkreis 53, 140
Hybridparameter 104

I Inch 19
Innenabsatzmaß 19
Innenmaß 14, 19
Innenpaßfläche 14
Innenpaßmaß 14
Innenpaßteil 14
ISA-Toleranzsystem 28
ISO-Grundabmaß 29
ISO-Grundtoleranzgrad 29
ISO-Kurzzeichen 29
ISO-Paßsystem 122
ISO-Qualität 29
ISO-Toleranzfaktor 32, 33
ISO-Toleranzfeldlage 31
ISO-Toleranzkurzzeichen 31
ISO Toleranzreihe 30
ISO-Toleranzsystem 29

Istabmaß 26
Istmaß 20, 26
-, örtliches 10
-verteilung 24
Istoberfläche 13
Istprofil 52
-, Auswertestrategien 52
-, Auswertung nach den höchsten Punkten 52
-, Auswertung nach den tiefsten Punkten 52
Istspiel 125
Istübermaß 125
IT-Qualität 29
IT-Toleranzreihe 32, 33

K Kegelmaß 19
Kegeltoleranz 120
Keilwellentoleranz 118
Kleinstmaß 21
Kleinstspiel 124
Kleinstübermaß 125
Koaxialitätsabweichung 82
Koaxialitätstoleranz 82
Koeffizient der relativen Asymmetrie 158
Koeffizient der relativen Streuung 158
Kompensator 165
Kompensatorstufenanzahl 166
Kompensationsmethode 165
Konstruktionsgerechtheit 34, 62, 104, 130
Konzentrizitätsabweichung 82
Konzentrizitätstoleranz 82
Kreisformtoleranz 69

L Lageabweichung 49, 74
Lagetoleranz 49, 74
Längenausdehnung 16
Längenmaß 12, 18
Längspreßpassung 134
Längsprofil 92
Längsquerpreßpassung 134
Laufpassung 133
Lauftoleranz 51, 84, 87
Lehrentoleranz 120
Line 19
Linienformtoleranz 71
Lochmittenabstand 19

M Makrogestaltsabweichungen 11
Makroprofiltraganteil 104
Maß 18
-, Grundkomponente 25
-, theoretisches 20, 61
-, toleriertes 27, 61
-, wahres 20
-einheit 18
- -, Längenmaße 18
- -, Winkelmaße 18
-eintragung 40
-haltigkeit 22
-kette 150
-toleranz 18
Materialtraganteil 104
Maximale Rauhtiefe 96
Maximalmaß 21
Maximum-Material-Bedingung 143
Maximum-Material-Grenze 125
Maximum-Material-Maß 143
Maximum-Material-Prinzip 143, 147
Maximum-Minimum-Methode 155
Mehrfachpassung 122
Meter 18
Meßverfahren 38, 62, 106, 130
Meßunsicherheit 16, 39
Meßunsicherheits-Toleranz-Verhältnis 40
Mikrogestaltsabweichungen 11
Mikrometer 18
Mikroprofiltraganteil 104
Millimeter 18
Mindestmaß 21
Mindestpassung 127
Mindestrauheit 108
Mindestspiel 124
Mindestübermaß 125
Minimalmaß 21
Minimum-Bedingung 53
Minimum-Material-Grenze 125
Minimum-Material-Maß 147
Minustoleranz 9
Minute 18
Mittellinie 94
Mittelliniensystem 94
Mittenmaß 22
Mittenpassung 126
Mittenrauhwert 101
-, arithmetischer 101
-, quadratischer 102
Mittenspiel 126
Mittenübermaß 126
Mittigkeitsabweichung 83

N Nacharbeit 22
Nachlaufstrecke 92
Nagelprobe 91
Nanometer 18
Neigungsabweichungen 78
Neigungstoleranz 78
Nennmaß 25
-bereich 30
-hauptbereich 30
-zwischenbereich 30
Neugrad 19

Niettoleranz 118
Normalenabstand 49, 60
Normaltemperatur 16
Normalverteilung 160
Nullinie 26

O
Oberfläche 12
-, geometrische 13
-, ideale 13
-, theoretische 13
-, wirkliche 12
Oberflächenangaben 108
-atlas 105
-beschreibung 21, 91
-güte 91
-profil 93
-prüfung 107
-rauheit 91
-vergleichsmuster 91
-zeichen 108
Ortstoleranz 51, 80

P
Paarung 14
Paarungsmaß 27, 62
Paarungsmaßsteuerung 134
Parallelitätsabweichung 75
Parallelitätstoleranz 75
Passung 14, 122
-, mittlere 126
-arten 123
-auswahl 132
-charakter 126
-familie 132
-festlegung 132
-kurzzeichen 132
Paßfedertoleranz 118
Paßfläche 14
Paßmaß 28
Paßsystem 127
Paßteil 14
Paßtoleranz 127
Pferchkreis 54
Planlaufabweichung 86
Planlauftoleranz 86
Planschlag 86
Positionsabweichung 80
Positionstoleranz 80
Preßpassung 125
Profil einer vorgegebenen Linie 71
Profil einer vorgegebenen Fläche 71
-flächenformtoleranz 71
-formtoleranz 51
-höhe 97
-kuppe 93
-linienformtoleranz 71
-schnitt 92
-tal 93
-tiefe 102
-traganteil 104
-unregelmäßigkeiten 103
Prozeßfähigkeit 38
Prüfgerechtheit 38, 62, 106, 130

Q
Quadratischer Mittenrauhwert 102
Qualitätsfähigkeit 38
Querpassung 133
Querprofil 92

R
Rad 19
Radialschlag 85
Radiant 18
Radienmaß 19
Rauheit 12, 91
-, gemittelte 98
-, maximale 96
-angaben 108
-klassen 104
-messung 106
-profil 92
-symbol 108
-wert 104
Rauhtiefe 95
-, mittlere maximale 98
Rechtwinkligkeitsabweichung 78
Rechtwinkligkeitstoleranz 78
Regeln 41, 63, 72, 89, 110, 135, 148, 171
Regressionsgerade 94
Richtungsabweichung 74
Richtungskoeffizient 153
Richtungstoleranz 51, 74
Risse 12
Rundformtoleranz 51
Rundheitstoleranz 69
Rundlaufabweichung 85
Rundlauftoleranz 51, 85
Rundpassung 123

S
Schlichtpassung 132
Schließmaß 153
Schlußmaß 153
Schlußtoleranz 155
Schmiedestücktoleranz 121
Schrägschnitt 92
Schrumpfpassung 134
Schweißkonstruktionstoleranz 121
Senkrechtkenngrößen 95
Senkrechtschnitt 92
Sicherungsringtoleranz 118
SI-Einheitensystem 18
Sollmaß 20

Solloberfläche 13
Sondertoleranz 117
Spiel 122
-, mittleres 126
-passung 124
-toleranzfeld 124
Standardabweichung 38
Stanzkeiltoleranz 121
Statistische Sicherheit 159
Statistische Methode 157
Statistische Tolerierung 157
Stifttoleranz 118
Stirnlauftoleranz 86
Stirnschlag 86
Streuung 38
Summentoleranz 155
Symmetrieabweichung 83
Symmetrietoleranz 83

T Taststrecke 92
Taylor'scher Grundsatz 62
Teilungsmaß 19
Temperatureinfluß 16
Tiefenmaß 19
t-Faktor 39, 157
Toleranz 14, 23
-, einseitig begrenzte 64
-, Größenbereich 9
-, grundlegende 51
-, statistische 159
-, zusammengesetzte 51
-einheit 31
- -, internationale 31
-eintragung 40, 56, 59, 107, 134
-faktor 32
-feld 27, 56
-feldlage 30
-grad 29
-grenze 26
-haltigkeit 23
-klasse 29
-kette 150
-kurzzeichen 29
-mittenabmaß 156
-mittenmaß 21
-rahmen 56
-raum 48
-reihe 31
-symbol 52
-system 25
- -, Längenmaße 25
- -, Winkelmaße 34
-vergleich 24
-zone 48
- -, herausragende 48
- -, projezierte 48
- -, quaderförmige 48, 66, 76
- -, vorgelagerte 48
- -, zylindrische 66, 77
Tolerierungsgrundsatz 35
-, alter 139
-, neuer 139
Tolerierungsprinzip 138
Traganteil 103

U Übergang 125
-, mittlerer 126
-passung 125
-sitz 118
-toleranzfeld 127
Übermaß 123
-, mittleres 126
-passung 125
-toleranzfeld 127
Übungsaufgaben 43, 72, 90, 136
Umwelteinfluß 16
Umwucht 85
Unabhängigkeitsprinzip 142
Unrichtigkeit 27
Unsicherheit 28

V Verbundsystem 130
Vertrauensbereich 39
Verstellbereich 166
Verzahnungstoleranz 20, 120
Vollwinkel 19
Vorlaufstrecke 92
Vorteilskoeffizient 164

W Waagerechtkenngrößen 103
Wahrscheinlichkeitstheoretische Methode 157
Wälzlager-Einbautoleranz 118, 120
Weitenmaß 19
Welle 14
-maß 18
-tiefe 102
-toleranzfeld 41
Welligkeit 12
Werkstücktoleranz 16
Winkelmaß 18
Winkelmaßtoleranz 18, 79

Y Yard 18

Z Zehnpunkthöhe 99
Zeichnungseintragung 40, 56, 59, 107, 134
Zeppelinmaß 42
Zoll 19
Zylinderformtoleranz 70
Zylindrizität 70